U0214015

房和城乡建设部"十四五"规划教材
等职业教育建筑设备类专业群"互联网+"活页式创新系列教材

建筑电气控制系统与PLC

王 欣 主 编
梁 芳 梁瑞儿 武莉莉 副主编
李梅芳 主 审

中国建筑工业出版社

图书在版编目（CIP）数据

建筑电气控制系统与PLC / 王欣主编；梁芳，梁瑞儿，武莉莉副主编. —北京：中国建筑工业出版社，2022.12

住房和城乡建设部"十四五"规划教材　高等职业教育建筑设备类专业群"互联网+"活页式创新系列教材

ISBN 978-7-112-28029-2

Ⅰ.①建…　Ⅱ.①王…②梁…③梁…④武…　Ⅲ.①PLC技术—应用—房屋建筑设备—电气控制—高等职业教育—教材　Ⅳ.①TU85

中国版本图书馆CIP数据核字（2022）第178068号

本书依托教育部国家级教学资源库（建筑智能化工程技术专业）中的标准化课程"建筑电气控制系统与PLC"与省级精品"建筑电气控制系统与PLC"在线开放课程打造活页式新型教材，结合职业教育的特点，突出学生实际应用能力的培养和训练。

全书从建筑电气控制与PLC的实际应用出发，按照学习递进层次，共8个项目，内容包括：常用低压控制元件的选用、建筑电气典型控制电路的设计与应用、常用建筑电气设备控制电路分析、建筑施工常用设备电气控制、三菱FX_{2N}系列可编程控制器基本指令应用、三菱FX_{2N}系列可编程控制器步进指令应用、三菱FX_{2N}系列可编程控制器应用指令基本用法、建筑智慧化物联控制。

本书可作为全国高职高专建筑智能化工程技术专业及机电类各专业教材，也可供机电工程技术人员及相关人员参考用书。

为了方便教与学，本书提供了相应的教学平台，请有此需要的教师或学习者加QQ群：622178184。

责任编辑：胡欣蕊
书籍设计：锋尚设计
责任校对：张惠雯

住房和城乡建设部"十四五"规划教材
高等职业教育建筑设备类专业群"互联网+"活页式创新系列教材

建筑电气控制系统与PLC
王　欣　主　编
梁　芳　梁瑞儿　武莉莉　副主编
李梅芳　主　审

*

中国建筑工业出版社出版、发行（北京海淀三里河路9号）
各地新华书店、建筑书店经销
北京锋尚制版有限公司制版
北京市密东印刷有限公司印刷

*

开本：787毫米×1092毫米　1/16　印张：21½　字数：471千字
2024年3月第一版　　2024年3月第一次印刷
定价：**62.00**元（赠教师课件）
ISBN 978-7-112-28029-2
（39880）

教育部国家级教学资源库
（建筑智能化工程技术专业）
配套教材编委会

主　任：牛建刚

副主任：董　娟　王建玉　周国清　王文琪

委　员（按姓氏笔画为序）：

王　欣　刘大君　刘志坚　孙建龙　李姝宁

李梅芳　张　恬　陈志佳　陈德明　岳井峰

高清禄　崔　莉　翟源智

本书编审委员会

主　编：王　欣

主　审：李梅芳

副主编：梁　芳　梁瑞儿　武莉莉

参　编：范玉兰　孙慧松　何云静　王　波

出 版 说 明

　　党和国家高度重视教材建设。2016年，中办国办印发了《关于加强和改进新形势下大中小学教材建设的意见》，提出要健全国家教材制度。2019年12月，教育部牵头制定了《普通高等学校教材管理办法》和《职业院校教材管理办法》，旨在全面加强党的领导，切实提高教材建设的科学化水平，打造精品教材。住房和城乡建设部历来重视土建类学科专业教材建设，从"九五"开始组织部级规划教材立项工作，经过近30年的不断建设，规划教材提升了住房和城乡建设行业教材质量和认可度，出版了一系列精品教材，有效促进了行业部门引导专业教育，推动了行业高质量发展。

　　为进一步加强高等教育、职业教育住房和城乡建设领域学科专业教材建设工作，提高住房和城乡建设行业人才培养质量，2020年12月，住房和城乡建设部办公厅印发《关于申报高等教育职业教育住房和城乡建设领域学科专业"十四五"规划教材的通知》（建办人函〔2020〕656号），开展了住房和城乡建设部"十四五"规划教材选题的申报工作。经过专家评审和部人事司审核，512项选题列入住房和城乡建设领域学科专业"十四五"规划教材（简称规划教材）。2021年9月，住房和城乡建设部印发了《高等教育职业教育住房和城乡建设领域学科专业"十四五"规划教材选题的通知》（建人函〔2021〕36号）（简称《通知》）。为做好"十四五"规划教材的编写、审核、出版等工作，《通知》要求：（1）规划教材的编著者应依据《住房和城乡建设领域学科专业"十四五"规划教材申请书》（简称《申请书》）中的立项目标、申报依据、工作安排及进度，按时编写出高质量的教材；（2）规划教材编著者所在单位《申请书》中的学校保证计划实施的主要条件，支持编著者按计划完成书稿编写工作；（3）高等学校土建类专业课程教材与教学资源专家委员会、全国住房和城乡建设职业教育教学指导委员会、住房和城乡建设部中等职业教育专业指导委员会应做好规划教材的指导、协调和审稿等工作，保证编写质量；（4）规划教材出版单位应积极配合，做好编辑、出版、发行等工作；（5）规划教材封面和书脊应标注"住房和城乡建设部'十四五'规划教材"字样和统一标识；（6）规划教材应在"十四五"期间完成出版，逾期不能完成的，不再作为《住房和城乡建设领域学科专业"十四五"规划教材》。

住房和城乡建设领域学科专业"十四五"规划教材的特点，一是重点以修订教育部、住房和城乡建设部"十二五""十三五"规划教材为主；二是严格按照专业标准规范要求编写，体现新发展理念；三是系列教材具有明显特点，满足不同层次和类型的学校专业教学要求；四是配备了数字资源，适应现代化教学的要求。规划教材的出版凝聚了作者、主审及编辑的心血，得到了有关院校、出版单位的大力支持，教材建设管理过程有严格保障。希望广大院校及各专业师生在选用、使用过程中，对规划教材的编写、出版质量进行反馈，以促进规划教材建设质量不断提高。

住房和城乡建设部"十四五"规划教材办公室
2021年11月

前 言

　　随着现代化建设的不断发展，特别是信息技术与现代建筑的融合，使我国建筑电气控制技术的应用开辟了新的发展空间，也为设备制造、工程设计、施工管理等行业开拓了巨大的市场，极大地促进了社会对建筑电气控制人才的需求。

　　本书采用"活页式"设计，以综合职业能力培养为目标，配套多种数字化教学资源，实现了教学内容、方式的可选择性和教学评估的多元化，是我国特色现代职业教育体系建设的重要创新。本书按照"以学生为中心、学习成果为导向、促进自主学习"思路进行教材开发设计，弱化"教学材料"的特征，强化"学习资料"的功能，通过教材引领，构建"多元"学习管理体系。本书将"以企业岗位（群）任职要求、职业标准、工作过程或产品"作为教材主体内容，将"以德树人、课程思政"有机融合到教材中。本书同时提供丰富、适用和引领创新作用的多种类型立体化、信息化课程资源，让读者通过阅读和学习能全面了解到当今建筑电气控制技术研究的主要内容和发展方向及在建筑中的应用。本书充分体现建筑电气控制与PLC实用性和技术的现代性，以期达到事半功倍的效果。

　　本书依托建筑智能化工程技术专业国家教学资源库中的标准化课程"建筑电气控制系统与PLC"和省级精品"建筑电气控制系统与PLC"在线开放课程打造活页式新型教材。其中构建"互联网+教育"智慧教材思路，按微课与慕课的理念建设有相关配套的后台资源，附有图片、动画和视频等教学资源，读者可扫描书中二维码观看相应资源，随扫随学，激发学生自主学习兴趣。实现了教学资源信息化、教学终端移动化和教学过程数据化，使学习者随时掌握建筑电气控制设计、安装、编程与调试等，同时提高"活页式"教材的使用效果。

　　本书共8个项目，参考学时为90学时。分为继电器-接触器控制部分和可编程控制器部分。

　　本书由黑龙江建筑职业技术学院王欣担任主编，宁夏建设职业技术学院梁芳、广州市机电技师学院梁瑞儿和黑龙江建筑职业技术学院武莉莉担任副主编。其中项目1由黑龙江建筑职业技术学院武莉莉编写；项目2由黑龙江建筑职业技术学院王欣编写；项目3由广州市机电技师学院范玉兰编写；项目4黑龙江建筑职业技术学院孙慧松编写；项目5由宁夏建设职业技术学院梁芳编写；项目6由广州市机电技师学院梁瑞儿编写；项目7由宁夏建设职业技术学院何云静编写；项目8由霍尼韦尔Tridium亚太区培训经理王波编写。全书由王欣负责统一定稿，由黑龙江建筑职业技术学院教授李梅芳进行了认真的审阅，并提出了非常宝贵的修改意见，在此表示诚挚的感谢。

　　本书参考了大量的书刊资料，并引用了部分内容，除在参考文献中列出外，在此一并向这些书刊资料的作者表示衷心的感谢。

　　由于建筑电气控制新技术、新产品的不断发展和进步，加之我们的专业水平有限、时间仓促，书中难免有错漏之处，恳请广大读者批评指正。

目　录

CHAPTER 1

项目 1
常用低压控制元件的选用

✖ 任务 1.1
主令电器的选用

1.1.1 教学目标与思路

【教学目标】

知识目标	能力目标	素养目标	思政要素
1. 了解电器的基本知识; 2. 掌握控制按钮的作用、结构、工作原理; 3. 掌握位置开关构造及工作原理、技术数据及选用; 4. 掌握转换开关构造、原理、型号含义、主要技术数据。	1. 能根据主令电器的技术数据进行元件的选用; 2. 能说明主令电器的原理和作用。	1. 具有科学精神和良好的学习态度,具有良好倾听的能力,能有效地获得各种资讯; 2. 具有自我学习的习惯和能力,能正确表达自己思想,学会理解和分析问题。	1. 培养"中国制造"的信任感,以及自主创新的强烈信念; 2. 培养严谨的科研精神,多学科融合的思维,国际化的视野。

【学习任务】对常见主令电器的作用、分类、构造、原理、表示符号、技术数据及选择等几方面进行分析与叙述,可以与实际应用相结合,更好地理解掌握新知识。

【建议学时】4学时

【思维导图】

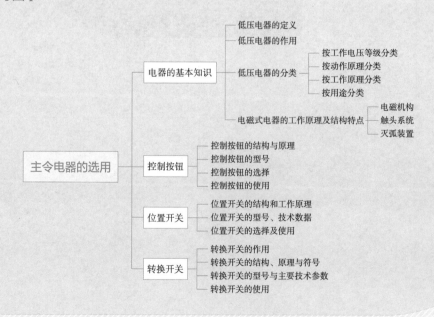

1.1.2 学生任务单

任务名称		主令电器的选用	
学生姓名		班级学号	
同组成员			
负责任务			
完成日期		完成效果	
		教师评价	

学习任务	1. 掌握电器的基本知识，包括电器的定义、作用、分类、结构与工作原理； 2. 掌握控制按钮的结构与原理、型号、技术数据及选择； 3. 掌握位置开关的结构、工作原理、型号、技术数据及选用； 4. 掌握转换开关的作用、结构、原理及符号、型号及主要技术参数。		
自学简述	课前预习	学习内容、浏览资源、查阅资料	
	拓展学习	任务以外的学习内容	
任务研究	完成步骤	用流程图表达	
	任务分工	任务分工　　　完成人　　　完成时间	

		任务分工	完成人	完成时间
任务研究	任务分工			

本人任务	
角色扮演	
岗位职责	
提交成果	

任务实施	完成步骤	第1步	
		第2步	
		第3步	
		第4步	
		第5步	
	问题求助		
	难点解决		
	重点记录		
学习反思	不足之处		
	待解问题		
	课后学习		

	自我评价（5分）	课前学习	时间观念	实施方法	知识技能	成果质量	分值
过程评价							
	小组评价（5分）	任务承担	时间观念	团队合作	知识技能	成果质量	分值

1.1.3 知识与技能

1. 知识点——电器的基本知识

（1）低压电器的定义

凡是能据外界施加的信号和要求，自动或手动地断开或接通电路，断续或连续地改变电路参数，以实现对电路或非电对象的切换、控制、保护、检测、变换和调节目的的电气设备统称为电器。电器可分为高压电器和低压电器两大类，我国现行标准是将工作在交流1200V（50Hz）以下、直流1500V以下的电气设备称为低压电器。

1.1-1　低压电器的定义课件

1.1-2　低压电器的定义视频

（2）低压电器的作用

①控制作用：如电梯轿厢的上下移动，快、慢速自动切换与自动平层等。

1.1-3　低压电器的作用课件

②保护作用：能根据设备的特点，对设备、环境以及人身实行自动保护，如电动机的过热保护、电网的短路保护、漏电保护等。

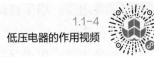

1.1-4　低压电器的作用视频

③测量作用：利用仪表及与之相适应的电器，对设备或其他非电参数进行测量，如电流、电压、功率、频率、转速、温度、湿度等。

④调节作用：低压电器对一些电量和非电量进行调整，以满足用户的要求，如柴油机油门的调整、房间温湿度的调节、照度的自动调节等。

⑤指示作用：利用低压电器的控制、保护等功能检测出设备运行状况与电气电路工作情况，如绝缘监测、工作状态指示等。

⑥转换作用：在用电设备之间转换或对低压电器、控制电路分时投入运行，以实现功能切换、如励磁装置手动与自动的转换，市电的供电与自备电源的切换等。

当然低压电器的作用远不止这些，随着科学技术的发展，新功能、新设备会不断出现。

（3）低压电器的分类

由于系统的要求不同，电气元件功能多样，构造各异，原理也各具特点，品种和规格繁多，应用面广，从不同的角度有不同的分类。下面是几种常用的电器分类。

1.1-5　低压电器的分类课件

1.1-6　低压电器的分类视频

1）按工作电压等级分类

①高压电器：用于交流1200V及以上、直流1500V及以上电路中的电器。例如高压断路器、高压隔离开关、高压熔断器等。

②低压电器：用于交流1200V（50Hz或者60Hz）以下、直流1500V以下电路中的电器。例如接触器、继电器等。

2）按动作原理分类

①手动电器：用手或依靠机械力进行操作的电器。例如刀开关、按钮、行程开关等。

②自动电器：借助于电磁力或某个物理量的变化自动进行操作的电器。例如接触器、继电器等。

3）按工作原理分类

①电磁式电器：依据电磁感应原理来工作的电器。如交直流接触器、各种电磁式继电器等。

②非电量控制电器：电器的工作是靠外力或某种非电物理量的变化而动作的电器。如刀开关、速度继电器、压力继电器、温度继电器等。

4）按用途分类

①控制电器：用于各种控制电路和控制系统的电器。例如接触器、继电器、启动器等。

②主令电器：用于自动控制系统中发送控制指令的电器。如按钮、行程开关、万能转换开关等。

③保护电器：用于保护电路及用电设备的电器。如熔断器、热继电器、各种保护继电器、避雷器等。

④配电电器：用于电能输送和分配的电器。如低压断路器、刀开关等。

⑤执行电器：用于完成某种动作或传动功能的电器。如电磁铁、电磁离合器等。

⑥指示电器：用于工作状态指示或者其他指示用途的电器。如指示灯、文字指示灯箱、显示屏等。

电气元件的分类如图1.1所示。

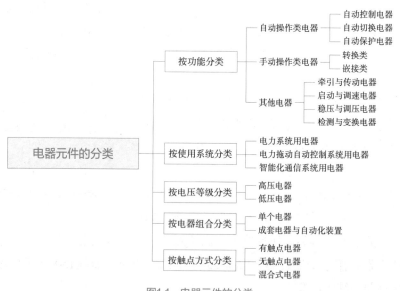

图1.1 电器元件的分类

（4）电磁式电器的工作原理及结构特点

电磁式电器是低压电器中最典型、应用最广泛的一种电器。控制系统中的接触器和继电器是两种最常用的电磁式电器。虽然电磁式电器的类型很多，但它的工作原理和构造基本相同，主要由三部分组成：电磁机构、触头系统和灭弧装置。

1.1-7
电磁式电器工作原理及结构特点课件

1.1-8
电磁式电器工作原理及结构特点视频

1）电磁机构

电磁机构主要由线圈、静铁芯和衔铁（动铁芯）三部分组成。其主要作用是利用电磁感应原理将电磁能转换成机械能。当电磁线圈通电或断电时，使衔铁和静铁芯吸合或释放，从而带动动触点与静触点闭合或分断，实现接通或断开电路的目的。按通过线圈的电流种类分为交流电磁机构和直流电磁机构；按电磁机构的形状分为E形和U形两种；按衔铁的运动形式分为拍合式和直动式两大类。图1.2（a）为衔铁沿棱角转动的拍合式铁芯，广泛应用于直流电器中；图1.2（b）为衔铁沿轴转动的拍合式铁芯，多应用于触头容量大的交流电器中；图1.2（c）为衔铁直线运动的双E形直动式铁芯，多用于交流接触器、继电器中。

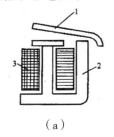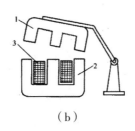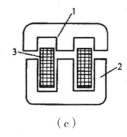

（a）　　　　　　　　（b）　　　　　　　　（c）

图1.2　常用的电磁机构
（a）衔铁沿棱角转动的拍合式铁芯；（b）衔铁沿轴转动的拍合式铁芯；
（c）衔铁直线运动双E形直动式铁芯
1—衔铁；2—铁芯；3—线圈

交流电磁机构和直流电磁机构的铁芯（衔铁）有所不同。直流电磁机构的铁芯为整体结构，以增加磁导率和增强散热；交流电磁机构的铁芯采用硅钢片叠制而成，目的是减少在铁芯中产生的涡流，使铁芯发热减少。此外交流电磁机构的铁芯有短路环，如图1.3所示，以防止电流过零时电磁吸力不足使衔铁振动。

线圈的作用是将电能转化磁场能。按通入电流种类不同可分为直流型线圈和交流型线圈。直流线圈一般做成无骨架、高而薄的瘦高型，使线圈与铁芯直接接触，易于散热。交流线圈由于铁芯的磁滞和涡流损耗会引起发热，所以线圈设有骨架，使铁芯与线圈隔离，并将线圈做成短而厚的矮胖型。按线圈的接线形式分为电压线圈和电流线圈。在使用时电压线圈与电源并联，电流线圈与被测电路串联。电流线圈主要用于电流检测类电磁式电器中。为减少对电路电压分配的影响，串联线圈采用粗导线制造，匝数少，线圈的阻抗较小。并联线圈为减少对电路的分流作用，需要较大的阻抗，一般线圈的导线细，匝数多。

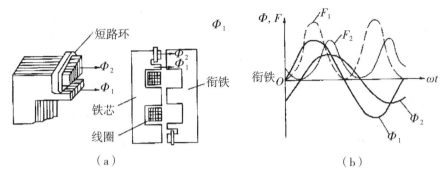

图1.3 加短路环后的磁通和电磁吸力图
（a）磁通示意图；（b）电磁吸力图

2）触头系统

触头是有触点电器的执行部分，通过触头的动作控制电路的通、断状态。触头通常由动、静触点组合而成。

①触点的接触形式：触点的接触形式有点接触（如球面对球面、球面对平面等）、面接触（如平面对平面）和线接触（如圆柱对平面、圆柱对圆柱）三种。三种接触形式中，点接触形式的触点只用于小电流的电器中，如接触器的辅助触点和继电器的触点；面接触形式的触点允许通过较大的电流，一般在接触表面镶有合金，以减少触点接触电阻和提高耐磨性，多用于较大容量接触器的主触点；线接触形式的触点接触区域是一条直线，其触点在通断过程中有滚动动作，这种滚动接触多用于中等容量的触点，如接触器的主触点。

②触头的结构形式：在常用的继电器和接触器中，触头的结构形式主要有单断点指形触头和双断点桥式触头两种，如图1.4所示。

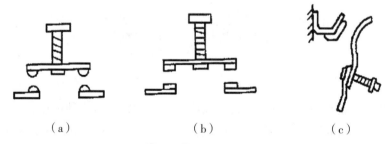

图1.4 触头的结构形式
（a）点接触桥式触头；（b）面接触桥式触头；（c）线接触指形触头

③触头按控制的电路分为主触头和辅助触头：主触头用于接通或断开主电路，允许通过较大的电流。辅助触头用于接通或断开控制电路，只允许通过较小的电流。

④触头按原始状态分为常开触头和常闭触头：当线圈不带电时，动、静触头是分开的称为常开触头；当线圈不带电时，动、静触头是闭合的称为常闭触头。

3）灭弧装置

当触头分断电流时，由于电场的存在，触头间会产生电弧。电弧实际上是触头间气体在强电场作用下产生的放电现象。电弧的存在既烧蚀触头的金属表面，降低电器使用寿命，又延长了切断电路的时间，还容易形成飞弧造成电源短路事故，所以必须迅速将电弧熄灭。常用的灭弧方法有下面几种。

①双断口电动力灭弧：双断口结构的电动力灭弧装置如图1.5（a）所示。这种灭弧方法是将整个电弧分割成两段，同时利用触点回路本身的电动力F把电弧向两侧拉长，使电弧热量在拉长的过程中散发、冷却然后熄灭。

②纵缝灭弧：纵缝灭弧装置如图1.5（b）所示。由耐火陶土、石棉水泥等材料制成的灭弧罩内每相有一个或多个纵缝，缝的下部较宽以便放置触点；缝的上部较窄，以便压缩电弧，使电弧与灭弧室壁有很好的接触。当触点分断时，电弧被外磁场或电动力吹入缝内，其热量传递给灭弧室壁，电弧被迅速冷却熄灭。

③栅片灭弧：栅片灭弧装置如图1.5（c）所示。金属栅片由镀铜或镀锌铁片制成，形状一般为人字形，栅片插在灭弧罩内，各片之间相互绝缘。当动触点与静触点分断时，在触点间产生电弧，电弧电流在其周围产生磁场。由于金属栅片的磁阻远小于空气的磁阻，因此电弧上部的磁通容易通过金属栅片而形成闭合磁路，这就造成了电弧周围空气中的磁场上疏下密。这一磁场对电弧产生向上的作用力，将电弧拉到栅片间隙中，栅片将电弧分割成若干个串联的短电弧。每个栅片成为短电弧的电极，将总电弧压降分成几段，片间的电弧电压都低于燃弧电压，同时栅片将电弧的热量吸收散发，使电弧迅速冷却，促使电弧尽快熄灭。

④磁吹式灭弧：磁吹式灭弧装置如图1.5（d）所示。磁吹式灭弧装置由磁吹线圈、灭弧罩、灭弧角等组成。磁吹线圈由磁吹线圈1弯成，里层装有铁芯3，中间隔有绝缘套筒2，铁芯两端装有两片铁夹板4，夹在灭弧罩的两边，接触器的触点就处在灭弧罩内、铁夹板之间。磁吹线圈与主触点串联，流过触点的电流就是流过磁吹线圈的电流I，其方向如图1.5（d）中箭头所示。当动触点7与静触点8分断产生电弧时，电弧电流I在电弧周围形成一个磁场，其方向可用右手螺旋定则确定。从图1.5（d）可见，在电弧上方是引出纸面，在电弧下方是进入纸面；在电弧周围还有一个由磁吹线圈产生的磁场，其磁通从一块夹板穿过夹板间的空隙，进入另一块夹板，形成闭合磁路，磁场方向用右手螺旋定则确定。因此，在电弧上方，磁吹线圈电流与电弧电流所产生的两个磁通方向相反而相互削弱；在电弧下方，两个磁通的方向相同而磁通增强。于是，电弧从磁场强的一边拉向弱的一边，向上运动。灭弧角6与静触点8相连接，其作用是引导电弧向上运动。电弧由下而上运动，迅速拉长，与空气发生相对运动，其温度迅速降低而熄灭，同时，电弧上拉时，其热量传递给灭弧罩散发，也使电弧温度迅速下降，促使熄灭，另外，电弧向上运动时，在静触点上的弧根逐渐转移到灭弧角6上，弧根的上移使电弧拉长，也有助于电弧熄灭。

综上所述，这种灭弧方式是靠磁吹力的作用将电弧拉长，在空气中迅速冷却，使电弧迅速熄灭，因此称它为磁吹灭弧。

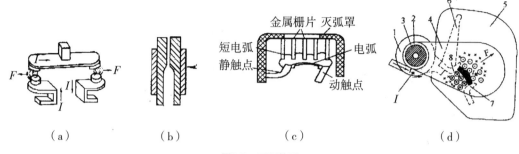

图1.5 灭弧装置

（a）双断口电动力灭弧；（b）纵缝灭弧；（c）栅片灭弧；（d）磁吹式灭弧
1—磁吹线圈；2—绝缘套筒；3—铁芯；4—铁夹板；5—灭弧罩；6—灭弧角；7—动触点；8—静触点

2. 知识点——控制按钮

主令电器是控制系统中发出指令的操纵电器，用来控制接触器、继电器及其他电器的线圈，使电路接通或分断，从而实现电气设备的自动控制。主令电器主要有按钮开关、位置开关、万能转换开关、主令控制器等。

控制按钮是一种用人力操作，并具有储能（弹簧）复位的一种控制开关。按钮的触点允许通过的电流较小，一般不超过5A，因此，一般情况下它不直接控制主电路，而是在控制电路中发出指令或信号去控制接触器、继电器等电器，再由它们去控制主电路的通断、功能转换或电气连锁。

（1）控制按钮的结构与原理

控制按钮一般由按钮帽、复位弹簧、桥式动触点、静触点、支柱连杆及外壳等部分组成，控制按钮的结构与符号如图1.6所示。

1.1-9
按钮开关的认知课件

1.1-10
按钮开关的认知视频

1.1-11
控制按钮课件

1.1-12
控制按钮视频

1.1-13
按钮开关动画

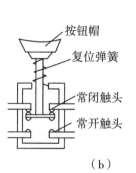

图1.6 控制按钮的结构与符号
（a）结构；（b）符号

操作时，将按钮帽往下按、桥式动触点就向下运动，先与动断静触点分断，再与动合静触点接通、一旦操作人员的手指离开按钮帽，在复位弹簧的作用下，动触点向上运动，恢复初始位置。在复位的过程中，先是动合触点分断，然后是动断触点闭合。

（2）控制按钮的型号

控制按钮的结构形式有多种以适合于不同场合。如紧急式装有红色凸出在外的蘑菇形钮帽，以便紧急操作；旋钮式用手旋转进行操作；指示灯式在透明的按钮内装入信号灯，以作信号指示；钥匙式为使用安全起见，须用钥匙插入方可旋转操作。为了便于操作人员识别，避免发生误操作，生产中用不同的颜色和符号标志来区分控制按钮的功能及作用。控制按钮的颜色有红、绿、黑、黄、白、蓝、灰等多种，控制按钮颜色要求如下：

①"停止"和"急停"按钮必须是红色。当按下红色按钮时，必须使设备停止工作或断电。

②"启动"按钮的颜色是绿色。

③"启动"与"停止"交替动作的按钮必须是黑色、白色或灰色，不得用红色和绿色。

④"点动"按钮必须是黑色。

⑤"复位"（如保护继电器的复位按钮）必须是蓝色。当复位按钮还有停止的作用时，则必须是红色。

控制按钮的型号如下：

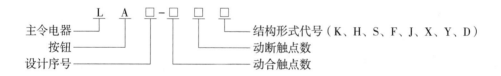

其中结构形式代号的含义为：K——开启式，适用于嵌装在操作面板上；H——保护式，带保护外壳，可防止内部零件受机械损伤或人偶然触及带电部分；S——防水式，具有密封外壳，可防止雨水侵入；F——防腐式，能防止腐蚀性气体进入；J——紧急式，作紧急切断电源用；X——旋钮式，用旋钮旋转进行操作，有通和断两个位置；Y——钥匙操作式，用钥匙插入进行操作，可防止误操作或供专人操作；D——光标按钮，按钮内装有信号灯，兼作信号指示。

（3）控制按钮的选择

控制按钮的选择应根据使用场合、控制电路所需触点数目及按钮颜色等要求选用。目前常用的按钮有LA2、LA18、LA19、LA20、LA25、SFAN1型等系列的产品。LA2系列按钮有一对常开触点和一对常闭触点；LA18系列按钮采用积木结构，触点数量可以根据需要进行拼装；LA19系列按钮是按钮与信号灯的组合，按钮兼作信号灯罩，用透明塑料制成；LA25系列按钮是新型号，其技术数据见表1.1。

LA系列按钮技术数据 表1.1

型号	触点组数		按钮颜色	型号	触点组数		按钮颜色
	常开	常闭			常开	常闭	
LA25–10	1	—	白、绿、黄、蓝、橙、黑、红	LA25–33	3	3	白、绿、黄、蓝、橙、黑、红
LA25–01	—	1		LA25–40	4	—	
LA25–11	1	1		LA25–04	—	4	
LA25–20	2	—		LA25–41	4	1	
LA25–02	—	2		LA25–14	1	4	
LA25–21	2	1		LA25–42	4	2	
LA25–12	1	2		LA25–24	2	4	
LA25–22	2	2		LA25–50	5	—	
LA25–30	3	—		LA25–05	—	5	
LA25–03	—	3		LA25–51	5	1	
LA25–31	3	1		LA25–15	1	5	
LA25–13	1	3		LA25–60	6	—	
LA25–32	3	2		LA25–06	—	6	
LA25–23	2	3		—	—	—	

（4）控制按钮的使用

控制按钮的使用参考知识拓展的内容。

3. 知识点——位置开关

位置开关又叫行程开关或限位开关，是用以反应工作机械的行程，发出命令以控制其运动方向和行程大小的开关，主要用于机床、自动生产线和其他机械的限位及程序控制。

（1）位置开关的结构和工作原理

位置开关按其结构可分为直动式、滚轮式、微动式。图1.7所示为直动式、滚轮式、微动式位置开关的结构示意图，图1.8所示为位置开关的符号。

直动式位置开关的动作原理与控制按钮相似，当被控机械设备碰撞到位置开关的顶杆时，位置开关中动触头动作，常开触头闭合，常闭触头断开，发出控制信号。但其触头的分合速度取决于生产机械的运行速度，不宜用于速度低于0.4m/min的场所。

滚轮式位置开关的动作原理：当被控机械设备上的撞块撞击带有滚轮的撞杆时，撞杆转向右边，带动

1.1–14
位置开关课件

1.1–15
位置开关视频

1.1–16
位置开关的认知课件

1.1–17
位置开关的认知视频

1.1–18
按钮式行程开关动画

1.1–19
滑轮式行程开关动画

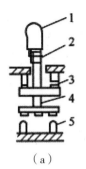 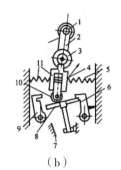 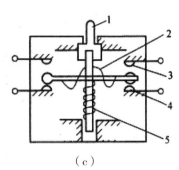

（a）　　　　　　　　（b）　　　　　　　　（c）

1—顶杆；2—弹簧；3—常闭　　1—滚轮；2—上转臂；3、5、11—　　1—推杆；2—弯形片状弹
触头；4—触头弹簧；5—常开　　弹簧；4—套架；6、9—压板；7—　　簧；3—常开触头；4—常闭
触头　　　　　　　　　　　触头；8—触头推杆；10—小滑轮　　触头；5—恢复弹簧

图1.7　位置开关的结构示意图

（a）直动式；（b）滚轮式；（c）微动式

凸轮转动，顶下推杆，使微动开关中动触头迅速动
作。当运动机械返回时，在复位弹簧的作用下，各
部分动作部件复位。滚轮式位置开关的触头的分合
速度不受生产机械的运行速度的影响，但其结构
比较复杂。

　　微动式位置开关动作灵敏，触头切换速度不受
操作钮下压速度的影响，但由于操作钮下压的极限

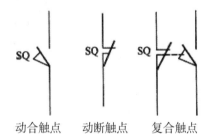

图1.8　位置开关的符号

行程很小，开关的结构强度不高，因而使用时应该特别注意行程和压力大小。

　　（2）位置开关的型号、技术数据

　　常用的位置开关有JLXK1、LX19、LX32、LX33和微动开关LXW-11、JLXK1-11、
LXK3等系列。位置开关的型号及含义如下：

　　位置开关的技术数据见表1.2。

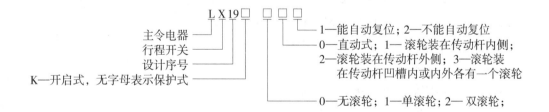

　　（3）位置开关的选择及使用

　　位置开关在选择时，首先要考虑使用场合，才能确定位置开关的型号，然后再根
据外界环境选择防护形式。选择触头数量的时候，如果触头数量不够，可采用中间继电
器加以扩展，切忌过负荷使用。使用时，安装应该牢固，位置要准确，最好安装位置可
以调节，以免活动部分锈蚀。应该指出的是，在设计时应该注意，平时位置开关不可处
于受外力作用的动作状态，而应处于释放状态。

位置开关的技术数据　　　　　　　　　　　　　　　　　　　　　表1.2

型号	额定电压，电流	结构特点	触点对数	
			常开	常闭
LX19		元件	1	1
LX19-111		内侧单轮，自动复位	1	1
LX19-121		外侧单轮，自动复位	1	1
LX19-131		内外侧单轮，自动复位	1	1
LX19-212	380V 5A	内侧双轮，不能自动复位	1	1
LX19-222		外侧双轮，不能自动复位	1	1
LX19-232		内外侧双轮，不能自动复位	1	1
LX19-001		无滚轮，反径向轮动杆，自动复位	1	1
JLXK1		快速位置开关	1	1
JLXK1-11		微动开关	1	1
JLXK2-11		微动开关	1	1

4．知识点——转换开关

（1）转换开关的作用

万能转换开关实际是多挡位、控制多回路的组合开关，主要用作控制线路的转换及电气测量仪表的转换，也可用于控制小容量异步电动机的启动、换向及调速。由于触点挡数多、换接线路多、能控制多个回路，适应复杂线路的要求，故称为万能转换开关。

（2）转换开关的结构、原理与符号

如图1.9所示为LW6系列万能转换开关外形及某层结构示意图，由操作机构、面板、手柄及数个触头座等主要部件组成，用螺栓组装成整体。其操作位置有2～12个，触头底座有1～10层，其中每层底座均可装三对触头，并由底座中间的凸轮进行控制。由于每层凸轮可做成不同的形状，因此当手柄转到不同位置时，通过凸轮的作用，可使各对触头按所需要的规律接通和分断。

1.1-20
转换开关的认知课件

1.1-21
转换开关的认知视频

1.1-22
转换开关课件

1.1-23
转换开关视频

万能转换开关在电路图中的符号如图1.10（a）所示。图中"—"代表一路触点，竖的虚线表示手柄位置。当手柄置于某一位置上时，就在处于接通状态的触点下方的虚线上标注黑点"·"表示。触点的通断也可用如图1.10（b）所示的触点分合表来表示。表中"×"号表示触点闭合，空白表示触点分断。

（3）转换开关的型号与主要技术参数

万能转换开关目前常用的有：LW2、LW5、LW6、LW8、LW9、LW12和LW15等系列。

其中LW9和LW12系列符合国际IEC有关标准和国家标准，产品采用一系列新工艺、新材料，性能可靠，功能齐全，能替代目前全部同类产品。

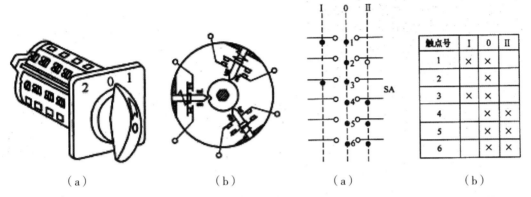

图1.9　LW6系列万能转换开关外形及某层结构示意图
（a）外形；（b）结构示意图

图1.10　万能转换开关在电路图中的符号
（a）符号；（b）触点分合表

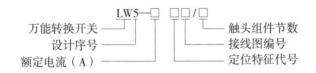

万能转换开关 —— LW5-□ □□/□ —— 触头组件节数
设计序号 —— —— 接线图编号
额定电流（A）—— —— 定位特征代号

常用万能转换开关的主要技术参数见表1.3。

常用万能转换开关的主要技术参数　　　　　　　　　　　表1.3

型号	电压（V）	电流（A）	接通		分断		特点
			电压（V）	电流（A）	电压（V）	电流（A）	
LW5	~500	15	110	30	110	30	双断点触头，挡数1~8，面板为方形或圆形，可用于各种配电设施的远距离控制，5.5kW的切换，仪表切换等
			220	20	220	20	
			380	15	380	15	
			500	10	500	10	
LW6	~380	5	380	5	380	5	2~12个挡位，1~10层，每层32对触点

（4）转换开关的使用

转换开关的使用见知识拓展内容。

1.1.4 问题思考

1.1-24
任务1.1主令电器的选用
习题答案文档

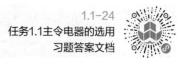

1．填空题

（1）凡是能据外界施加的信号和要求，_____地断开或接通电路，断续或连续地改变电路参数，以实现对电路或非电对象的_____、_____、_____、_____和_____目的的电气设备统称为电器。

（2）常用低压电器有六个作用分别为：_____、_____、_____、_____、_____和_____。

（3）常用电器按照工作电压等级分为两类：用于交流_____及以上、直流_____及以上电路中的电器为高压电器，否则为低压电器。

（4）电磁式电器是低压电器中最典型、应用最广泛的一种电器。虽然电磁式电器的类型很多，但它的工作原理和构造基本相同，主要由三部分组成：_____、_____和_____。

（5）电磁机构主要由_____、_____和_____三部分组成。

（6）触点的接触形式有_____、_____和_____三种。三种接触形式中，_____形式的触点只用于小电流的电器中；_____形式的触点允许通过较大的电流。

（7）电弧的存在既_____，降低电器使用寿命，又延长了_____的时间，还容易形成飞弧造成电源短路事故，所以必须迅速将电弧熄灭。

（8）主令电器是控制系统中_____的操纵电器，用来控制接触器、继电器及其他电器的线圈，使电路接通或分断，从而实现电气设备的自动控制。主令电器主要有_____、_____、万能转换开关、主令控制器等。

（9）控制按钮一般由按钮帽、_____、_____、支柱连杆及外壳等部分组成。

（10）"启动"与"停止"交替动作的按钮必须是_____、_____或_____，不得用_____和_____。

（11）LA2系列按钮有_____常开触点和_____常闭触点。

（12）位置开关又叫_____或_____，是用以反应工作机械的_____，发出命令以控制其运动方向和_____的开关，主要用于机床、自动生产线和其他机械的限位及程序控制。

（13）位置开关在选择时，首先要考虑_____，才能确定位置开关的_____，然后再根据外界环境选择_____。

（14）位置开关在使用时，安装应该_____，位置要_____，最好安装位置_____，以免活动部分锈蚀。

（15）万能转换开关实际是_____、控制_____的组合开关，主要用作_____的转换及_____的转换，也可用于控制小容量异步电动机的启动、换向及调速。

2. 判断题

（1）我国现行标准将工作在交流1200V（50Hz）以下、直流1300V以下的电气设备称为低压电器。 （   ）

（2）交直流接触器属于电磁式电器。 （   ）

（3）为减少对电路电压分配的影响，串联线圈采用粗导线制造，匝数少，线圈的阻抗较大。 （   ）

（4）并联线圈为减少对电路的分流作用，需要较大的阻抗，一般线圈的导线细，匝数多。 （   ）

（5）线接触形式的触点接触区域是一条直线，其触点在通断过程中有滚动动作，这种滚动接触多用于大等容量的触点，如接触器的主触点。 （   ）

（6）磁吹灭弧方式是靠磁吹力的作用将电弧拉长，在空气中缓慢冷却，使电弧慢慢熄灭。 （   ）

（7）"启动"按钮的颜色是绿色；"点动"按钮必须是黑色。 （   ）

（8）控制按钮的选择应根据使用场合、控制电路所需触点数目及按钮大小等要求选用。 （   ）

（9）当直动式位置开关被控机设备碰撞到位置开关的顶杆时，位置开关中动触头动作，不宜用于速度低于0.4m/min的场所。 （   ）

（10）在设计时注意，平时位置开关不可处于受外力作用的动作状态，而应处于释放状态。 （   ）

3. 选择题

（1）为减少对电路电压分配的影响，串联线圈导线（   ）。

A. 导线粗、匝数少、线圈的阻抗较小　　B. 导线细、匝数少、线圈的阻抗较小

C. 导线粗、匝数多、线圈的阻抗较小　　D. 导线粗、匝数少、线圈的阻抗较大

（2）在常用的继电器和接触器中，触头的结构形式主要有（   ）两种。

A. 点接触形式和面接触形式　　　　　B. 单断点指形触头和双断点桥式触头

C. 点接触形式和线接触形式　　　　　D. 面接触形式和线接触形式

（3）将整个电弧分割成两段，同时利用触点回路本身的电动力F把电弧向两侧拉长，使电弧热量在拉长的过程中散发、冷却而熄灭。这种灭弧方法是（   ）。

A. 纵缝灭弧　　B. 栅片灭弧　　　C. 双断口电动力灭弧　D. 磁吹式灭弧

（4）位置开关选择触头数量的时候，如果触头数量不够，可采用（   ）加以扩展，切忌过负荷使用。

A. 电流继电器　　B. 电压继电器　　　C. 时间继电器　　　D. 中间继电器

（5）"复位"（如保护继电器的复位按钮）必须是蓝色。当复位按钮还有停止的作用时，则必须是（   ）。

A．红色   B．绿色   C．黄色   D．黑色

4．问答题

（1）什么是低压电器？常用的低压电器有哪些？

（2）直流型线圈和交流型线圈有什么区别？

（3）栅片灭弧灭弧原理是怎样的？

1.1.5 知识拓展

1.1-25 知识拓展按钮开关的使用视频	1.1-26 知识拓展位置开关的使用视频	1.1-27 知识拓展转换开关的使用课件	1.1-28 知识拓展转换开关的使用视频

任务 1.2
开关与保护电器的选用

1.2.1 教学目标与思路

【教学目标】

知识目标	能力目标	素养目标	思政要素
1. 掌握刀开关的作用、结构、工作原理； 2. 掌握熔断器构造及工作原理、技术数据及选用； 3. 掌握自动空气断路器构造、原理、型号含义、主要技术数据。	1. 能根据开关与保护电器的技术数据进行元件的选用； 2. 能说明开关和保护电器的原理和作用。	1. 具有良好倾听的能力，能运用新颖的方式有效地获得各种资讯； 2. 能运用所学的知识概念理解和分析问题并能解决问题。	1. 建立专业归属感，价值领域与知识传授的合二为一理念的渗透； 2. 中国实力及时地渗透在学生的思想里。

【学习任务】对常见开关与保护电器的作用、分类、构造、原理，表示符号、技术数据及选择等几方面进行分析与叙述，可以与实际应用相结合，更好地理解掌握新知识。

【建议学时】4学时

【思维导图】

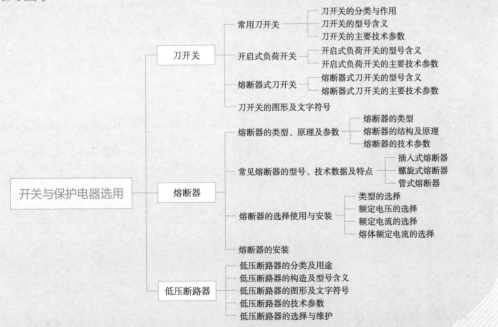

1.2.2 学生任务单

任务名称		开关与保护电器的选用	
学生姓名		班级学号	
同组成员			
负责任务			
完成日期		完成效果	
		教师评价	

学习任务	1. 掌握刀开关的结构与原理、型号、技术数据及选择； 2. 掌握熔断器的结构、工作原理、型号、技术数据及选用； 3. 掌握自动空气断路器的作用、结构、原理及符号、型号及主要技术参数。			
自学简述	课前预习	学习内容、浏览资源、查阅资料		
	拓展学习	任务以外的学习内容		
任务研究	完成步骤	用流程图表达		
	任务分工	任务分工	完成人	完成时间

本人任务	
角色扮演	
岗位职责	
提交成果	

任务实施	完成步骤	第1步	
		第2步	
		第3步	
		第4步	
		第5步	
	问题求助		
	难点解决		
	重点记录		
学习反思	不足之处		
	待解问题		
	课后学习		

过程评价	自我评价 （5分）	课前学习	时间观念	实施方法	知识技能	成果质量	分值
	小组评价 （5分）	任务承担	时间观念	团队合作	知识技能	成果质量	分值

1.2.3 知识与技能

1．知识点——刀开关

刀开关是低压配电中结构最简单、应用最广泛的电器，主要用在低压成套配电装置中，作为不频繁地手动接通和分断交直流电路或作隔离开关用，也可以用于不频繁地接通与分断额定电流以下的负载，如小型电动机等。

刀开关的典型结构如图1.11所示，刀开关由静插座1、手柄2、触刀3、铰链支座4和绝缘底座5组成。

1.2-1 刀开关课件

1.2-2 刀开关视频

1.2-3 刀开关课件

1.2-4 刀开关视频

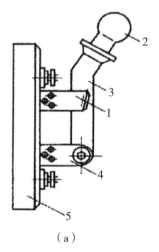
（a）

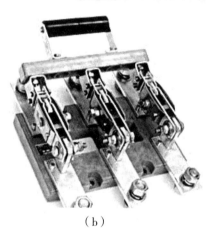
（b）

图1.11　刀开关的典型结构
（a）结构；（b）外形
1—静插座；2—手柄；3—触刀；4—铰链支座；5—绝缘底座

（1）常用刀开关

1）刀开关的分类与作用

刀开关的主要类型有大电流刀开关、负荷开关、熔断器式刀开关。常用的产品有：HD14、HD17、HS13系列刀开关，HK2、HD13BX系列开启式负荷开关，HRS、HR5系列熔断器式刀开关。HD和HS系列刀形转换开关，是电力网中必不可少的电器元件，常用于各种低压配电柜、配电箱、照明箱中。当电源进入时首先接的是刀开关，再接熔断器、断路器、接触器等其他电器元件，以满足各种配电柜、配电箱的功能要求。当其以下的电器元件或线路中出现故障，切断隔离电源就靠它来实现，以便对设备、电器元件修理更换。HS刀形转换开关主要用于转换电源，即当一路电源不能供电，需要另一路电源供电时就由它来进行转换，当转换开关处于中间位置时，可以起隔离作用。刀开关的分类与作用，如图1.12所示。

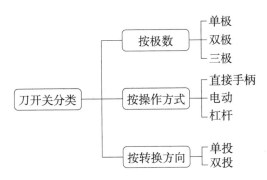

作用：用于交流380V、50Hz电力网中作电源隔离或电流转换之用。

图1.12　刀开关的分类与作用

2）刀开关的型号含义

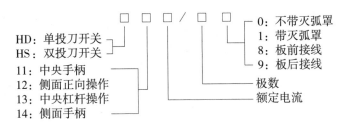

3）刀开关的主要技术参数

HD17系列刀开关的主要技术参数见表1.4。

HD17系列刀开关的主要技术参数　　　　　　　　　表1.4

额定电流（A）	通断能力（A）				在交流380V和60%额定电流时，刀开关的电气寿命（次）	电动稳定性电流峰值（kA）	热稳定性电流（kA）
	交流380V $\cos\phi=0.72\sim0.8$	直流					
		220V	440V				
		$T=0.01\sim0.011s$					
200	200	200	—		1000	30	10
400	400	400	—		1000	40	20
600	600	600	—		500	50	25
1000	1000	1000	—		500	60	30
1500	—	—	—		—	80	40

为了使用方便和减少体积，通常在刀开关上安装熔丝或熔断器，组成兼有通断电路和保护作用的开关电器，如开启式负荷开关、熔断器式刀开关等。

（2）开启式负荷开关

开启式负荷开关也叫胶盖刀开关，适合在交流50Hz，额定电压单相220V、三相380V，额定电流至100A的电路中，用于不频繁地接通和分断有负载电路与小容量线路的短路保护。

1）开启式负荷开关的型号含义

HK 2 - □ / □

极数
额定电流
设计序号
开启式负荷开关

2）开启式负荷开关的主要技术参数

HK2系列开启式负荷开关的主要技术参数见表1.5。

HK2系列开启式负荷开关的主要技术参数   表1.5

额定电压（V）	额定电流（A）	极数	熔体极限分断能力（A）	控制最大电动机功率（kW）	机械寿命（次）	电气寿命（次）
200	10	2	500	1.1	10000	2000
	15		500	1.5		
	30		1000	3.0		
330	15	3	500	2.2	10000	2000
	30		1000	4.0		
	60		1500	5.5		

（3）熔断器式刀开关

熔断器式刀开关即熔断器式隔离开关，是以熔断体或带有熔断体的载熔件作为动触点的一种隔离开关。主要在额定电压交流600V（45~62Hz），约定发热电流至630A，具有高短路电流的配电电路和电动机电路中，作为电源开关、隔离开关、应急开关，以及电路保护之用，但一般不适合直接控制单台电动机。

1）熔断器式刀开关的型号含义

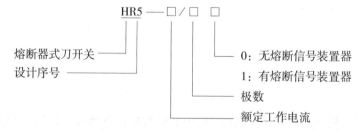

HR5 —— □ / □ □

熔断器式刀开关
设计序号

0：无熔断信号装置器
1：有熔断信号装置器
极数
额定工作电流

2）熔断器式刀开关的主要技术参数

HR5系列熔断器式刀开关的主要技术参数见表1.6。

（4）刀开关的图形及文字符号

刀开关的外形、文字符号及图形符号如图1.13所示。

HR5系列熔断器式刀开关的主要技术参数				表1.6
额定工作电压（V）	380		660	
约定发热电流（A）	100	200	400	630
熔体电流值（A）	4～160	80～250	125～400	315～630
熔断体号	00	1	2	3

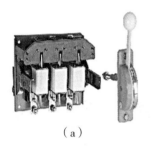
（a）

（b）
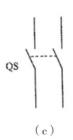
（c）
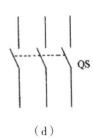
（d）

图1.13　刀开关的外形、文字符号及图形符号
（a）外形；（b）单极；（c）双极；（d）三极

2．知识点——熔断器

（1）熔断器的类型、原理及参数

1）熔断器的类型

熔断器大致可分为插入式熔断器、螺旋式熔断器、封闭式熔断器、快速式熔断器和自复式熔断器、管式熔断器、高分断力熔断器等。

① 插入式熔断器（俗称瓷插）

插入式熔断器由装有熔丝的瓷盖和用来连接导线的瓷座组成，如图1.14所示，适用于380V及以下电压等级的线路末端，作为配电支线或电气设备的短路保护用。

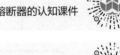

1.2-5
熔断器课件

1.2-6
熔断器视频

1.2-7
熔断器的认知课件

1.2-8
熔断器认知视频

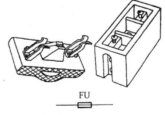

FU

图1.14　插入式熔断器

② 螺旋式熔断器

螺旋式熔断器由瓷帽、瓷套、底座和熔断管等组成，瓷帽沿螺纹拧入瓷座中。熔断管内填有石英砂，故分断电流较大，可用于电压等级500V以下、电流等级200A以

下的电路中，作为短路保护用。RL1系列螺旋式熔断器如图1.15所示。

③封闭式熔断器

封闭式熔断器分为有填料熔断器和无填料熔断器两种。有填料熔断器一般用方形瓷管内装石英砂及熔体，分断能力强，用于电压等级500V以下、电流等级1kA以下的电路中，而无填料密闭式熔断器将熔体装入密闭式圆筒中，分断能力稍小，用于电压等级500V以下，电流等级600A以下的电路中。其外形结构如图1.16所示。

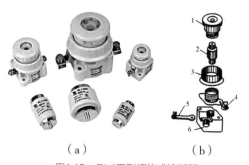

图1.15　RL1系列螺旋式熔断器
（a）外形；（b）构造
1—瓷帽；2—熔断管；3—瓷套；4—上接线端；
5—下接线端；6—底座

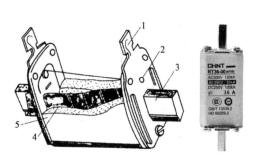

图1.16　封闭式熔断器外形结构
1—盖板；2—指示器；3—触角；
4—熔体；5—熔管

④快速式熔断器和自复式熔断器

快速式熔断器多用作硅半导体器件的过载保护，分断能力大，分断速度快，如图1.17（a）所示。而自复式熔断器则是用低熔点金属制成，短路时依靠自身产生的热量使金属汽化，从而大大增加导通时的电阻，阻塞了导通电路，如图1.17（b）所示。

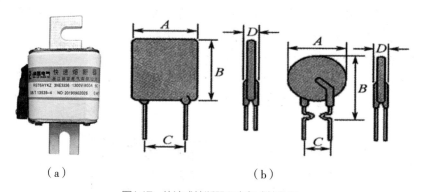

图1.17　快速式熔断器和自复式熔断器
（a）快速式熔断器；（b）自复式熔断器

⑤管式熔断器

管式熔断器为装有熔体的玻璃管，两端封以金属帽，外加底座构成，这类熔断器体积较小，常用于电子线路及二次回路中，如图1.18所示。

图1.18　管式熔断器

2）熔断器的结构及原理

熔断器主要由熔体和安装熔体的熔管或熔座两部分组成。其中熔体是主要部分，它既是感受元件又是执行元件。熔体可做成丝状、片状、带状或笼状。其材料有两类：一类为低熔点材料，如铅、锌、锡及铅锡合金等；另一类为高熔点材料，如银、铜、铝等。熔断器接入电路时，熔体是串接在被保护电路中的。熔管是熔体的保护外壳，可做成封闭式或半封闭式，其材料一般为陶瓷、绝缘纸或玻璃纤维。

熔断器熔体中的电流为熔体的额定电流时，熔体长期不熔断；当电路发生严重过载时，熔体在较短时间内熔断；当电路发生短路时，熔体能在瞬间熔断。熔体的这个特性称为反时限保护特性，即电流为额定值时长期不熔，过载电流或短路电流越大，熔断时间就越短。电流与熔断时间的关系曲线称为熔断器的安秒特性，如图1.19所示。由于熔断器对过载反应不灵敏，所以不宜用于过载保护，主要

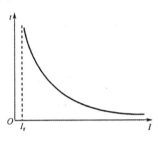

图1.19　熔断器的安秒特性

用于短路保护。图1.19中的电流I_r为最小熔化电流。当通过熔体的电流大于等于I_r时，熔体熔断；当通过的电流小于I_r时，熔体不能熔断。根据对熔断器的要求，熔体在额定电流I_N时，绝对不能熔断。即$I_r > I_N$。

3）熔断器的技术参数

①额定电压

熔断器的额定电压指熔断器长期工作时和分断后能够承受的电压，它取决于线路的额定电压，其值一般等于或大于电气设备的额定电压。

②额定电流

熔断器的额定电流指熔断器长期工作时，各部件温升不超过规定值时所能承受的电流。熔断器的额定电流等级比较少，而熔体的额定电流等级比较多，即在一个额定电流等级的熔断器内可以安装不同额定电流等级的熔体。

③极限分断能力

熔断器的极限分断能力是指熔断器在规定的额定电压和功率因数（或时间常数）的条件下，能分断的最大短路电流值。在电路中出现的最大电流值一般指短路电流值，所以极限分断能力也反映了熔断器分断短路电流的能力。

④安秒特性

安秒特性也称保护特性，它表征了流过熔体的电流大小与熔断时间的关系，熔断器安秒特性数值关系见表1.7。

熔断器安秒特性数值关系　　　　　　　　　　　　　　表1.7

熔断电流	（1.25~1.30）I_N	1.6I_N	2I_N	2.5I_N	3I_N	4I_N
熔断时间	∞	1h	40s	8s	4.5s	2.5s

（2）常见熔断器的型号、技术数据及特点

1）插入式熔断器

插入式熔断器有RC1A系列，具有结构简单、使用广泛的特点，广泛应用于照明和小容量电动机保护。

熔断器的文字符号和图形符号如图1.20所示。

插入式熔断器的型号含义如下：

图1.20　熔断器的文字符号和图形符号

RC1、RL系列熔断器基本技术数据见表1.8。

RC1、RL系列熔断器基本技术数据　　　　　　　　　表1.8

类别	型号	额定电压（V）	额定电流（A）	熔体额定电流等级（A）
插入式熔断器	RC1A	380	5	2，4，5
			10	2，4，6，10
			15	6，10，15
			30	15，20，25，30
			60	30，40，50，60
			100	50，80，100
			200	100，120，150，200
螺旋式熔断器	RL1	500	15	2，4，5，6，10，15
			60	20，25，30，35，40，50，60
			100	60，80，100
			200	100，125，150，200
	RL2	500	25	2，4，6，10，15，20，25
			60	25，35，50，60
			100	80，100

2）螺旋式熔断器

螺旋式熔断器有RL1和RL2系列。RL1系列螺旋式熔断器的断流能力大，体积小，更换熔丝容易，使用安全可靠，并带有熔断显示装置。

螺旋式熔断器的型号含义如下：

RL系列熔断器的基本技术数据见表1.8。

3）管式熔断器

①无填料封闭式熔断器

无填料封闭式熔断器有RM10系列。RM10系列熔断器为可拆卸式，具有结构简单、更换方便的特点。

RM10系列熔断器技术数据见表1.9。

RM10系列熔断器技术数据　　　　　　　　　　　　　　表1.9

额定电流（A）		极限分断能力（A）
熔断管	装在熔断管内的熔体	
15	6，10，15	1200
60	15，20，25，30，35，45，60	
100	60，80，100	10000
200	100，125，160，200**	
350	200，225，260*，300**，350*	
600	350*，430*，500*，600*	
1000	600*，700*，850*，1000*	12000

注：*表示电压为380V、220V时熔体需要两片并联使用；

　　**表示仅在电压为380V时熔体需要两片并联使用。

RM10系列熔断器的熔断管在触座插拔次数在350A及以下的为500次，350A以上的为300次。

无填料封闭式熔断器的型号含义如下：

②有填料封闭管式熔断器

有填料封闭管式熔断器有RT0系列。该系列具有耐热性强、机械强度高等优点。熔断器内充满石英砂填料，石英砂主要用来冷却电弧，使产生的电弧迅速熄灭。

RT0系列熔断器的主要技术数据见表1.10。

有填料封闭管式熔断器的型号含义如下：

有填料封闭管式　Ｒ　Ｔ0-400　□　Q：底座板前接线式
熔断器　　　　　　　　　　　　　　　H：底座板后接线式
设计序号　　　　　　　　　　额定电流400A

有填料式熔断器还有RT0和RT1系列。

RT0系列熔断器技术数据   表1.10

额定电流（A）	熔体额定电流（A）	极限分断能力（kA）		回路参数	
		交流380V	直流440V	交流380V	直流440V
50 100 200 400 600 1000	5，10，15，20，30，40，50 30，40，50，60，80，100 80*，100*，120，150，200 150*，200，250，300，350，400 350*，400*，450，500，550，600 700，800，900，1000	50 （有效值）	25	$\cos\varphi=$ $0.1 \sim 0.2$	$T=$ $15 \sim 20\text{ms}$

*表示电压为380V、220V时，熔体需两片并联使用。

（3）熔断器的选择、使用与安装

熔断器是一种最简单有效的保护电器，有各种不同的外形和特点，在使用时，串接在所保护的电路中，作为电路及用电设备的短路和严重过载保护，主要用作短路保护。熔断器的选择主要从以下几个方面考虑。

1.2-9
熔断器的使用课件

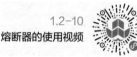
1.2-10
熔断器的使用视频

1.2-11
熔断器的使用视频

1）类型的选择

其类型应根据线路要求、使用场合和安装条件选择。

2）额定电压的选择

其额定电压应大于或等于线路的工作电压。

3）额定电流的选择

其额定电流必须大于或等于所装熔体的额定电流。

4）熔体额定电流的选择

熔体额定电流可按以下几种情况选择。

①对于电炉、照明等电阻性负载的短路保护，应使熔体的额定电流等于或大于电路的工作电流，即$I_{\text{fv}} \geq I$，其中I_{fv}为熔体额定电流，I为电路的工作电流。

②保护一台电动机时，考虑到电动机启动冲击电流的影响，应按下式计算：

$$I_{\text{fv}} \geq （1.5 \sim 25）I_{\text{N}}$$

式中 I_{N}为电动机额定电流（A）。

③保护多台电动机时，则应按下式计算：

$$I_{\text{fv}} \geq （1.5 \sim 2.5）I_{\text{Nmax}} + \Sigma I_{\text{N}}$$

式中　I_{Nmax}为容量最大的一台电动机的额定电流（A）；

　　　ΣI_N为其余电动机额定电流的总和（A）。

　5）熔断器的安装

安装熔断器时要将发热元件串接在被保护的电路中，在安装过程中要注意以下事项。

①安装熔断器除了保证足够的电气距离外，还应保证安装位置间有足够的间距，以便拆卸，更换熔体；

②安装前应检查熔断器的型号、额定电压、额定分断能力等参数是否符合规定要求。熔断器内所装熔体额定电流只能小于熔断器的额定电流；

③安装时应保证熔体和触刀及触刀和触刀座之间接触紧密可靠，以免由于接触发热，使熔体温度升高，发生误熔断；

④安装熔体时必须保证接触良好，不允许有机械损伤，否则准确性将大大降低；

⑤电流进线接上接线端子，电气设备接下接线端子；

⑥当熔断器兼作隔离开关时，应安装在控制开关电源的进线端；当仅作短路保护时，应安装在控制开关的出线端；

⑦熔断器应安装在各相（火）线上，三相四线制电源的中性线上不得安装熔断器，单相两线制的零线上应安装熔断器；

⑧更换熔丝，必须先断开负载。熔体必须按原规格、原材质更换；

⑨在运行中应经常注意熔断器的指示器，以便及时发现熔体熔断，防止缺相运行。

3. 知识点——低压断路器（自动开关）

低压断路器又称自动开关或自动空气开关。它的特点是：在正常工作时，可以人工操作，接通或切断电源与负载的联系，当出现故障时，如短路、过载、欠压等，又能自动切断故障电路，起到保护作用，因此得到了广泛的应用。

1.2-12
低压断路器（自动开关）
课件

1.2-13
低压断路器（自动开关）
视频

1.2-14
低压断路器的认知课件

1.2-15
低压断路器的认知视频

（1）低压断路器的分类及用途

低压断路器主要以结构形式分类，即开启式和装置式两种。开启式又称为框架式或万能式，装置式又称为塑料壳式。装置式低压断路器装在一个塑料制成的外壳内，多数只有过电流脱扣器，由于体积限制，失压脱扣和分励脱扣只能两者居一。装置式低压断路器短路开断能力较低，额定工作电压在660V以下，额定电流也多在600A以下。从操作方式上看，装置式低压断路器的变化小，多为手动，只有少数传动机构可进行电动操作。其尺寸较小，动热稳定性较低，维修不便；但价格便宜，故宜于用作支路开关。

框架式低压断路器的所有部件装在一个绝缘衬垫的金属框架内，可以具有过电流脱扣器、欠压脱扣器、分励脱扣器、闭锁脱扣器等。与装置式断路器相比，它的短路开断能力较高，额定工作电压可达1140V，额定电流为200～400A，甚至超过5000A。操作方式较多，有手动操作、杠杆操作、电动操作，还有储能方式操作等。由于其动热稳定性较好，故宜用于开关柜中，维修比较方便，但价格高，体积大。

低压断路器的分类及用途见表1.11。

低压断路器的分类及用途　　　　　　　　　　表1.11

分类方法	种类	主要用途
按用途分类	保护配电线路低压断路器	用作电源点开关和各支路开关
	保护电动机低压断路器	可装在近电源端，保护电动机
	保护照明线路低压断路器	用于生活建筑内电气设备和信号二次线路
	漏电保护低压断路器	防止因漏电造成的火灾和人身伤害
按结构分类	框架式低压断路器	开断电流大，保护种类齐全
	塑料外壳低压断路器	开断电流相对较小，结构简单
按极数分类	单极低压断路器	用于照明回路
	两极低压断路器	用于照明回路或直流回路
	三极低压断路器	用于电动机控制保护
	四极低压断路器	用于三相四线制线路控制
限流性能分类	一般型不限流低压断路器	用于一般场合
	快速型限流低压断路器	用于需要限流的场合
按操作方式分类	直接手柄操作低压断路器	用于一般场合
	杠杆操作低压断路器	用于大电流分断
	电磁铁操作低压断路器	用于自动化程度较高的电路控制
	电动机操作低压断路器	用于自动化程度较高的电路控制

（2）低压断路器的构造及型号含义

1）低压断路器的构造及原理

低压断路器的外形、结构、工作原理如图1.21所示。开关盖上有操作按钮（红分，绿合），正常工作用手动操作，有灭弧装置。断路器主要由三个基本部分组成：触头、灭弧系统和各种脱扣器，包括过电磁脱扣器6、失（欠）压脱扣器11、热脱扣器。

图1.21中3对主触头串接在被保护的三相主电路中，当按下绿色按钮，主触头2和锁链3保持闭合，线路接通。

当线路正常工作时，电磁脱扣器6的线圈所产生的吸力不能将它的衔铁8吸合，如果线路发生短路和产生较大过电流时，电磁脱扣器的吸力增加，将衔铁8吸合，并撞击

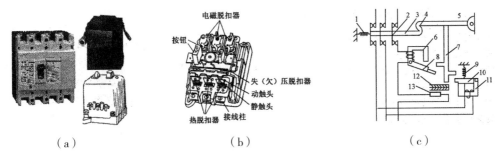

图1.21　DZ5-20型低压断路器

（a）外形；（b）结构；（c）工作原理

1—主弹簧；2—主触头；3—锁链；4—搭钩；5—轴；6—电磁脱扣器；7—杠杆；
8、10—衔铁；9—弹簧；11—失（欠）压脱扣器；12—双金属片；13—发热元件

杠杆7，把搭钩4顶上去，锁链3脱扣，被主弹簧1拉回，切断主触头2。

当线路上电压下降或失去电压时，失（欠）压脱扣器11的吸力减小或消失，衔铁10被弹簧9拉开。撞击杠杆7，也能把搭钩4顶开，切断主触头2。

当线路出现过载时，过载电流流过热脱扣器的发热元件13，使双金属片12受热弯曲，将杠杆7顶开，切断主触头2。

脱扣器都可以对脱扣电流进行整定，只要改变热脱扣器所需要的弯曲程度和电磁脱扣器铁芯机构的气隙大小即可。热脱扣器和电磁脱扣器互相配合，热脱扣器担负主电路的过载保护，电磁脱扣器担负短路故障保护。当低压断路器由于过载而断开后，应等待2~3min才能重新合闸以使热脱扣器恢复原位。

低压断路器的主要触点由耐压电弧合金（如银钨合金）制成，采用灭弧栅片加陶瓷罩来熄灭电弧。

2）低压断路器的型号含义

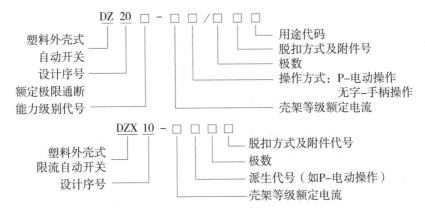

（3）低压断路器的图形及文字符号

低压断路器的图形及文字符号，见图1.22。

（4）低压断路器的技术参数

DZ5-20型低压断路器的技术参数，见表1.12。

DZ5-20型低压断路器的技术参数 表1.12

型号	额定电压（V）	主触头额定电流（A）	极数	脱扣器形式	热脱扣器额定电流（括号内为整定电流调节范围）（A）	电磁脱扣器瞬时动作整定值（A）
DZ5-20/330	~380 -220	20	3	复式	0.15（0.10～0.15）	为热脱扣器额定电流的8～12倍（出厂时整定于10倍）
DZ5-20/230			2		0.20（0.15～0.20）	
DZ5-20320			3	电磁式	0.30（0.20～0.30）	
DZ5-20/220			2		0.45（0.30～0.45）	
DZ5-20/310 DZ5-20/210			3 2	热脱扣器式	0.65（0.45～0.65） 1（0.65～1） 1.5（1～1.5） 2（1.5～2） 3（2～3） 4.5（3～4.5） 6.5（4.5～6.5） 10（6.5～10） 15（10～15） 20（15～20）	
DZ5-20300 DZ5-20/200			3 2	无脱扣器式		

（5）低压断路器的选择与维护

1）低压断路器的选择

①低压断路器的类型应根据电路的额定电流及保护的要求来选用。

②低压断路器的额定电压和额定电流应不小于电路的正常工作电压和工作电流。对于配电电路来说，应注意区别是电源端保护还是负载保护，电源端电压比负载端电压高出5%左右。

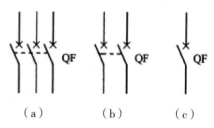

图1.22 低压断路器的图形及文字符号
（a）三极；（b）二极；（c）单极

③热脱扣器的整定电流应与所控制的电动机的额定电流或负载额定电流一致。

④低压断路器的欠电压脱扣器额定电压等于主电路额定电压。

⑤电磁脱扣器的瞬时脱扣整定电流应大于负载电路正常工作时的峰值电流。对于电动机来说，DZ型低压断路器电磁脱扣器的瞬时脱扣整定电流值I_z可按下式计算：

$$I_z \geqslant KI_Q$$

式中 K——安全系数，可取1.7；

I_Q——电动机的启动电流（A）。

⑥初步选定自动开关的类型和各项技术参数后，还要与其做保护特性的上、下级开关协调配合，从总体上满足系统对选择性保护的要求。

2）低压断路器的维护

①使用前应将脱扣器电磁铁工作面的防锈油脂抹去，以免影响电磁机构的动作值。

②在使用一定次数后（一般为1/4机械寿命），转动部分应加润滑油（小容量的塑壳式不需要）。

③定期检查各脱扣器的整定值。

④定期清除断路器上的灰尘，以保持绝缘良好。

⑤断路器的触点使用一定次数后，如果表面有毛刺和颗粒等应及时清理修整，以保证接触良好。

⑥灭弧室在分断短路电流或较长时间使用后，应清除其内壁和栅片上的金属颗粒和黑烟。

1.2.4　问题思考

1.2–16
任务1.2开关与保护电器的
选用习题答案文档

1．填空题

（1）刀开关是低压配电中结构最简单、应用最广泛的电器，主要用在_____中，作为不频繁地手动接通和分断交直流电路或作_____用，也可以用于不频繁地接通与分断额定电流以下的负载，如小型电动机等。

（2）刀开关的典型结构中，主要由_____、_____、_____和_____组成。

（3）刀开关的主要类型有_____、_____、_____。

（4）开启式负荷开关也叫胶盖刀开关，适合在交流_____，额定电压单相_____、三相_____，额定电流至_____的电路中，用于不频繁接通和分断有负载电路与小容量线路的短路保护。

（5）熔断器式刀开关即熔断器式隔离开关，是以熔断体或带有熔断体的载熔件作为_____的一种隔离开关。

（6）熔断器大致可分为_____、_____、_____、_____和高分断力熔断器等。

（7）插入式熔断器由_____的瓷盖和用来连接导线的瓷座组成，适用于电压等级_____及以下电压等级的线路末端，作为配电支线或电气设备的_____用。

（8）螺旋式熔断器由瓷帽、瓷座和熔体组成，瓷帽沿螺纹拧入瓷座中。熔体内填有_____，故分断电流_____，可用于电压等级_____以下、电流等级_____以下的电路中，作为短路保护用。

（9）有填料熔断器一般用方形瓷管内装石英砂及熔体，分断能力强，用于电压等级_____以下、电流等级_____以下的电路中，而无填料密闭式熔断器将熔体装入密闭式圆筒中，分断能力_____，用于电压等级_____以下，电流等级_____以下的电路中。

（10）自复式熔断器则是用_____制成，短路时依靠自身产生的热量使金属_____，从而大大增加导通时的电阻，阻塞了导通电路。

（11）熔断器熔体中的电流为熔体的额定电流时，熔体_____；当电路发生严重过载时，熔体_____；当电路发生短路时，熔体_____。熔体的这个特性称为反时限保护特性。

（12）安装熔断器除了保证足够的_____外，还应保证安装位置间有_____，以便_____，更换熔体。

（13）熔断器进行安装时，_____接上接线端子，_____接下接线端子。

（14）低压断路器又称_____或_____。它的特点是：在正常工作时，可以人工操作，接通或切断电源与负载的联系，当出现故障时，如_____、_____、_____等，又能_____，起到保护作用，因此得到了广泛的应用。

2. 判断题

（1）插入式熔断器由装有熔丝的瓷盖和用来连接导线的瓷座组成，适用于电压等级500V及以下电压等级的线路末端，作为配电支线或电气设备的短路保护用。（　　）

（2）熔断器式刀开关，是以熔断体或带有熔断体的载熔件作为动触点的一种隔离开关。主要在额定电压交流1000V（45～62Hz），约定发热电流至630A，具有高短路电流的配电电路和电动机电路中。（　　）

（3）快速式熔断器多用作硅半导体器件的过载保护，分断能力小，分断速度快。（　　）

（4）管式熔断器为装有熔体的玻璃管，两端以金属帽，外加底座构成，这类熔断器体积小，常用于电子线路及二次回路中。（　　）

（5）熔断器的反时限保护特性，即电流为额定值时长期不熔，过载电流或短路电流越大，熔断时间就越长。（　　）

（6）螺旋式熔断器有RL1和RL2系列。RL1系列螺旋式熔断器的断流能力大，体积小，更换熔丝容易，使用安全可靠，并不带有熔断显示装置。（　　）

（7）RM10系列熔断器的熔断管在触座插拔次数在350A及以下的为500次，350A以上的为300次。（　　）

（8）断器应安装在各相（火）线上，三相四线制电源的中性线上不得安装熔断器，单相两线制的零线上应安装熔断器。（　　）

（9）更换熔丝，不用先断开负载。熔体必须按原规格、原材质更换。（　　）

（10）低压断路器的主要触点由耐压电弧合金（如银钨合金）制成，采用灭弧栅片加陶瓷罩来熄灭电弧。（　　）

3. 问答题

（1）熔断器的选择原则是什么？

（2）熔断器的安装有哪些注意事项？

（3）低压断路器的维护有哪些注意事项？

1.2.5 知识拓展

1.2-17 知识拓展刀开关的使用视频	1.2-18 知识拓展刀开关动画	1.2-19 知识拓展刀开关动画	1.2-20 知识拓展低压断路器的使用课件	1.2-21 知识拓展熔断器式刀开关动画

任务 1.3
接触器的选用

1.3.1 教学目标与思路

【教学目标】

知识目标	能力目标	素养目标	思政要素
1. 掌握交流接触器的作用、结构、工作原理； 2. 掌握交流接触器技术数据及选用。	1. 能根据交流接触器的技术数据进行元件的选用； 2. 能说明接触器的原理和作用。	1. 具有良好倾听的能力，能有效地获得各种资讯； 2. 能正确表达自己思想，学会理解和分析问题。	1. 具备树立质量意识、安全意识、标准和规范意识以满足专业岗位的要求。 2. 具有创新思维、奉献祖国的精神。

【学习任务】接触器按照其触头通过电流的种类可分为交流接触器和直流接触器。对于在电路中起到重要作用的元件来说，需要重点了解其构造、工作原理、表示符号以及具体的应用，从其应用中更好地加深对接触器的掌握与理解。

【建议学时】4学时

【思维导图】

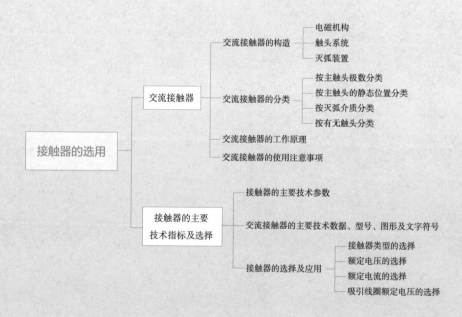

1.3.2 学生任务单

任务名称		接触器的选用	
学生姓名		班级学号	
同组成员			
负责任务			
完成日期		完成效果	
		教师评价	

学习任务		1. 掌握直流接触器的结构与原理、型号、技术数据及选择; 2. 掌握交流接触器的结构、工作原理、型号、技术数据及选用。		
自学简述	课前预习	学习内容、浏览资源、查阅资料		
	拓展学习	任务以外的学习内容		
任务研究	完成步骤	用流程图表达		
	任务分工	任务分工	完成人	完成时间

		本人任务	
		角色扮演	
		岗位职责	
		提交成果	

任务实施	完成步骤	第1步	
		第2步	
		第3步	
		第4步	
		第5步	
	问题求助		
	难点解决		
	重点记录		
学习反思	不足之处		
	待解问题		
	课后学习		

过程评价	自我评价 （5分）	课前学习	时间观念	实施方法	知识技能	成果质量	分值
	小组评价 （5分）	任务承担	时间观念	团队合作	知识技能	成果质量	分值

1.3.3 知识与技能

1．知识点——交流接触器

接触器是一种用于频繁地接通或断开交直流主电路、大容量控制电路等大电流电路的自动切换电器，在功能上接触器除了能自动切换外，还具有手动开关所不具备的远距离操作功能和失压（或欠电压）保护功能。接触器具有操作频率高、使用寿命长、工作可靠、性能稳定、成本低廉、维修简便等优点，主要用于控制电动机、电热设备、电焊机、电容器组等，是电力拖动自动控制线路中应用广泛的控制电器之一。

（1）交流接触器的构造

交流接触器由电磁机构、触头系统和灭弧装置三部分组成，交流接触器的外形及构造如图1.23所示。

1.3-1 交流接触器课件

1.3-2 交流接触器视频

1.3-3 交流接触器的认知课件

1.3-4 交流接触器的认知视频

1.3-5 交流接触器的使用视频

1.3-6 交流接触器结构动画

（a）

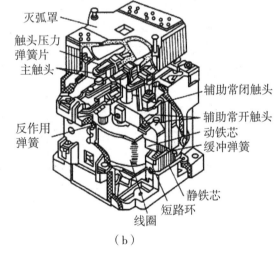

灭弧罩
触头压力弹簧片
主触头
反作用弹簧
辅助常闭触头
辅助常开触头
动铁芯
缓冲弹簧
静铁芯
短路环
线圈

（b）

图1.23　交流接触器
（a）外形；（b）结构

1）电磁机构

电磁机构的作用是将电磁能转换成机械能，操纵触点的闭合或断开，交流接触器一般采用衔铁绕轴转动的拍合式电磁机构和衔铁做直线运动的电磁机构。由于交流接触器的线圈通交流电，在铁芯中存在磁滞和涡流损耗，会引起铁芯发热，为了减少涡流和磁滞损耗，以免铁芯发热过热，铁芯由硅钢片叠铆而成，同时为了减小机械振动和噪声，在铁芯柱端面上嵌装一个金属环，称为短路环，如图1.24所示，短路环相当于变压器的二次线组，当激磁线圈通入交流电后，在铁芯中产生磁通Φ_1，磁通Φ_1在短路环中产生感应电流，于是在短路环中产生磁通Φ_2。磁通Φ_1由线圈电流I_1产生，而Φ_2则由I_1及短路环中的感应电流I_2共同产生。电流I_1和I_2相位不同，故Φ_1和Φ_2的相位也不同，即在Φ_1过零时Φ_2不为零，使得合成吸力无过零点，铁芯总可以吸住衔铁，使其振动减小。

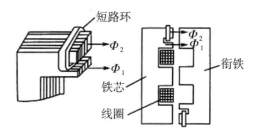

图1.24　交流接触器铁芯的短路环

2）触头系统

触头用于切断或接通电气回路的部分，它是接触器的执行元件。由于需要对电流进行切断和接通，其导电性能和使用寿命是考虑的主要因素。在回路接通时，触头处应接触紧密，导电性能良好；回路切断时则应可靠切断电路，保证有足够的绝缘间隙。触头有主触头和辅助触头之分，还有使触头复位用的弹簧。主触头用以通断主回路（大电流电路），常为3对、4对或5对常开触头，而辅助触头则用来通断控制回路（小电流回路），起电气连锁或控制作用，所以又称为连锁触头。

触头的结构形式分为桥式触头和线接触指形触头，如图1.25所示。桥式触头有点接触和面接触，它们都是两个触头串在一条线路中，电路的开断与闭合是由两个触头共同完成的。点接触桥式触头适用于电流不大且触头压力小的地方，如接触器的辅助触头；面接触桥式触头适用于大电流的地方，如接触器的主触头。线接触指形触头的接触区域为一条直线，触头开闭时产生滚动接触。这种触头适用于接电次数多、电流大的地方，如接触器的主触头。

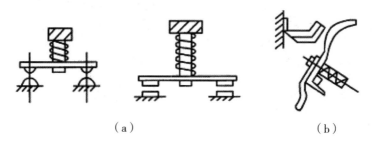

（a）　　　　　　　　　　　（b）

图1.25　触头的结构形式
（a）点接触桥式触头；（b）线接触指形触头

选用接触器时，要注意触头的通断容量和通断频率，如应用不当，会缩短其使用寿命或不能开断电路，严重时会使触头熔化；反之则触头得不到充分利用。

3）灭弧装置

当交流接触器分断带有电流负荷的电路时，如果触头开断的电源电压超过12～20V，被开断的电流超过0.25～1A，在触头开断的瞬间，就会产生热量为25000～83000J的、能发出强光的、导电的弧状气体，这就是电弧。电弧的产生为电路中电磁能的释放提供了通路，从一定程度上可以减小电路开断时的冲击电压。但是，电弧的产生一方面使电路仍然保持导通状态，使得该断开的电路未能断开；另一方面，电弧产生的高温将烧损开断电路的触头，损坏导线的绝缘，甚至有电弧飞出，危及人身安全，或造成开关电器的爆炸和火灾。总之，触头断开时产生的电弧弊多利少，为此，触头系统上必须采取一定的灭弧措施。交流接触器的灭弧方法有四种，如图1.26所示。用电动力使电弧移动拉长，如电动力灭弧、双断口灭弧，或将长弧分成若干短弧，如栅片灭弧、纵缝灭弧等。容量在10A以上的接触器有灭弧装置，小容量的接触器采用双断口桥形触头以利于灭弧。对于大容量的接触器常采用栅片或纵缝灭弧。

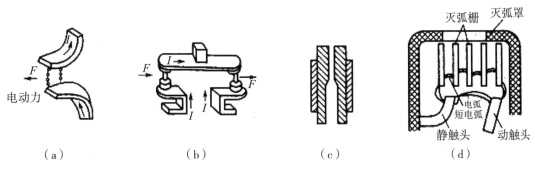

图1.26　交流接触器的四种灭弧方法
（a）电动力灭弧；（b）双断口灭弧；（c）纵缝灭弧；（d）栅片灭弧

（2）交流接触器的分类

交流接触器的种类很多，其分类方法也不尽相同，按照一般的分类方法，大致有以下几种。

1）按主触头极数分类

按主触头极数可分为单极、双极、三极、四极和五极接触器。单极接触器主要用于单相负荷，如照明负荷、点焊机等，在电动机能耗制动中也可采用；双极接触器主要用于绕线式异步电动机的转子回路中，启动时用于短接启动绕组；三极接触器用于三相负荷，例如在电动机的控制及其他场合使用最为广泛；四极接触器主要用于三相四线制的照明线路，也可用来控制双回路电动机负载；五极交流接触器用来组成自耦补偿启动器或控制双笼型电动机，以变换绕组接法。

2）按主触头的静态位置分类

按主触头的静态位置可分为动合接触器、动断接触器和混合型接触器三种。主触头为动合触头的接触器用于控制电动机及电阻性负载，用途较广；主触头为动断触头的接触器用于备用电源的配电回路和电动机的能耗制动；主触头一部分为动合而另一部分为动断的接触器用于发电机励磁回路灭磁和备用电源。

3）按灭弧介质分类

按灭弧介质可分为空气式接触器、真空式接触器。依靠空气绝缘的接触器用于一般负载，而采用真空绝缘的接触器常用在煤矿、石油、化工企业及电压在660V和1140V等特殊场合。

4）按有无触头分类

按有无触头可分为有触头接触器和无触头接触器。常见的接触器多为有触头接触器，而无触头接触器属于电子技术应用的产物，一般采用晶闸管作为回路的通断元件。由于晶闸管导通时所需的触发电压很小，而且回路通断时无火花产生，因而可用于高操作频率的设备和易燃、易爆、无噪声的场合。

（3）交流接触器的工作原理

如图1.27所示，当交流接触器电磁系统中的线圈6、7间通入交流电流以后，铁芯8被磁化，产生大于反力弹簧10弹力的电磁力，将衔铁9吸合，一方面，带动

1.3-7
交流接触器
工作原理动画

了动合主触头1、2、3闭合，接通主电路；另一方面，动断辅助触头（在4和5处）首先断开，接着动合辅助触头（也在4和5处）闭合。当线圈断电或外加电压太低时，铁芯在反力弹簧10的作用下衔铁释放，动合主触头断开，切断主电路；动合辅助触头首先断开，接着动断触头恢复闭合，图中11~24为各触头的接线柱。

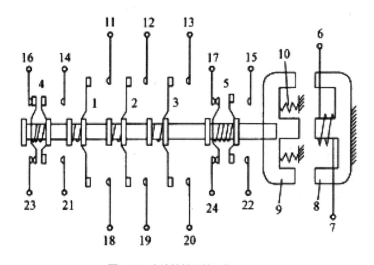

图1.27 交流接触器的工作原理
1、2、3—主触头；4、5—辅助触头；6、7—线圈；8—铁芯；
9—衔铁；10—反力弹簧；11~24—各触头的接线柱

（4）交流接触器的使用注意事项

1）交流接触器在启动时，由于铁芯气隙大，电抗小，通过励磁线圈的启动电流往往比衔铁吸合后的线圈工作电流大十几倍，所以交流接触器不宜使用于频繁启动的场合；

2）交流接触器励磁线的工作电压应为其额定电压的85%~105%，这样才能保证接触器可靠吸合。如果电压过高，交流接触器磁路趋于饱和，线圈电流将显著增大，有烧毁线圈的危险；反之，衔铁将不动作，相当于启动状态，线圈也可能过热烧毁；

3）绝不能把交流接触器的交流线圈误接到直流电源上，否则由于交流接触器励磁绕组线圈的直流电阻很小，将流过较大的直流电流，致使交流接触器的励磁线圈烧毁。

2．知识点——接触器的主要技术指标及选择

（1）接触器的主要技术参数

1）额定电压

1.3-8
接触器的主要技术指标
及选择课件

1.3-9
接触器的主要技术指标
及选择视频

额定电压指主触头的额定工作电压。在规定的条件下，能保证接触器正常工作时的电压值称为额定电压，使用时必须使它与被控制的负载回路的额定电压相同。在我国交流接触器的额定电压为220V、660V，在特殊场合使用的高达1140V；直流电压有24V、48V、110V、220V和440V。

2）额定电流

额定电流指主触头的额定工作电流。当接触器装在敞开的控制屏上，在间断-长期工作制下，而温度升高不超过额定温升时，流过触头的允许电流值称为主触头的额定工作电流。间断-长期工作制是指接触器连续通电时间不大于8h的工作制，工作8h后，必须连续操作开闭触头（空载）3次以上，（这一工作制通常是在交接班时进行），以便清除氧化膜，常用的电流等级为10~800A。

3）操作频率

操作频率指每小时允许操作的次数，它是接触器的主要技术指标之一，与产品寿命、额定工作电流等有关，通常为300~1200次/h。

4）机械寿命与电寿命

电寿命是指正常工作条件下，不需修理和更换零件的操作次数。机械寿命与操作频率有关，在接触器使用年限一定时，操作频率越高，机械寿命越高。电寿命与使用负载有关，同一台接触器，用在重负载时，其电寿命就低，用在轻负载时，电寿命就高。

5）通断能力

通断能力可分为最大接通电流和最大分断电流。最大接通电流指触头闭合时不会造成触头熔焊时的最大电流值；最大分断电流指触头断开时能可靠灭弧的最大电流。一般通断能力是额定电流的5~10倍。当然，这一数值与开断电路的电压等级有关，电压越高，通断能力越小。

6）吸引线圈额定电压

这是指接触器正常工作时吸引线圈上所加的电压值。一般该电压数值以及线圈的匝数、线径等数据均标于线包上，而不是标于接触器外壳铭牌上。

7）动作值

动作值是指接触器的吸合电压和释放电压。吸合电压是指接触器吸合前，缓慢增加吸引线圈两端的电压，接触器可以吸合时的最小电压；释放电压是指接触器吸合后，缓慢降低吸引合线圈的电压，接触器释放时的最大电压。一般规定，吸合电压不低于吸

引线圈额定电压的85%，释放电压不高于吸引线圈额定电压的70%。

（2）交流接触器的主要技术数据、型号、图形及文字符号

1）交流接触器的主要技术数据

常用的交流接触器有CJ20、CJKJ、CJJX1、CJX2、CJ12、B3TB等系列。CJ20系列与B系列交流接触器的主要技术数据见知识拓展内容。

2）交流接触器的型号含义

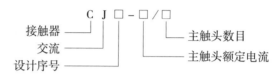

3）交流接触器的图形及文字符号

交流接触器的图形及文字符号，如图1.28所示。

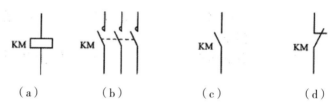

图1.28　交流接触器的图形及文字符号
（a）线圈；（b）主触头；（c）动合辅助触头；（d）动断辅助触头

（3）接触器的选择及应用

接触器的使用广泛，只有根据不同的使用条件正确选用，才能保证其系统可靠运行，使接触器的技术参数满足控制线路的要求。

1）接触器类型的选择

一般应根据接触器所控制的负载性质和工作任务来选择相应使用类别的直流接触器或交流接触器。常用接触器的使用类别和典型用途如表1.13所示。生产中广泛使用中小容量的笼型电动机，而且其中大部分电动机负载是一般任务，它相当于AC3使用类别。对于控制机床电动机的接触器，其负载情况比较复杂，既有AC3类的，又有AC4类的，还有AC3类和AC4类混合的负载，这些都属于重任务的范畴。如果负载明显属于重任

常用接触器的使用类别和典型用途　　　　　　表1.13

电流种类	使用类别代号	典型用途
AC（交流）	AC1、AC2、AC3、AC4	无感或微感负载、电阻炉、绕线式电动机的启动或中断，笼型电动机的启动和运转中分断、反接制动、反向和点动
DC（直流）	DC1、DC2、DC3	无感或微感负载、电阻炉、并励电动机的启动、反接制动、反向和点动，串励电动机的启动、反接制动、反向和点动

务类，则应选用AC4类的接触器。如果负载为一般任务与重任务混合的情况，则应根据实际情况选用AC3或AC4类接触器，若确定选用AC3类接触器，它的容量应降低一级使用。

2）额定电压的选择

接触器的额定电压应大于或等于所控制线路的电压。

3）额定电流的选择

接触器的额定电流应大于或等于所控制线路的额定电流。对于电动机负载，可按下列经验公式计算

$$I_c=P_e/KU_e$$

式中　I_c——接触器主触头电流（A）；

P_e——电动机额定功率（kW）；

U_e——电动机额定电压（V）；

K——经验系数，一般取1～1.4。

接触器的额定电流应大于I_c，也可查手册，根据技术数据确定。接触器如果使用在频繁启动、制动和正反转的场合，则额定电流应降低一个等级使用。

当接触器的使用类别与所控制负载的工作任务不相对应，如使用AC3类的接触器，控制AC3与AC4混合类负载时，需降低电流等级使用。用接触器控制电容器或白炽灯时，由于接通时的冲击电流可达额定电流的几十倍，所以从"接通"方面来考虑宜选用AC4类的接触器，若选用AC3类的接触器，则应降低为70%～80%额定容量来使用。

4）吸引线圈额定电压的选择

如果控制线路比较简单，所用接触器数量较少，则交流接触器线圈的额定电压一般直接选用380V或220V。如果控制线路比较复杂，使用的电器又比较多，为了安全起见，线圈的额定电压可选稍低一些。例如，交流接触器线电压，可选择127V、380V等，这时需要附加一个控制变压器。

1.3.4 问题思考

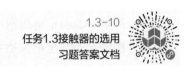
1.3-10
任务1.3接触器的选用
习题答案文档

1．填空题

（1）接触器是一种用于频繁地接通或断开交直流_____、_____等大电流电路的自动切换电器，在功能上接触器除了能自动切换外，还具有手动开关所不具备的_____和_____功能。

（2）交流接触器由_____、_____和_____三部分组成。

（3）当交流接触器分断带有电流负荷的电路时，如果触头开断的电源电压超过_____，被开断的电流超过_____，在触头开断的瞬间，就会产生热量为25000～83000J的、能发出强光的、导电的弧状气体，这就是_____。

（4）交流接触器按灭弧介质可分为_____、_____。依靠_____绝缘的接触器用于一般负载，而采用_____绝缘的接触器常用在煤矿、石油、化工企业及电压在660V和1140V等特殊场合。

（5）交流接触器在启动时，由于铁芯_____，_____，通过励磁线圈的启动电流往往比衔铁吸合后的线圈工作电流大十几倍，所以交流接触器不宜使用于_____的场合。

（6）接触器的额定电流应_____或_____所控制线路的额定电流。

（7）绝不能把交流接触器的交流线圈误接到_____上，否则由于交流接触器励磁绕组线圈的直流电阻很小，将流过较大的_____，致使交流接触器的励磁线圈烧毁。

（8）一般应根据接触器所控制的_____和_____来选择相应使用类别的直流接触器或交流接触器。

（9）接触器的额定电压应_____所控制线路的电压。

（10）吸引线圈额定电压是指接触器正常工作时_____上所加的电压值。一般该电压数值以及线圈的匝数、线径等数据均标于_____上，而不是标于_____上。

2．判断题

（1）交流接触器在启动时，由于铁芯气隙大，电抗小，通过励磁线圈的启动电流往往比衔铁吸合后的线圈工作电流大十几倍，所以交流接触器可以适用于频繁启动的场合。　　　　　　　　　　　　　　　　　　　　　　　　（　　）

（2）交流接触器励磁线的工作电压应为其额定电压的85%～105%，这样才能保证接触器可靠吸合。　　　　　　　　　　　　　　　　　　　　　　　（　　）

（3）可以把交流接触器的交流线圈接到直流电源上，对于交流接触器的励磁线圈没有什么影响。　　　　　　　　　　　　　　　　　　　　　　　　（　　）

（4）直流接触器线圈的匝数较多，电阻大，线本身发热，因此吸引线圈制作成长而薄的圆筒状，且不设线圈骨架，使线圈与铁芯直接接触，以便散热。（　　）

（5）接触器的额定电压指线圈的额定工作电压。　　　　　　　　（　　）

（6）接触器的额定电流指主触头的额定工作电流。　　　　　　　（　　）

（7）接触器的电寿命与使用负载有关，同一台接触器，用在轻负载时，其电寿命就低，用在重负载时，电寿命就高。　　　　　　　　　　　　　　　（　　）

（8）接触器的吸引线圈的电压，其数值以及线圈的匝数、线径等数据均标于接触器外壳铭牌上，而不是标在线包上，不然不容易被看见。　　　　　　（　　）

（9）接触器的额定电压应小于或等于所控制线路的电压。　　　　（　　）

（10）一般规定，接触器的吸合电压不低于吸引线圈额定电压的85%，释放电压不高于吸引线圈额定电压的70%。　　　　　　　　　　　　　　　　（　　）

3．问答题

（1）交流接触器为什么不能频繁启动？

（2）接触器有哪些主要技术参数？

（3）怎样选择接触器的类型？

1.3.5 知识拓展

1.3-11 知识拓展交流接触器的技术数据文档

1.3-12 知识拓展直流接触器文档

任务 1.4 继电器的选用

1.4.1 教学目标与思路

【教学目标】

知识目标	能力目标	素养目标	思政要素
1. 了解继电器的定义及分类； 2. 掌握电磁式继电器的作用、结构、工作原理； 3. 掌握时间继电器构造及工作原理、技术数据及选用； 4. 掌握热继电器构造、原理、型号含义、主要技术数据。	1. 能根据继电器的技术数据进行元件的选用； 2. 能说明继电器的原理和作用。	1. 具有确切的汉语语言、文字表达能力和沟通能力； 2. 具备资料搜集与汇总能力； 3. 具备分析对比的能力。	1. 推动更加宽广的中国思想，培养学生热爱祖国，并树立为之奋斗的理念。 2. 培养学生用唯物主义思想，发展的眼光解决工程问题，培养学生社会责任感和诚信意识。

【学习任务】继电器是一种当输入量变化到某一定值时，其触头（或电路）即接通或分断交直流小容量控制回路的自动控制电器。在电气控制领域中，凡是需要逻辑控制的场合，几乎都需要使用继电器，从家用电器到工农业应用，可谓无所不见。因此，对继电器的需求千差万别，为了满足各种要求，人们研制生产了各种用途及不同型号和大小的继电器。

继电器是在电路中有着重要作用的电气元件，着重要从其构造、原理、符号、应用几方面进行学习，在理解的基础上掌握各种类型继电器的作用。

【建议学时】4学时

【思维导图】

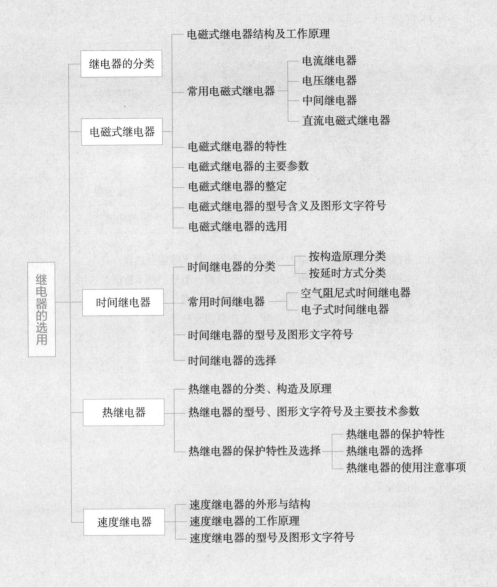

继电器的选用
├─ 继电器的分类
│   └─ 电磁式继电器结构及工作原理
│
├─ 电磁式继电器
│   ├─ 常用电磁式继电器
│   │   ├─ 电流继电器
│   │   ├─ 电压继电器
│   │   ├─ 中间继电器
│   │   └─ 直流电磁式继电器
│   ├─ 电磁式继电器的特性
│   ├─ 电磁式继电器的主要参数
│   ├─ 电磁式继电器的整定
│   ├─ 电磁式继电器的型号含义及图形文字符号
│   └─ 电磁式继电器的选用
│
├─ 时间继电器
│   ├─ 时间继电器的分类
│   │   ├─ 按构造原理分类
│   │   └─ 按延时方式分类
│   ├─ 常用时间继电器
│   │   ├─ 空气阻尼式时间继电器
│   │   └─ 电子式时间继电器
│   ├─ 时间继电器的型号及图形文字符号
│   └─ 时间继电器的选择
│
├─ 热继电器
│   ├─ 热继电器的分类、构造及原理
│   ├─ 热继电器的型号、图形文字符号及主要技术参数
│   └─ 热继电器的保护特性及选择
│   ├─ 热继电器的保护特性
│   ├─ 热继电器的选择
│   └─ 热继电器的使用注意事项
│
└─ 速度继电器
    ├─ 速度继电器的外形与结构
    ├─ 速度继电器的工作原理
    └─ 速度继电器的型号及图形文字符号

1.4.2 学生任务单

任务名称		继电器的选用	
学生姓名		班级学号	
同组成员			
负责任务			
完成日期		完成效果	
		教师评价	

学习任务	1. 掌握电磁式继电器的结构与原理、型号、技术数据及选择； 2. 掌握时间继电器的结构、分类、工作原理、型号、技术数据及选用； 3. 掌握热继电器的作用、结构、原理及符号、型号及主要技术参数； 4. 掌握速度继电器的作用、结构、工作原理及型号。		

自学简述	课前预习	学习内容、浏览资源、查阅资料		
	拓展学习	任务以外的学习内容		
任务研究	完成步骤	用流程图表达		
	任务分工	任务分工	完成人	完成时间

本人任务	
角色扮演	
岗位职责	
提交成果	

任务实施	完成步骤	第1步	
		第2步	
		第3步	
		第4步	
		第5步	
	问题求助		
	难点解决		
	重点记录		
学习反思	不足之处		
	待解问题		
	课后学习		

过程评价	自我评价 （5分）	课前学习	时间观念	实施方法	知识技能	成果质量	分值
	小组评价 （5分）	任务承担	时间观念	团队合作	知识技能	成果质量	分值

1.4.3 知识与技能

1.知识点——继电器的分类

继电器的种类繁多，从不同的角度有不同的分类，具体分类如表1.14所示。

继电器的分类   表1.14

序号	分类的角度	种类
1	使用范围	控制继电器、保护继电器和通信继电器
2	工作原理	电磁式继电器、感应式继电器、热继电器和机械式继电器、电动式继电器和电子式继电器
3	反应的参数（动作信号）	电流继电器、电压继电器、时间继电器、速度继电器、压力继电器
4	动作时间	瞬时继电器（动作时间小于0.05s）、延时继电器（动作时间大于0.15s）
5	触头状况	有触点继电器和无触点继电器
6	线圈通入电流的种类	直流操作继电器、交流操作继电器

2.知识点——电磁式继电器

（1）电磁式继电器结构及工作原理

电磁式继电器是以电磁力为驱动力的继电器。它是电气设备中使用最多的一种继电器。如电流继电器、电压继电器、中间继电器都属于电磁式继电器。图1.29是电磁式继电器的原理、外形和结构，它由铁芯、衔铁、电磁线圈、反力弹簧和触点系统等部分组成。在这种电磁系统中，铁芯7和铁轭为一个整体，减少了非工作气隙；极靴8为一个圆环，套在铁芯端部有衔铁6制成板状，绕棱角（或绕轴）转动；线圈不通电时，衔铁靠反力弹簧2作用而打开。衔铁上垫有非磁性垫片5，装设不同的线圈后可分别制成电流继电器、电压继电器、中间继电器。

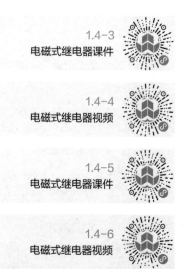

电磁式继电器实质是由电磁铁控制的开关。电磁式继电器电路由低压控制电路和高压工作电路两部分组成。控制电路由电磁铁、低压电源和开关组成。工作电路由机器（电动机或电灯）、高压电源和电磁式继电器的触点部分组成。电磁式继电器的工作原理是：当较小的电流通过D、E流入线圈时，电磁铁把衔铁吸下，使B、C两个接线柱所连的电路接通，较大的电流就可以通过B、C带动机器工作。断电时，电磁铁失去磁性，弹簧把衔铁弹起，切断工作电路，B、A电路接通。

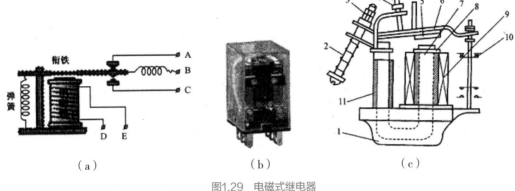

图1.29　电磁式继电器
（a）原理；（b）外形；（c）结构
1—底座；2—反力弹簧；3、4—调整螺钉；5—非磁性垫片；6—衔铁；
7—铁芯；8—极靴；9—电磁线圈；10—触点系统；11—绝缘材料

继电器与接触器的不同之处在于：继电器一般用于控制电路中，控制小电流电路，触点额定电流不大于5A，所以不加灭弧装置，而接触器一般用于主电路中，控制大电流电路，主触点额定电流不小于5A，需加灭弧装置；其次，接触器一般只能对电压的变化做出反应，而各种继电器可以在相应的各种电量或非电量作用下动作。

（2）常用电磁式继电器

1）电流继电器

用于反应线路中电流变化状态的继电器称为电流继电器。

1.4-7
电流继电器视频

电流继电器在使用时线圈应串在线路中，为了不影响线路中的正常工作，电流线圈阻抗应小，导线较粗，匝数少，能通过大电流，这是电流继电器的本质

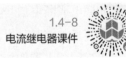

1.4-8
电流继电器课件

特征。随着使用场合和用途的不同，电流继电器分为（欠）零电流继电器和过电流继电器。其区别在于它们对电流的大小反应不同，欠电流继电器的吸引电流为线圈额定电流的30%～65%，释放电流为额定电流的10%～20%。因此，在电路正常工作时，衔铁是吸合的，只有当电流降低至某一整定值时，继电器释放，输出信号去控制接触器失电，从而控制设备脱离电流，起到保护作用。这种继电器常用于直流电动机和电磁吸盘的失磁保护。过电流继电器在电路正常工作时衔铁不吸合，当电流超过某一整定值时衔铁才吸合上（动作）。于是它的动断触点断开，从而切断接触器线圈电源，使接触器的动合触点断开被测电路，使设备脱离电流，起到保护作用。同时过电流继电器的动合触点闭合进行自锁或接通指示灯，指示发生过电流。过电流继电器整定值的整定范围为1.1～3.5倍额定电流。有的过电流继电器发生过电流但不能自动复位，需手动复位，这样可避免重复过电流的事故发生。

根据欠（零）电流继电器和过电流继电器的动作条件可知，欠（零）电流继电器属于长期工作的电器，故应考虑其振动的噪声，应在铁芯中装有短路环，而过电流继电器属于短时工作的电器，无需装短路环。

2）电压继电器

用于反映线路中电压变化状态的继电器称为电压继电器。

电压继电器在应用时，电压线圈并联在电路中，为了使之减小分流，电压线圈导线细，匝数多，电阻大，随着应用场所不同，电压继电器有欠（失）压及过压继电器之分。其区别在于：欠（失）压继电器在正常电压时动作，而当电压过低或消失时，触头复位；过电压继电器是在正常电压下不动作，只有当线圈两端电压超过其整定值后，其触头才动作，以实现过电压保护。同电流继电器原理相同，欠（失）压继电器装有短路环，而过电压继电器则不需要短路环。

欠电压继电器是在电压为40%～70%额定电压时才动作，对电路实行欠压保护，零电压继电器是当电压降压5%～25%额定电压时动作，进行零压保护；过电压继电器是在电压为105%～120%额定电压以上动作。具体动作电压的调整根据需要决定。

3）中间继电器

中间继电器在控制线路中起中间传递或转换信号的作用。

1.4-9 中间继电器课件

1.4-10 中间继电器视频

中间继电器的工作原理与接触器相同，只是在触点系统中无主、辅触点之分，在结构上是一个电压继电器，它的触点数多，触点容量大（额定电流为5～10A），是用来转换控制信号的中间元件。其输入是线圈的通电或断电信号，输出信号为触头的动作。其主要用途是当其他继电器的触点数或触点容量不够时，可借助中间继电器来扩大它们的触点数或触点容量。

①中间继电器的构造及原理

常用的中间继电器有JZ7和JZ8系列两种。JZ7系列中间继电器的外形结构如图1.30所示。JZ7系列继电器由电磁机构（线圈、衔铁、铁芯）和触头系统（触头和复位弹簧）构成，其线圈为电压线圈，当线圈通电后，铁芯被磁化为电磁铁，产生电磁吸力，当吸力大于反力弹簧的弹力时，将衔铁吸引，带动其触头动作，当线圈失电后，在弹簧作用下触头复位，可见也应考虑其振动和噪声，所以铁芯中装有短路环。

②中间继电器的选择

中间继电器的选择主要是根据被控制电路的电压等级，同时还应考虑触点的数量、种类及容量，以满足控制线路的要求。JZ7系列中间继电器的技术数据如表1.15所示。

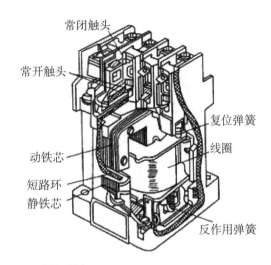

常闭触头
常开触头
复位弹簧
线圈
动铁芯
短路环
静铁芯
反作用弹簧

图1.30   JZ7系列中间继电器

JZ7系列中间继电器的技术数据   表1.15

型号	触头额定电压（V）		触头额定电流（A）	触头数量		额定操作频率（次/h）	吸引线圈电压		吸引线圈消耗功率（VA）	
	直流	交流		常开	常闭		50Hz	60Hz	启动	吸持
JZ7–44	440	500	5	4	4	1200	12,24,36,48 110,127, 220,380, 420,440,500	12,36, 110,127, 220,380,440	75	12
JZ7–62	440	500	5	6	2	1200			75	12
JZ7–80	440	500	5	8	0	1200			75	12

4）直流电磁式继电器

图1.31为JT3系列直流电磁式继电器的结构示意图，主要由电磁机构和触头系统构成，磁路由软铜制成的U形静铁芯和板状衔铁组成，静铁芯和铝制的基底浇铸成一体，板状衔铁装在U形静铁芯上，能绕支点转动，在不通电情况下，借反作用弹簧的反弹力使衔铁打开，触头采用标准化触头架，触头架连接在衔铁支件上，当衔铁动作时，带动触头动作。JT3系列继电器配以电压线圈，便成了JT3A型电压继电器；配以电流线圈，便成了JT3L型欠电流继电器。

（3）电磁式继电器的特性

继电器的主要特性是输入—输出特性，称为继电器的继电特性，电磁式继电器的继电特性曲线如图1.32所示，从图中可以看出，继电器的继电特性为跳跃式的回环特性。其中，X表示输入量，Y表示输出量。当输入量X从零开始增加时，在$X < X_f$时，输出量Y等于零；在$X \geq X_x$时，衔铁吸合，输出量为Y。当输入量X减小时，使得$X \leq X_f$时，

衔铁释放，触头断开，输出量Y等于零。其中X_x为继电器的吸合值（即动作值），X_f为继电器的释放值（即返回值），它们均为继电器的动作参数，可根据使用要求进行整定。

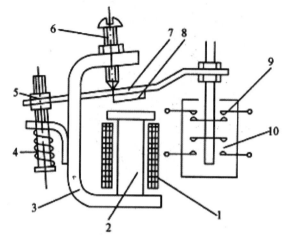

图1.31   JT3系列直流电磁式继电器的结构示意图

1—线圈；2—铁芯；3—磁轭；4—弹簧；
5—调节螺母；6—调节螺钉；7—衔铁；
8—非磁性垫片；9—常闭触头；10—常开触头

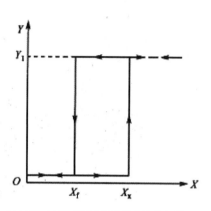

图1.32   电磁式继电器的继电特性曲线

一般情况下，吸合值X_x、与释放值X_f不相等，且$X_x > X_f$，即继电器的输入-输出特性具有一个回环，通常称为继电环，该特性称为继电特性；当吸合值X_x与释放值X_f相等时，则称为理想继电特性。

X_x与X_f的比值称为返回系数，用K表示，即$K=X_f/X_x$，返回系数是继电器的重要参数之一。

（4）电磁式继电器的主要参数

1）额定参数

①额定电压（电流）：指继电器线圈电压（电流）的额定值，用U_e（I_e）表示。

②吸合电压（电流）：指使继电器衔铁开始运动时线圈电压（电流）值。

③释放电压（电流）：指衔铁开始返回动作时线圈的电压（电流）值。

2）灵敏度

使继电器动作的最小功率称为继电器的灵敏度。因此，当比较继电器的灵敏度时，应以动作功率为准。

3）返回系数

如前所述，返回系数为复归电压（电流）与动作电压（电流）之比。不同用途的继电器要求有不同的返回系数。如控制用继电器，其返回系数一般要求在0.4以下，以

1.4-11
电磁式继电器
主要参数视频

1.4-12
电磁式继电器
主要参数课件

避免电源电压短时间的降低，使继电器自行释放；对保护用继电器，则要求较高的返回系数（0.6以上），使之能反映较小输入量的波动范围。

4）接触电阻

接触电阻指从继电器引出端测得的一组闭合触点间的电阻值。

5）整定值

根据控制系统的要求，预先使继电器达到某一个吸合值或释放值，吸合值（电压或电流）或释放值（电压或电流）就叫整定值。

6）触点的开闭能力

继电器触点的开闭能力与负载特性、电流种类和触点的结构有关。

7）吸合时间和释放时间

吸合时间是从线圈接收电信号到衔铁完全吸合所需的时间；释放时间是线圈失电到衔铁完全释放所需的时间。它们的大小影响继电器的操作频率。一般继电器的吸合时间和释放时间为0.05～0.15s，快速继电器可达0.005～0.05s。

8）寿命

寿命指继电器在规定的环境条件和触点负载下，按产品技术要求能够正常动作的最少次数。

（5）电磁式继电器的整定

电器的吸动值和释放值可以根据保护要求在一定范围内调整，现以直流电磁式电器为例予以说明。

1）调紧弹簧的松紧程度

弹簧收紧，反作用力增大，则吸引电流（电压）和释放电流（电压）就越大，反之就越小。

2）改变非磁性垫片的厚度

非磁性垫片越厚，铁吸合后磁路的气隙和磁阻就越大，释放电流（电压）就越大，反之就越小，而吸引值不变。

3）改变初始气隙的大小

在反作用弹簧力和非磁性垫片厚度一定时，初始气隙越大，吸引电流（电压）就越大，反之就越小，而释放值不变。

（6）电磁式继电器的型号含义及图形文字符号

1）型号含义

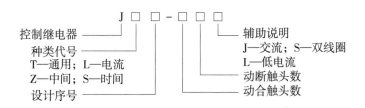

2）图形和文字符号

电磁式继电器图形与文字符号如图1.33所示，电流继电器的文字符号为KA，电压继电器的文字符号为KV，中间继电器的文字符号为KA。

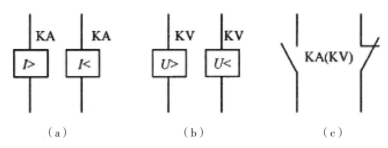

图1.33 电磁式继电器图形与文字符号

（a）电流继电器线圈；（b）电压继电器线圈；（c）电流（电压）继电器触头

（7）电磁式继电器的选用

电磁式继电器主要按其被控制或被保护对象的工作特性来选择与使用。选用电磁式继电器时，除线圈电压或线圈电流应满足要求外，还应按被控制对象的电压、电流和负载性质及要求来选择。如果控制电流超过继电器的额定电流，在需要提高分断能力时（一定范围内）可用触头串联方法，但触头有效数量将减少。

电流继电器的特性有瞬时动作特性、反时限动作特性等，可按不同要求选取。

3.知识点——时间继电器

时间继电器在电路中起着控制动作时间的作用。当它的感测系统接收输入信号以后，需经过一定的时间，它的执行系统才会动作并输出信号，进而操纵控制电路。所以说时间继电器具有延时的功能，它被广泛用来控制生产过程中按时间原则制定的工艺程序，如笼型异步电动机的几种降压动作均可由时间继电器发出自动转换信号。

1.4-13
时间继电器课件

1.4-14
时间继电器视频

1.4-15
时间继电器课件

1.4-16
时间继电器视频

（1）时间继电器的分类

1）按构造原理分类：时间继电器按构造原理可分为两大类：一是电气式，包括电磁式、电动机式、电子式；二是机械式，包括空气阻尼式、油阻尼式、水银式、钟表式和热双金属片式。

2）按延时方式分类：时间继电器按延时方式可分为通电延时型、断电延时型和带瞬动触点的通电延时型等。

（2）常用时间继电器

1）空气阻尼式时间继电器

空气阻尼式时间继电器是利用空气阻尼作用获得

1.4-17
通电延时时间继电器动画

1.4-18
断电延时时间继电器动画

延时的，线圈电压为交流，因为交流继电器不能像直流继电器那样依靠断电后磁阻尼延时，因而采用空气阻尼式延时。它分为通电延时和断电延时两种类型。

图1.34（a）为通电延时型时间继电器，当线圈通电后，铁芯2将衔铁3吸合，同时推板5使微动开关16立即动作。活塞杆6在塔形弹簧8的作用下，带动活塞12及橡皮膜10向上移动，由于橡皮膜下方气室空气稀薄，形成负压，因此活塞杆6不能迅速上移。当空气由进气孔14进入时，活塞杆才逐渐上移。移到最上端时，杠杆7才使微动开关15动作。延时时间即为自磁铁吸引线圈通电时刻起，到微动开关15动作为止的这段时间。通过调节螺杆13来改变气孔的大小，就可以调节延时时间。当线圈1断电时，衔铁3在复位弹簧4的作用下，将活塞12推向最下端。因为活塞被往下推时，橡皮膜下方气室内的空气都通过橡皮膜10，弱弹簧9和活塞12肩部所形成的单向阀经上气室缝隙顺利排掉，因此延时与不延时的微动开关15与16都能迅速复位。

将电磁机构翻转180°安装后，可得到图1.34（b）所示的断电延时型时间继电器。它的工作原理与通电延时型相似，微动开关15是在吸引线圈断电后延时工作的。

空气阻尼式时间继电器的优点是结构简单，寿命长，价格低，还附有不延时的触点，所以应用较为广泛。其缺点是准确度低，延时误差大（10%～20%），在要求延时精度高的场合不宜使用。

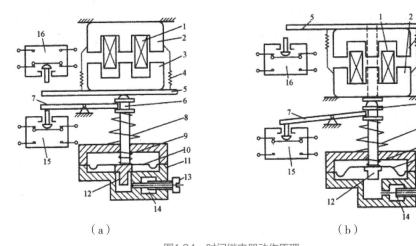

（a）　　　　　　　　　　（b）

图1.34　时间继电器动作原理
（a）通电延时型；（b）断电延时型
1—线圈；2—铁芯；3—衔铁；4—复位弹簧；5—推板；6—活塞杆；7—杠杆；8—塔形弹簧；9—弱弹簧；10—橡皮膜；11—空气室壁；12—活塞；13—调节螺杆；14—进气孔；15、16—微动开关

JS7-A系列空气阻尼式时间继电器的技术数据，如表1.16所示。

JS7-A系列空气阻尼式时间继电器技术数据 表1.16

型号	吸引线圈电压（V）	触点额定电压（V）	触点额定电流（A）	延时范围（s）	延时触点				瞬动触点	
					通电延时		断电延时		常开	常闭
					常开	常闭	常开	常闭		
JS7-1A	24、36、110、127、220、380、420	380	5	均有0.4~60和0.4~180两种产品	1	1				
JS7-2A					1	1			1	1
JS7-3A							1	1		
JS7-4A							1	1	1	1

注：表中型号JS7后面的1A~4A是区别通电延时还是断电延时以及带瞬动触点。

2）电子式时间继电器

电子式时间继电器按其构成可分为R-C式晶体管时间继电器和数字式时间继电器，多用于电力传动、自动顺序控制及各种过程控制系统中。它的优点是延时范围宽，精度高，体积小，工作可靠。

①晶体管式时间继电器：晶体管式时间继电器是根据RC电路电容充电时，电容器上的电压逐步上升的原理来作为延时基础的。具有代表性的是JS20系列时间继电器。JS20所采用的电路分为两类，一类是单结晶体管电路，另一类是场效应管电路，并且有断电延时、通电延时和带瞬动触点延时三种形式。

②数字式时间继电器：RC晶体管式时间继电器是利用R、C充放电原理制成的。由于受延时原理的限制，它不容易做成长延时的，且延时精度易受电压、温度的影响，精度较低，延时过程也不能显示，因而影响了它的使用。随着半导体技术，特别是集成电路技术的进步发展，采用新延时原理的数字式时间继电器便产生了，各种性能指标也大大提高了，最先进的数字式时间继电器内部装有微处理器。

（3）时间继电器的型号及图形文字符号

1）型号含义

（中间）J S 7 - □ A
继电器
时间
设计序号
结构设计稍有改动
基本规格代号

2）图形符号与文字符号

如图1.35所示为时间继电器的外形和各种类型触头线圈的图形符号与文字符号。

（4）时间继电器的选择

时间继电器的形式多样，各具特点，选择时应从以下几方面考虑。

1）根据控制线路的要求选择延时方式，即通电延时型或断电延时型；

2）根据延时准确度要求和延时长、短要求来选择；

3）根据使用场合、工作环境，选择合适的时间继电器。

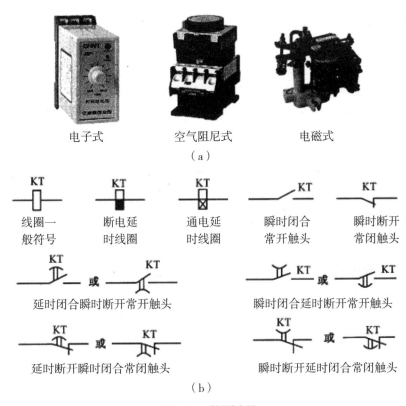

电子式   空气阻尼式   电磁式
（a）

KT 线圈一般符号   KT 断电延时线圈   KT 通电延时线圈   KT 瞬时闭合常开触头   KT 瞬时断开常闭触头

KT 或 KT 延时闭合瞬时断开常开触头   KT 或 KT 瞬时闭合延时断开常开触头

KT 或 KT 延时断开瞬时闭合常闭触头   KT 或 KT 瞬时断开延时闭合常闭触头

（b）

图1.35 时间继电器
（a）外形；（b）原理

4. 知识点——热继电器

热继电器是一种保护用继电器。电动机在运行中，随着负载的变化，常遇到过载情况，而电动机本身有一定的过载能力，若过载不大，电机绕组不超过允许的温升，这种过载是允许的。但是过载时间过长，绕组温升超过了允许值，将会加剧绕组绝缘的老化，降低电动机的使用寿命，严重时会使电动机绕组烧毁。为了充分发挥电动机的过载能力，保证电动机的正常启动及运转，在电动机发生较长时间过载时能自动切断电路，防止电动机过热而烧毁，为此采用了这种能随过载程度而改变动作时间的热保护设备，即热继电器。

1.4-19 热继电器课件

1.4-20 热继电器视频

1.4-21 热继电器的认知课件

1.4-22 热继电器的认知视频

（1）热继电器的分类、构造及原理

1）热继电器的分类

热继电器按相数来分，有单相、两相和三相三种类型，每种类型按发热元件的额定电流分又有不同的规格和型号。三相热继电器常用作三相交流电动机的过载保护电器，按功能来分，三相热继电器又有不带断相保护和带断相保护两种类型。热继电器是利用热效应的工作原理来工作的，因此，按发热元件又分为双金属片式、热敏电阻式和易熔合金式。

2）热继电器的构造

热继电器由感应机构和执行机构组成。感应机构主要包括发热元件、主双金属片及温度补偿元件。动作机构和触头系统由主双金属片、执行机构（传动部分和触头）等组成，如图1.36所示。

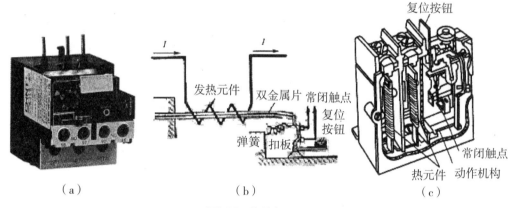

（a）   （b）   （c）

图1.36　热继电器
（a）外形；（b）原理；（c）构造

3）热继电器的工作原理

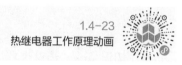

热继电器是一种电气保护元件。它是利用电流的热效应来推动动作机构使触头闭合或断开的保护电器，主要用于电动机的过载保护、断相保护、电流不平衡保护以及其他电气设备发热状态时的控制。

由电阻丝做成的发热元件的电阻值较小，工作时将它串接在电动机的主电路中，电阻丝所围绕的双金属片是由两片线膨胀系数不同的金属片压合而成，左端与外壳固定。当发热元件中通过的电流超过其额定值而过热时，由于双金属片的上面一层热膨胀系数小，而下面的大，使双金属片受热后向上弯曲，导致扣板脱扣，扣板在弹簧拉力下将常闭触点断开。由于触点是串接在电动机的控制电路中的，使得控制电路中的接触器的动作线圈断电，从而切断电动机的主电路。

①电机正常运行时的工作情况：正常使用时，双金属片与发热元件串接接入被保护电路中。当电机在额定电流下运行时，发热元件及双金属片中通过额定电流，依靠自身产生的热量使双金属片略有弯曲。热继电器触头仍处于常闭状态，不影响电路的正常工作，可以说此时热继电器不起任何作用，仅相当于导线。

②电机过载时的工作情况：发生过载时，电动机流过一定的过载电流并经过一定时间后，流过发热元件与双金属片的电流增加，发热量增加，双金属片受热，进一步弯曲，甚至带动触头动作。触头动作后，通过控制电路切断主回路，双金属片逐渐冷却伸

直，热继电器触头自动复位。手动复位式热继电器需按下复位按钮才能复位。

③断相保护：若三相中有一相断线而出现过电流，则因为断线那一相的双金属片不弯曲而使热电器不能及时动作，有时甚至不动作，故不能起到保护作用。这时就需要使用带断相保护的热继电器。

④有关问题的讨论。

a. 热继电器动作后的复位方式有两种形式，一种是自动复位，另一种是手动复位。所谓自动复位，是在电源切断后，热继电器开始冷却，经过一段时间后，主双金属片恢复原状，于是触头在弹簧作用下自动复位。手动复位是只有按下复位按钮触头才能复位。这在某些要求故障未被消除而防止电动机自行启动的场合是必需的。

b. 热继电器的整定电流就是使热继电器长时间不动作时的最大电流，通过热继电器的电流超过整定电流时，热继电器就立即动作。热继电器上方有一个凸轮，它是调整整定电流的旋钮（整定钮），其上刻有整定电流的数值。根据需要调节整定电流时，旋转此旋钮，使凸轮压固定温度补偿臂和推杆的支撑杆左右移动，当使支撑杆左移时，会使推杆与连接动触点的杠杆间隙变大，增大了导板动作行程，这就使热继电器发热元件动作电流增大，反之会使动作电流变小，所以旋动整定钮，调节推杆与动触头之间的间隙，就可方便地调节热继电器的整定电流。一般情况下，当过载电流超过整定电流的12倍时，热继电器就会开始动作，过载电流越大，热继电器动作时间越快。过载电流大小与动作时间有关。

（2）热继电器的型号、图形文字符号及主要技术参数

1）热继电器的型号含义

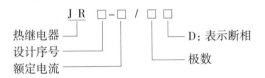

例如，JR16-60/3D表示热继电器，设计序号是16，额定电流是60A，3极，发热元件有4个等级（22～63A），带断相保护。

2）热继电器的图形文字符号

热继电器的图形与文字符号如图1.37所示。

根据热继电器是否带断相保护，热继电器接入电路的接法也不尽相同。常用的接入法如图1.38所示。

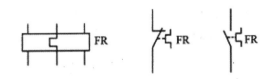

图1.37　热继电器的图形与文字符号

3）热继电器的主要技术参数

热继电器的主要技术参数为额定电压、额定电流、相数、发热元件的编号、整定电流及刻度电流调节范围等。

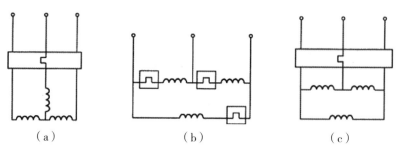

图1.38   热继电器接入法
（a）星接后接入；（b）分别接入；（c）角接后接入

热继电器的额定电流是指可能装入的发热元件的最大整定（额定）电流值。每种额定电流的热继电器可装入几种不同整定电流的发热元件。为了便于用户选择，某些型号的不同整定电流的发热元件是用不同的编号表示的。

热继电器的整定电流是指发热元件能够长期通过而不致引起热继电器动作的电流值。手动调节整定电流的范围，称为刻度电流调节范围，可用来使热继电器具有更好的过载保护。常用的热继电器的型号有JR0、JR2、JR16、JR20及T系列等，JR16系列热继电器的技术数据见表1.17。

JR16系列热继电器的技术数据   表1.17

型号	热继电器额定电流（A）	发热元件规格			连接导线规格
		编号	额定电流（A）	刻度电流调整范围（A）	
JR16–20/3 JR16–20/3D	20	1	0.35	0.25 ~ 0.3 ~ 0.35	4mm²单股塑料铜线
		2	0.5	0.32 ~ 0.4 ~ 0.5	
		3	0.72	0.45 ~ 0.6 ~ 0.72	
		4	1.1	0.68 ~ 0.9 ~ 1.1	
		5	1.6	1.0 ~ 1.3 ~ 1.6	
		6	2.4	1.5 ~ 2.0 ~ 2.4	
		7	3.5	2.2 ~ 2.8 ~ 3.5	
		8	5.0	3.2 ~ 4.0 ~ 5.0	
		9	7.2	4.5 ~ 6.0 ~ 7.2	
		10	11.0	6.8 ~ 9.0 ~ 11.0	
		11	16.0	10.0 ~ 13.0 ~ 16.0	
		12	22.0	14.0 ~ 18.0 ~ 22.0	
JR16–60/3 JR16–60/3D	60	13	22.0	14.0 ~ 18.0 ~ 22.0	16mm²多股铜心橡皮软线
		14	32.0	20.0 ~ 26.0 ~ 32.0	
		15	45.0	28.0 ~ 36.0 ~ 45.0	
		16	63.0	40.0 ~ 50.0 ~ 63.0	

续表

型号	热继电器额定电流（A）	发热元件规格			连接导线规格
		编号	额定电流（A）	刻度电流调整范围（A）	
JR16–1503 JR16–150/3D	150	17	63.0	40.0～50.0～63.0	35mm²多股铜心橡皮软线
		18	85.0	53.0～70.0～85.0	
		19	120.0	75.0～100.0～120.0	
		20	160.0	100.0～130.0～160.0	

（3）热继电器的保护特性及选择

1）热继电器的保护特性

热继电器的保护特性即电流–时间特性，也称安秒特性。为了适应电动机的过载特性而又起到过载保护作用，要求热继电器具有如同电动机过载特性那样的反时限特性。电动机的过载特性和热继电器的保护特性如图1.39所示。

因为各种误差的影响，电动机的过载特性和热继电器的保护特性都不是一条曲线，而是一条曲线带，误差越大，曲线带越宽，误差越小，曲线带越窄。由

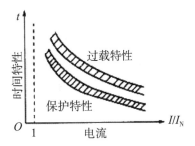

图1.39　电动机的过载特性和热继电器的保护特性

图1.39可以看出，在允许升温条件下，当电动机过载电流小时，允许电动机通电时间长些，反之，允许通电时间要短。为了充分发挥电动机的过载能力又能实现可靠保护，要求热继电器的保护特性应在电动机过载特性的邻近下方，这样，如果发生过载，热继电器就会在电动机未达到其允许过载极限时间之前动作，切断电源，使之免遭损坏。

2）热继电器的选择

热继电器的选择是否合理，直接影响着对电动机进行过载保护的可靠性。通常选用时应按电动机形式、工作环境、启动情况及负荷情况等几方面综合加以考虑。

①原则上热继电器的额定电流应按电动机的额定电流选择。对于过载能力较差的电动机，其配用的热继电器（主要是发热元件）的额定电流可适当小些。一般选取热继电器额定电流（实际上是发热元件的额定电流）为电动机额定电流的60%～80%。

②在非频繁启动的场合，必须保证热继电器在电动机的启动过程中不致误动作。通常，在电动机启动电流为额定电流6倍，以及启动时间不超过6s的情况下，只要是很少连续启动，就可按电动机的额定电流来选择热继电器。

③断相保护用热继电器的选用：对于星形接法的电动机，一般采用两相结构的热继电器。对于三角形接法的电动机，若热继电器的发热元件接于电动机的每相绕组中，则选用三相结构的热继电器，若发热元件接于三角形接线电动机的电源进线中，则应选择带断相保护装置的三相热继电器。

④对于比较重要的、容量大的电动机，可考虑选用半导体温度继电器进行保护。

3）热继电器的使用注意事项

①热继电器应按产品说明书规定方式安装。当同其他电器安装在同一装置上时，为了防止其动作特性受其他电器发热的影响，热继电器应安装在其他电器的下方。

②热继电器的出线端的连接导线应为铜线，JR16应按表1.17的规定选用。若用铝线，导线截面应放大1.8倍。另外，为了保证保护特性稳定，出线端螺钉应拧紧。

③热继电器的发热元件不同的编号都有一定的电流整定范围，选用时应使发热元件的电流与电动机的电流相适应，然后根据实际情况进行适当调整。

④要保持热继电器清洁，定期清除污垢、尘埃。双金属片有锈斑时应用棉布蘸上汽油轻轻揩拭，不得用砂纸打磨。

⑤为了保护已调整好的配合状况，热继电器和电动机的周围介质温度应保持相同，以防止热继电器的动作延退或提前。

⑥热继电器必须每年通电校验一次，以保证可靠保护。

5．知识点——速度继电器

速度继电器又称反接制动继电器，其作用是与接触器配合，对笼型异步电动机进行反接制动控制。机床控制线路中常用的速度继电器有JY1、JFZ0系列。

（1）速度继电器的外形与结构

图1.40为JY1系列速度继电器的外形及结构示意图。它主要由永久磁铁制成的转子、用硅钢片叠成的铸有笼型绕组的定子、支架、胶木摆杆和触点系统等组成，其中转子与被控电动机的转轴相连接。

（2）速度继电器的工作原理

由于速度继电器与被控电动机同轴连接，当电动机制动时，由于惯性，它要继续旋转，从而带动速度继电器的转子一起转动。该转子的旋转磁场在速度继电器定子绕组中感应出电动势和电流，由左手定则可以确定。此时，定子受到与转子转向相同的电磁转矩的作用，使定子和转子沿着同一方向转动。定子上固定的胶木摆杆也随之转动，推动簧片（端部有动触点）与静触点闭合（按轴的转动方向而定）。静触点又起挡块作用，限制胶木摆杆继续转动。因此，转子转动时，定子只能转过一个不大的角度。当转子转速接近于零（低于100r/min）时，摆杆恢复原来状态，触点断开，切断电动机的反接制动电路。

速度继电器的动作转速一般为120r/min，复位转速约在100r/min以下。常用的速度继电器中，YJ1型能

1.4-24
速度继电器课件

1.4-25
速度继电器视频

1.4-26
速度继电器课件

1.4-27
速度继电器视频

1.4-28
速度继电器动画

在3000r/min以下可靠工作，JFZ0型的两组触点改用两个微动开关，使其触点的动作速度不受定子偏转速度的影响，额定工作转速有300～1000r/min（JFZ0-1型）和1000～3600r/min（JFZ0-2型）两种。

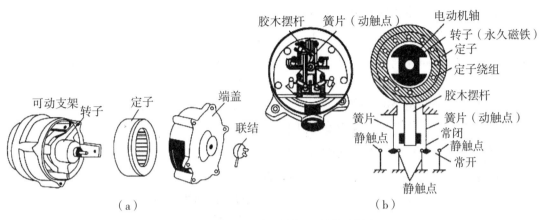

图1.40 JY1系列速度继电器的外形及结构示意图
（a）外形；（b）结构

（3）速度继电器的型号及图形文字符号

速度继电器的型号意义如下：

速度继电器在电路图中的符号如图1.41所示。

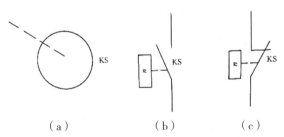

图1.41 速度继电器的图形符号、文字符号
（a）转子；（b）常开触头；（c）常闭触头

1.4.4 思考题

1.4-29
任务1.4继电器的选用
习题答案文档

1. 填空题

（1）电磁式继电器是以_____为驱动力的继电器。它是电气设备中使用最多的一种继电器。如_____、_____、_____都属于电磁式继电器。

（2）用于反应线路中_____变化状态的继电器称为电流继电器。

（3）欠电流继电器的吸引电流为线圈额定电流的_____，释放电流为额定电流的_____。

（4）过电流继电器整定值的整定范围为_____。

（5）欠（零）电流继电器属于长期工作的电器，故应考虑其振动的噪声，在铁芯中_____短路环，而过电流继电器属于短时工作的电器，_____短路环。

（6）欠电压继电器是在电压为_____额定电压时才动作，对电路实行欠压保护，零电压继电器是当电压降压_____额定电压时动作，进行零压保护；过电压继电器是在电压为_____额定电压以上动作。

（7）中间继电器在控制线路中起_____或_____的作用。

（8）中间继电器的选择主要是根据被控制电路的_____，同时还应考虑触点的_____、_____以及_____，以满足控制线路的要求。

（9）继电器的主要特性是输入—输出特性，称为继电器的_____。

（10）时间继电器按延时方式可分为_____、_____和_____等。

（11）热继电器由感应机构和_____组成。感应机构主要包括_____、_____及_____。

（12）热继电器是一种电气保护元件。它是利用_____来推动动作机构使触头闭合或断开的保护电器，主要用于电动机的_____、_____、_____以及其他电气设备发热状态时的控制。

（13）热继电器的主要技术参数为_____、_____、_____、_____及刻度电流调节范围等。

（14）热继电器的保护特性即电流—时间特性，也称_____。

（15）热继电器应按产品说明书规定方式安装。当同其他电器安装在同一装置上时，为了防止其动作特性受其他电器发热的影响，热继电器应安装在其他电器的_____。

（16）速度继电器又称_____，其作用是与接触器配合，对笼型异步电动机进行_____控制。

2．判断题

（1）欠（零）电流继电器属于长期工作的电器，应在铁芯中装有短路环，过电流继电器属于短时工作的电器，也需装短路环。　　　　　　　　　　（　）

（2）欠（失）压继电器装有短路环，而过电压继电器则不需要短路环。　（　）

（3）中间继电器的工作原理与接触器相同，只是在触点系统中无主、辅触点之分，在结构上是一个电流继电器。　　　　　　　　　　　　　　　　　　（　）

（4）改变非磁性垫片的厚度，改变剩磁大小得到不同延时。垫片薄，剩磁小，延时短。　　　　　　　　　　　　　　　　　　　　　　　　　　　　　（　）

（5）改变弹簧的松紧：释放弹簧调松，反力减小，延时长；释放弹簧调紧，反力作用强，延时短。 （　　）

（6）热继电器应按产品说明书规定方式安装。当同其他电器安装在同一装置上时，为了防止其动作特性受其他电器发热的影响，热继电器应安装在其他电器的上方。

（　　）

（7）要保持热继电器清洁，定期清除污垢、尘埃。双金属片有锈斑时应用棉布蘸上汽油轻轻揩拭，可以用砂纸打磨。 （　　）

（8）热继电器必须每个月通电校验一次，以保证可靠保护。 （　　）

（9）速度继电器的动作转速一般为120r/min，复位转速约在100r/min以下。（　　）

3．问答题

（1）继电器与接触器有什么不同之处？

（2）电磁式继电器的整定方法有哪些？

（3）直流电磁式时间继电器延时的调整方法有哪些？

（4）时间继电器的选择应从哪些方面进行考虑？

（5）继电器有哪些作用？

（6）怎样选择热继电器？

（7）热继电器使用时有哪些注意事项？

1.4.5 知识拓展

1.4-30 知识拓展热继电器的使用视频	1.4-31 知识拓展热继电器的使用课件	1.4-32 知识拓展热继电器的使用视频

✖ 任务 1.5
水位控制器的选用

1.5.1 教学目标与思路

【教学目标】

知识目标	能力目标	素养目标	思政要素
1. 掌握电极式水位控制器的作用、结构、工作原理; 2. 掌握干簧式水位控制器构造及工作原理、技术数据及选用; 3. 掌握浮球磁性开关控制器构造、原理、型号含义、主要技术数据; 4. 掌握压力式水位控制器构造、原理、型号含义、主要技术数据; 5. 掌握超声波水位控制器构造、原理、型号含义、主要技术数据。	1. 能根据水位控制器的技术数据进行元件的选用; 2. 能说明各种水位控制器的原理和作用。	1. 具备劳动组织与专业协调的能力; 2. 具备资料搜集与汇总能力; 3. 具有良好的职业道德及一丝不苟的工匠精神。	1. 具备吃苦耐劳、勇于探索、不断创新的工匠精神; 2. 具备诚恳、虚心、勤奋好学的学习态度和科学严谨、实事求是、爱岗敬业、团结协作的工作作风。

【学习任务】对常见水位控制器的作用、分类、构造、原理、表示符号、技术数据及选择等几方面进行分析与叙述,可以与实际应用相结合,更好地理解掌握新知识。

【建议学时】4学时

【思维导图】

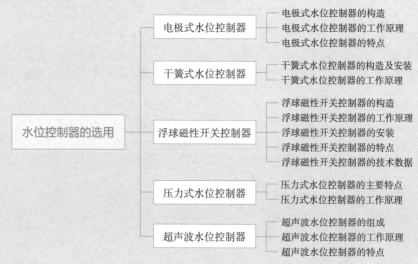

1.5.2 学生任务单

任务名称		水位控制器的选用	
学生姓名		班级学号	
同组成员			
负责任务			
完成日期		完成效果	
		教师评价	

学习任务	1. 掌握电极式水位控制器的作用、结构、工作原理； 2. 掌握干簧式水位控制器构造及工作原理、技术数据及选用； 3. 掌握浮球磁性开关控制器构造、原理、型号含义、主要技术数据； 4. 掌握压力式水位控制器构造、原理、型号含义、主要技术数据； 5. 掌握超声波水位控制器构造、原理、型号含义、主要技术数据。		
自学简述	课前预习	学习内容、浏览资源、查阅资料	
	拓展学习	任务以外的学习内容	
任务研究	完成步骤	用流程图表达	
	任务分工	任务分工　｜　完成人　｜　完成时间	

		任务分工	完成人	完成时间
任务研究	任务分工			

	本人任务	
	角色扮演	
	岗位职责	
	提交成果	

任务实施	完成步骤	第1步	
		第2步	
		第3步	
		第4步	
		第5步	
	问题求助		
	难点解决		
	重点记录		
学习反思	不足之处		
	待解问题		
	课后学习		

过程评价	自我评价（5分）	课前学习	时间观念	实施方法	知识技能	成果质量	分值
	小组评价（5分）	任务承担	时间观念	团队合作	知识技能	成果质量	分值

1.5.3 知识与技能

什么是水位控制器？它是一种可以利用机械或者是电子方式来对水位的升降以及高低起到控制作用的设备，通常在实际的应用过程中能够控制电磁阀、水泵，因此也就好比是可以将水位自动控制和水位报警的元件，从而实现了半自动化或全自动化工作模式。

水位控制器常与各种有触点或无触点的电气元件组成各种位式电气控制箱。按采用的元件区别，国产的位式电气控制箱一般有继电接触型、晶体管型和集成电路型等。

继电接触型控制箱主要采用机电型继电器为主的有触点开关电路，其特点是速度慢，体积大，一般采用380V或以下的低压电源。晶体管型除了出口的采用小型的机电型继电器外，信号的处理采用半导体二极管、三极管或晶闸管。与继电接触型相比它具有速度快、体积小的特点。集成电路型则速度更快，且体积更小。

水位控制器最为常用的地方就是高位水箱与污水池之中，水位控制器都有什么类型？其实总的来讲它可被分为电极式、干簧式、压力式以及浮球磁性开关等水位（液位）控制器。因此，也就是说不同类型分类的控制器其结构、原理、功能也就不同，接下来就详细地介绍一下各个种类的水位控制器，以便大家在选型时可以有所帮助。

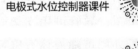

1.5-1
电极式水位控制器课件

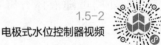

1.5-2
电极式水位控制器视频

1．知识点——电极式水位控制器

（1）电极式水位控制器的构造：电极式水位开关是由两根金属棒组成的，如图1.42所示。

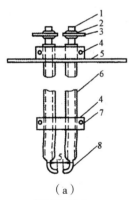

（a）

1—铜接线柱φ12mm；
2—铜螺母M12；3—铜接线板δ=8mm；4—玻璃夹板δ=10mm；5—玻璃钢隔板φ300mm，δ=10～12mm；
6—钢管或镀锌钢管；
7—螺钉；8—电极

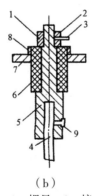

（b）

1、2—螺母；3—接线片；4—电极棒；5—芯座；6—绝缘垫；7—垫圈；8—安装板；
9—螺母

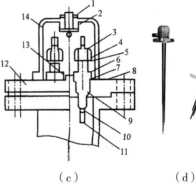

（c）

1—密封螺栓；2—密封垫；
3—压垫；4—压帽；5—填料；6—外套；7—垫圈；
8—电极盖垫；9—绝缘套管；10—螺母；11—电极；
12—法兰；13—接地柱；
14—电极盖

（d）

图1.42 电极水位开关
（a）简易液位电极；（b）BUDK电极结构；（c）BUDK电极安装；（d）实物图

（2）电极式水位控制器的工作原理：用于低水位时，电极必须伸长至给定的水位下限，故电极较长，需要在下部给以固定，以防变位；用于高水位时，电极只需伸到给定的水位上限即可；用于满水时，电极的长度只需低于水箱（池）箱面即可。

电极的工作电压可以采用36V安全电压，也可直接接入380V三相四线制电网的220V控制电路中，即一根电极通过继电器220V线圈接于电源的相线，而另一根电极接于电源的中线。由于一对接点的两根电极处于同一水平高度，水总是同时浸触两根电极，因此，在正常情况下金属容器及其内部的水皆处于零电位。

为保证安全，接中线的电极和水的金属容器必须可靠地接地（接地电阻不大于10Ω）。

（3）电极式水位控制器的特点：制作简单，成本低廉，安装方便，工作可靠。

2．知识点——干簧式水位控制器

（1）干簧式水位控制器的构造及安装：干簧式水位控制器又称浮子式磁性开关，由磁环、浮标、干簧管及干簧接点、上下限位环等构成，其实物如图1.43所示。干簧管装于塑料导管中，用两个半圆截面的木棒开孔固定，连接导线沿木棒中间所开槽引上，由导管顶部引出。其中塑料导管必须密封，管顶箱面应加安全罩，导管可用支架固定在水箱扶梯上，磁环装于管外周可随液体升降而浮动的浮标中。干簧管有两个、三个及四个不等，其干簧触点常开和常闭触头数目也不相同。干簧式水位控制器的安装示意如图1.44所示。

1.5-3
干簧式水位控制器课件

1.5-4
干簧式水位控制器视频

1.5-5
浮子式磁性开关课件

1.5-6
浮子式磁性开关视频

图1.43　干簧式水位控制器实物图

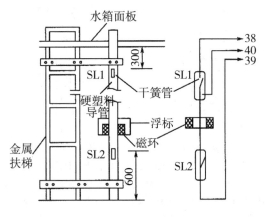

图1.44　简易干簧式水位控制器安装及原理

（2）干簧式水位控制器的工作原理：当水位处于不同高度时，浮标和磁环也随水位的变化而移动，当磁环接近干簧接点时磁环磁场作用于干簧接点而使之动作，从而实现对水位的控制。适当调整限位环的位置即可改变上下限干簧接点之间的距离，以实现对不同水位的自动控制，其应用将在后面详细介绍。

1.5-7
干簧式水位控制器动画

1.5-8
浮球磁性开关控制器课件

1.5-9
浮球磁性开关控制器视频

3．知识点——浮球磁性开关控制器

浮球磁性开关控制器有FQS和UQX等系列。这里仅以FQS系列浮球磁性开关控制器为例说明其构造及工作原理。

（1）浮球磁性开关控制器的构造：FQS系列浮球磁性开关主要由工程塑料浮球、外接导线及密封在浮球内的装置（包括干式舌簧管、磁环和动锤）等组成。图1.45为其外形及结构图。

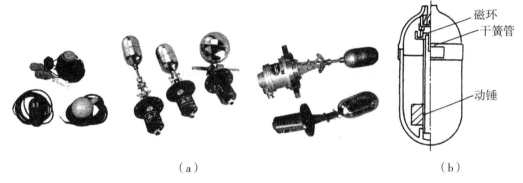

图1.45 FQS系列浮球磁性开关控制器
（a）外形；（b）结构

（2）浮球磁性开关控制器的工作原理：由于磁环轴向已充磁，其安装位置偏离舌簧管中心，又因磁环厚度小于干式舌簧管一根簧片的长度，所以磁环产生的磁场几乎全部从单根簧片上通过，磁力线被短路，两簧片之间无吸力，干簧管接点处于断开状态。当动锤靠紧磁环时，可视为磁环厚度增加，此时两簧片被磁化，产生相反的极性而相互吸合，干簧管接点处于闭合状态。

当液位在下限时，浮球正置，动锤依靠自重位于浮球下部，干簧管接点处于断开状态在液位上升过程中，浮球由于动锤在下部，重心在下，基本保持正置状态不变。

当液位接近上限时，由于浮球被支持点和导线拉住，便逐渐倾斜。当浮球刚超过水平测量位置时，位于浮球内的动锤靠自重向下滑动使浮球的重心在上部，迅速翻转而倒置，同时干簧管接点吸合，浮球状态保持不变。

当液位渐渐下降到接近下限时，由于浮球本身由支点拖住，浮球开始向正方向倾斜。当越过水平测量位置时，浮球的动锤又迅速下滑使浮球翻转成正置，同时干簧管接点断开。调节支点的位置和导线的长度就可以调节液位的控制范围。同样采用多个浮球开关分别设置在不同的液位上，各自给出液位信号，可以对液位进行控制和监视。

（3）FQS系列浮球磁性开关控制器的安装：其安装示意图如图1.46所示。

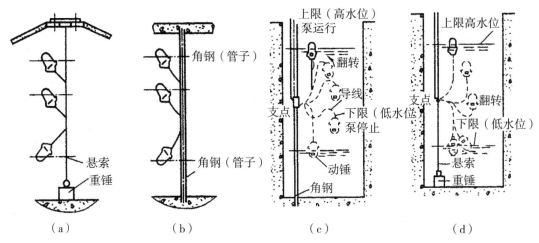

图1.46　FQS系列浮球磁性开关安装示意

（a）悬索重锤固定安装；（b）浇筑固定安装；（c）动锤上升过程；（d）动锤下降过程

（4）浮球磁性开关控制器的特点：FQS系列浮球磁性开关具有动作范围大、调整方便、使用安全、寿命长等优点。

（5）FQS系列浮球磁性开关控制器的技术数据：其主要技术数据见表1.18。

FQS系列浮球磁性开关规格型号、技术数据、外形尺寸及质量　　　表1.18

型号	输出信号	接点电压及容量	寿命（次）	调节范围（m）	使用环境温度（℃）	外形尺寸（mm）	质量（kg）
FQS-1	一点式（一常开接点）	交流、直流24V 0.3A	10^7	0.3～5	0～+60	φ83×165	0.465
FQS-2	二点式（一常开、一常闭接点）	交流、直流24V 0.3A	10^7	0.3～5	0～+60	φ83×165	0.493
FQS-3	一点式（一常开接点）	交流、直流220V 1A	$5×10^4$	0.3～5	0～+60	φ83×165	0.47
FQS-4	二点式（一常开、一常闭接点）	交流、直流220V 1A	$5×10^4$	0.3～5	0～+60	φ83×165	0.497
FQS-5	一点式（一常闭接点）	交流、直流220V 1A	$5×10^4$	0.3～5	0～+60	φ83×165	0.47

4. 知识点——压力式水位控制器

（1）压力式水位控制器的主要特点：通过水箱中的水位所带来的压力进行检测，若是检测到发生了高压力现象说明水位上升，相反要是低压力则说明水位是下降的。

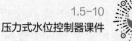

1.5-10
压力式水位控制器课件

1.5-11
压力式水位控制器视频

（2）压力式水位控制器的工作原理：常用的电触点压力表可提供压力控制和就地检测功能，具体情况如图1.47所示。在当被检测介质（液体）的压力进入到了弹簧管的时候，控制器弹簧会产生位移从而经过传动机构的放大以后，促使指针围绕着固定轴进行转动，同时当转动所形成的角度和弹簧中的压力成正比时，会在压力表上的刻度盘里指示出来，最后它会带动电触点指针动作。

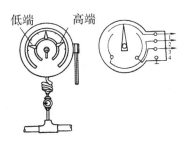

图1.47　压力式水位控制器工作原理

压力式水位控制器在处于低水位情况时，指针就能和下限整定值触点形成接通动作，从而发射出低水位信号以示报警。在水塔或者是水箱里面的水是处于高水位的时候，水位控制器的指针会和上限整定值触点形成接通状态。若是水位在中间位置那么指针则和上下触点都不接通，所以我们可以查看反应水箱供水压力产生的开泵或者是停泵信号。

5．知识点——超声波水位控制器

在水位控制的实际应用中，有时不仅要求控制器件就地发出信号，还要求水位能远距离的实时显示和控制。例如，在消防控制中心，希望实时显示消防水箱、水池的水位。这类应用，常通过非接触式的水位控制器来实现，超声波水位控制器就是典型的一种，如图1.48所示。

1.5-12
超声波水位控制器课件

1.5-13
超声波水位控制器视频

（1）超声波水位控制器的组成：超声波水位控制器由探测器和控制器组成。

（2）超声波水位控制器的工作原理：探测器在微处理器的控制下，发射高频超声波脉冲并接收液面反射回来的超声波，控制器接收探测器信号，根据超声波在空气中的传播时间来计算出探测器与被测物之间的距离。控制器LCD液晶面板可实时显示液位高度，并可通过继电器输出高、低液位和报警液位等信号。

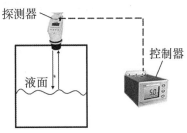

图1.48　超声波水位控制器的安装
及工作原理示意图

（3）超声波水位控制器的特点：超声波水位控制器有应用范围广、工作稳定可靠、测量精度高等诸多优点，但价格较高。

1.5.4 问题思考

1.5-14
任务1.5水位控制器的选用
习题答案文档

1．填空题

（1）水位控制器最为常用的地方就是＿＿＿＿＿与＿＿＿＿＿之中，其类型总的来讲可被分为＿＿＿＿＿、＿＿＿＿＿、＿＿＿＿＿以及＿＿＿＿＿等水位（液位）控制器。

（2）干簧式水位开关又称_____，由_____、_____、_____及
_____、_____等构成。

（3）FQS系列浮球磁性开关主要由_____、_____及密封在浮球内的装置
（包括干式舌簧管、磁环和动锤）等组成。

（4）FQS系列浮球磁性开关具有_____、_____、_____、_____等
优点。

（5）压力式水位控制器的主要特点是通过水箱中的_____进行检测，若是检
测到发生了高压力现象说明_____，相反要是低压力则说明_____。

（6）超声波液位控制器有_____、工作稳定可靠、_____等诸多优点，但
_____。

2．问答题

（1）简述浮球磁性开关控制器的工作原理。

（2）简述压力式水位控制器的工作原理。

1.5.5 知识拓展

1.5-15 知识拓展干簧式水位控制器动画	1.5-16 知识拓展浮球磁性液位开关课件

CHAPTER 2

项目 2

建筑电气典型控制电路的设计与应用

任务 2.1
电动机单向启动连续运行及点动控制电路的设计与应用

2.1.1 教学目标与思路

【教学目标】

知识目标	能力目标	素养目标	思政要素
1. 掌握电气控制系统图的基本知识； 2. 掌握电气原理图的绘图原则及分析方法； 3. 掌握电路的结构组成； 4. 掌握电路的工作原理； 5. 掌握电路具有哪些保护功能。	1. 能够绘制电气原理图； 2. 能够对连续运行及点动控制电路进行安装、接线、调试与运行。	1. 培养学生善于观察、自主思考、独立分析问题的能力； 2. 培养良好的工程规范能力； 3. 培养学生劳动习惯，提高自理能力； 4. 培养学生团队合作意识。	讲述中国高铁——永磁电机研发，培养中国科技创新精神。

【学习任务】通过对电气控制系统图的学习能够对电气原理图进行分析与绘制，同时能够对连续运行及点动控制电路进行安装、接线、调试与运行。

【建议学时】4学时

【思维导图】

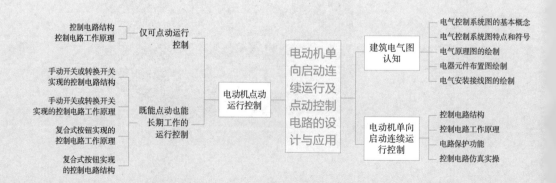

2.1.2 学生任务单

任务名称	电动机单向启动连续运行及点动控制电路的设计与应用	
学生姓名	班级学号	
同组成员		
负责任务		
完成日期	完成效果	
	教师评价	

学习任务	1. 掌握电气控制系统图的基本知识、电气原理图的绘图原则及分析方法； 2. 掌握电路的结构组成、工作原理及保护功能； 3. 能够对连续运行及点动控制电路进行安装、接线、调试与运行。

自学简述	课前预习	学习内容、浏览资源、查阅资料
	拓展学习	任务以外的学习内容

任务研究	完成步骤	用流程图表达		
	任务分工	任务分工	完成人	完成时间

		本人任务				
		角色扮演				
		岗位职责				
		提交成果				

		第1步	
任务实施	完成步骤	第2步	
		第3步	
		第4步	
		第5步	
	问题求助		
	难点解决		
	重点记录		
学习反思	不足之处		
	待解问题		
	课后学习		

过程评价	自我评价（5分）	课前学习	时间观念	实施方法	知识技能	成果质量	分值
	小组评价（5分）	任务承担	时间观念	团队合作	知识技能	成果质量	分值

2.1.3 知识与技能

一、建筑电气图的认知

1．知识点——电气控制系统图的基本概念

电气控制系统是由许多电器元件按一定要求连接而成的。为了表达生产机械电气控制系统的结构、原理等设计意图，同时也为了便于电器元件的安装、接线、运行、维护，将电气控制系统中各电器元件的连接用一定的图形表示出来，这种图就是电气控制系统图。

2.1-1
建筑电气图的认知视频

2.1-2
建筑电气图的认知课件

由于电气控制系统图描述的对象复杂，应用领域广泛，表达形式多种多样，因此表示一项电气工程或一种电器装置的电气控制系统图有多种，它们以不同的表达方式反映工程问题的不同侧面，但又有一定的对应关系，有时需要对照起来阅读。

电气控制系统图一般分为电气系统图和框图、电气原理图（电路图）、电器元件布置图电气安装接线图、功能图和电器元件明细表。

2．知识点——电气控制系统图特点和符号

（1）简图，是电气图的主要表达方式，它不是严格按几何尺寸和绝对位置测绘的，而是用规定的标准符号和文字表示系统或设备的组成部分之间的关系，这一点是与机械图、建筑图等有所区别的。

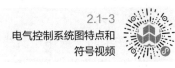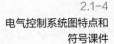

2.1-3
电气控制系统图特点和符号视频

2.1-4
电气控制系统图特点和符号课件

（2）元件和连接线，是电气控制系统图的主要描述对象。连接线可用单线法和多线法表示，两种表示方法在同一张图上可以混用。电器元件在图中可以采用集中表示法、半集中表示法、分开表示法来表示。集中表示法是把一个元件的各组成部分的图形符号绘在一起的方法；分开表示法是将同一元件的各组成部分分开布置，有些可以画在主回路，有些画在控制回路；半集中表示法介于上述两种方法之间，在图中将一个元件的某些部分的图形符号分开绘制，并用虚线表示其相互关系。绘制电气图时一般采用机械制图规定的八种线条中的四条，见表2.1。

图线及其应用　　　　　　　　　　　　　　　　表2.1

序号	图线名称	一般应用
1	实线	基本线、简图主要内容用线、可见轮廓线、可见导线
2	虚线	辅助线、屏蔽线、机械连接线、不可见轮廓线、不可见导线、计划扩展内容用线
3	点划线	分界线、结构围框线、分组围框线
4	双点划线	辅助围框线

（3）图形符号和文字符号，是电气控制系统图的主要组成部分。电气控制系统都

是由各种元器件组成的，通常是用一种简单的图形符号表示各种元器件。两个以上作用不同的电器，必须在符号旁边标注不同的文字符号以区别其名称、功能、状态、特征及安装位置等。

3.技能点——电气控制系统图的绘制

（1）电气原理图的绘制

电气原理图一般由主电路和辅助电路组成。如图2.1所示，主电路是设备驱动电路，包括从电源到电动机电路，是强电流通过的部分。从电源L1、L2、L3开始，经过刀开关QS、熔断器FU1、接触器KM主触点、热继电器FR热元件，最后到电动机；辅助电路包括控制电路、照明电路、信号电路及保护电路等，是弱电流通过的部分，其中控制电路是由控制按钮、接触器线圈、继电器线圈、各种电器的常开、常闭辅助触点，按控制要求组成逻辑控制部分。

2.1-5
电气原理图的绘制视频

2.1-6
电气原理图的绘制课件

绘制规则：

1）主电路一般用粗实线画出，辅助电路用细实线画出。电路的排列顺序为：主电路在左侧，辅助电路在右侧或下方。

2）图2.1中各电器元件触点的开闭状态，均以吸引线圈未通电，手柄置于零位，即没有受到任何外力作用或生产机械在原始位置时情况为准。

3）各电器元件均按动作顺序自上而下或自左向右的规律排列，各控制电路按控制顺序先后自上而下水平排列。

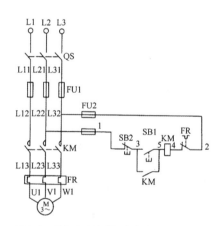

图2.1 单向启动连续运行控制电气原理图

4）各电器元件及部件在图2.1中的位置，应根据便于阅读的原则来安排。同一电器的各个部件可以不画在一起，但同一电器的不同部件必须用同一文字符号标注。

5）两根及两根以上导线的电气连接处要画圆点"·"或圆圈"○"以示连接连通。

6）为了安装与检修方便，电动机和电器的接线端均应标记编号。主电路的电气接点一般用一个字母，另附一个或两个数字标注。如图2.1中用U1、V1、W1表示主电路刀开关与熔断器的电气接点。辅助电路中的电气接点一般用数字标注。具有左边电源极性的电气接点用奇数标注，具有右边电源极性的电气接点用偶数标注。奇偶数的分界点在产生大压降处（例如：线圈、电阻等处）。

（2）电器元件布置图与电气安装接线图的绘制

1）电器元件布置图主要是用来表明电气设备上所有电器的实际位置，是电气控制设备制造、安装和维修必不可少的技术文件。

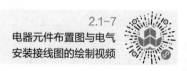

2.1-7
电器元件布置图与电气安装接线图的绘制视频

2）电气安装接线图是按建筑电气设备各电器的实际安装位置，用各电器规定的图形符号和文字符号绘制的实际接线图。安装接线图可显示出电气设备中各元件的空间位置和接线情况，可在安装或检修时对照原理图使用。

二、电动机单向启动连续运行及点动控制

1. 电动机单向启动连续运行控制

（1）知识点——电动机单向启动连续运行控制电路结构

2.1-8
电动机单向启动电路
结构视频

2.1-9
电动机单向启动电路
结构课件

2.1-10
电动机单向启动电路
结构图片

电动机单向连续运行控制电路常用于只需要单方向运转的小功率电动机的控制。例如小型通风机、水泵以及皮带运输机等机械设备。图2.2是电动机单向启动连续运行控制电路的电气原理图。这是一种最常用、最简单的控制电路，该电路分为主电路和控制电路两部分。

主电路：由刀开关QS、熔断器FU1、接触器主触点KM、热继电器热元件FR及三相交流电动机M。注意：主电路由接触器的主触点接通或断开三相交流电源，它所流过的电流为电动机的电流。

控制电路：由熔断器FU2、按钮开关（停止按钮）SB2、按钮开关（启动按钮）SB1、接触器线圈KM、接触器辅助常开触点KM以及热继电器常闭触点FR组成。该控制电路用来控制接触器线圈的通断电，它所流过的电流较小，实现对主电路的控制。

（2）知识点——电动机单向启动连续运行控制电路工作原理

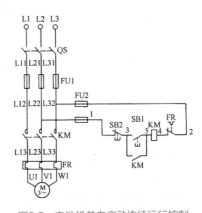

图2.2　电动机单向启动连续运行控制
电气原理图

启动时：合上刀开关QS，按下启动按钮SB1，交流接触器KM的线圈通电，其对应所有触点均动作，主触点闭合后，电动机启动运转。同时其辅助常开触点闭合，形成"自锁"。因此该触点称为"自锁触点"。此时松开启动按钮SB1，电动机仍能继续运转。与启动按钮相并联的自锁触点KM即组成了电气控制线路中的一个基本控制环节——自锁环节，设置自锁环节的目的就是使受控元件能够连续工作。这里受控元件是电动机，由此可见，"自锁触点"是电动机长期工作的保证。

停止时：按下停止按钮SB2，接触器KM线圈失

2.1-11
电动机单向启动工作
原理视频

2.1-12
电动机单向启动工作
原理课件

2.1-13
电动机单向启动工作
原理动画1

2.1-14
电动机单向启动工作
原理动画2

电释放，其对应所有触点均动作，主触点断开，电动机脱离电源而停止运转。

注意：今后我们为了能更清楚地分析电路工作原理，可以采用以下形式：

按下SB1→KM线圈得电 → KM自锁触点闭合自锁

→ KM主触点闭合→电动机M通电启动运行

启动过程：合上电源开关QS，将三相电源引入，为启动作准备。

停止过程：

按下SB2→KM线圈得电 → KM自锁触点断开解除自锁

→ KM主触点断开→电动机M断电停转

（3）知识点——电路保护功能

1）短路保护：主电路和控制电路分别由熔断器
FU1和FU2实现短路保护，当线路出现短路故障时，熔

断器熔丝熔断，KM线圈失电释放，主触点断开，电动机脱离电源，电动机停止运转。值
得注意的是主电路在安装时将熔断器靠近电源，即安装在刀开关下边，以扩大保护范围。

2）过载保护：由热继电器FR实现对电动机的过载保护，当电动机出现过载且超过
规定时间时，热继电器FR双金属片过热变形，推动导板，经过传动机构，使FR常闭触
点断开，从而使接触器KM线圈断电，KM主触点断开，电动机停转，实现过载保护。

3）欠压保护：当电源电压由于某种原因而下降时，电动机的转矩将显著下降，将
使电动机无法正常运转，甚至引起电动机堵转而烧毁。采用具有自锁的控制电路可避免
出现这种事故。因为当电源电压低于接触器线圈额定电压的85%左右时，接触器KM就
会释放，KM自锁触点断开，使接触器KM线圈断电，同时KM主触点也断开，电动机断
电停转，起到保护作用。

4）失压保护：电动机正常运转时，电源可能停
电，当恢复供电时，如果电动机自行启动，很容易造
成设备和人身事故。采用带自锁的控制电路后，断电
时由于接触器KM自锁触点已经断开，当恢复供电时，
电动机不能自行启动，从而避免了事故的发生。

2．电动机点动运行控制

在建筑设备电气控制中，经常需要电动机处于
短时重复工作状态，如龙门刨床横梁的上下移动、电
动葫芦等控制，均需按操作者的意图实现灵活控制。
即按下启动按钮时，电动机通电启动运行，松开按钮
时，电动机断电停止，能够完成这一要求的控制称为
"点动控制"。

2.1-15
电路保护视频

2.1-16
电动机点动控制视频1

2.1-17
电动机点动控制视频2

2.1-18
电动机点动控制动画

2.1-19
电动机点动控制课件

　　因此，只将单向启动连续运行控制电路中的自锁触点取消或不起作用，则该电路就变为点动控制电路。此外，还有许多场合要求电动机既能点动又能长期工作。

　　（1）仅可点动的运行控制

　　1）知识点——仅可点动的控制电路的结构

　　如图2.3所示，控制电路由熔断器FU2、按钮开关（启动按钮）SB1、接触器线圈KM及热继电器常闭触点FR组成。

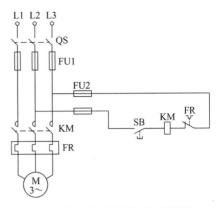

图2.3　仅可点动控制的电气原理图

　　2）知识点——仅可点动的控制电路的工作原理

　　仅可点动的控制电路由启动按钮接通和断开控制电路。当按下启动按钮SB时且不松开，接触器KM线圈通电，接触器主触点KM闭合，电动机启动运行；当松开启动按钮时，按钮断开，接触器KM线圈断电，接触器主触点KM打开，电动机停止运行，从而实现了点动控制。

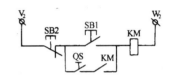

图2.4　转换开关实现既能点动也能长期工作的控制电路

　　（2）既能点动也能长期工作的运行控制

　　1）知识点——既能点动也能长期工作的控制电路的结构

　　能够构成既能点动也能长期工作的电路方法很多，这里仅以用按钮或手动开关实现的方法加以说明。将手动开关设置在自锁通路中，需要点动时手动开关破坏自锁通路。

　　如图2.4所示，在电动机单向启动连续运行控制电路的基础上只需将手动开关QS与自锁触点KM串联即可，其他不变。

　　2）知识点——既能点动也能长期工作的控制电路的工作原理

　　需点动时，将手动开关QS打开，按下启动按钮SB1，接触器KM线圈通电，其主触点闭合，电动机运转，手抬起时，电动机停止运转。

　　需长期工作时，先将手动开关QS合上，再按下SB1，接触器KM线圈通电，自锁触点自锁，电动机可长期运行。

　　3）知识点——用复合式按钮实现点动控制电路的结构

　　如图2.5所示，在电动机单向启动连续运行控制电路的基础上，需将复合式按钮SB3常开触点并联在启动按钮SB1下方，同时将其常闭触点与自锁触点KM串联即可，其他不变。

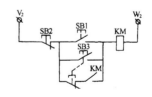

图2.5　复合式按钮实现既能点动也能长期工作的控制电路

　　4）知识点——用复合式按钮实现点动控制电路的工作原理

　　需点控时，按复合按钮SB3，接触器KM线圈通电，电动机启动，手松开时，接触器

KM线圈失电释放，电动机停止运转。需要长期工作时，按下启动按钮SB1即可长动，停止时按停止按钮SB2即可。

2.1.4　问题思考

2.1-20
扫码看答案

1．填空题

（1）电气原理图一般由_____和_____组成。

（2）电动机单向启动连续运行的控制电路中，保护功能主要有_____、_____、_____、_____。

2．判断题

（1）电气原理图绘制中，反映电器元件的大小。　　　　　　　　　（　　）

（2）电气原理图中必须使用国家统一规定的文字符号。　　　　　　（　　）

（3）在电动机的电气控制线路中，使用熔断器做短路保护，就不必再装设热继电器作过载保护。　　　　　　　　　　　　　　　　　　　　　　（　　）

（4）电器布置图表示电气设备上所有电器元件的实际位置。　　　　（　　）

3．单选题

（1）辅助电路用细线条绘制在原理图的（　　　）。

A．左侧或上方　　　B．右侧或下方　　　C．右侧或上方　　　D．左侧或下方

（2）若要在电动机单向连续运行的控制电路中，既能点动又能连续运行控制，错误的方式为（　　　）。

A．在自锁触点串联手动开关QS　　　　B．在自锁触点串联转换开关SA

C．在自锁触点回路中串联复合按钮　　　D．自锁触点去掉

任务 2.2
电动机正反转运行控制电路的设计与应用

2.2.1 教学目标与思路

【教学目标】

知识目标	能力目标	素养目标	思政要素
1. 掌握电动机正反转运行控制电路的结构组成； 2. 掌握电动机正反转运行控制电路的工作原理； 3. 掌握电路保护功能。	1. 能够对电动机正反转运行电气原理图进行读识； 2. 能够绘制电动机正反转运行电气原理图； 3. 能够对电动机正反转运行控制电路进行安装、接线、调试与运行。	1. 培养学生善于观察、自主思考、独立分析问题的能力； 2. 培养良好的工程规范能力； 3. 培养学生劳动习惯，提高自理能力； 4. 培养学生团队合作意识。	1. 讲述中国高铁——中国速度，培养学生具有追求卓越的创造精神； 2. 敬业创新的工匠精神； 3. 正确地对事物进行认知与判断，勇于放弃或修正自己的错误观点。

【学习任务】通过对电动机正反转运行控制电路的学习，能够读识、绘制电气原理图，掌握其工作原理同时能够对电动机正反转运行控制电路进行安装、接线、调试与运行。

【建议学时】4学时

【思维导图】

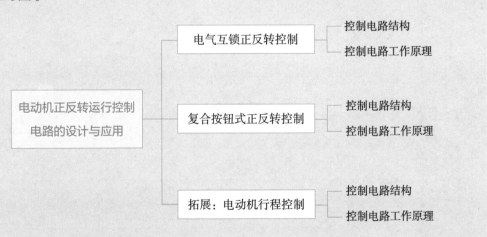

2.2.2 学生任务单

任务名称	电动机正反转运行控制电路的设计与应用	
学生姓名		班级学号	
同组成员			
负责任务			
完成日期		完成效果	
		教师评价	

学习任务	1. 掌握电动机正反转运行电路的结构组成、工作原理及保护功能； 2. 能够对电动机正反转运行电气原理图进行读识与绘制； 3. 能够对电动机正反转运行控制电路进行安装、接线、调试与运行。

自学简述	课前预习	学习内容、浏览资源、查阅资料
	拓展学习	任务以外的学习内容

任务研究	完成步骤	用流程图表达		
	任务分工	任务分工	完成人	完成时间

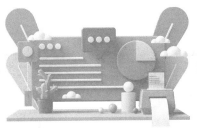

本人任务	
角色扮演	
岗位职责	
提交成果	

任务实施	完成步骤	第1步	
		第2步	
		第3步	
		第4步	
		第5步	
	问题求助		
	难点解决		
	重点记录		
学习反思	不足之处		
	待解问题		
	课后学习		
过程评价	自我评价 （5分）	课前学习	时间观念	实施方法	知识技能	成果质量	分值
	小组评价 （5分）	任务承担	时间观念	团队合作	知识技能	成果质量	分值

2.2.3 知识与技能

在建筑工程中所用的电动机需要正反转运行的设备很多，如电梯、塔式起重机、桥式起重机等，由电动机原理可知，改变电动机三相电源的相序即可改变电动机的旋转方向。而改变三相电源的相序，只需任意调换电源的两根电源进线。

2.2-1
电动机正反转控制课件

2.2-2
电动机正反转控制视频1

2.2-3
电动机正反转控制视频2

2.2-4
电动机正反转控制动画1

2.2-5
电动机正反转控制动画2

1. 知识点——电气互锁正反转控制电路结构

主电路：如图2.6（a）所示。在单向启动连续运行主电路的基础上，再增加一只接触器的主触点，即用两只接触器KM1、KM2分别控制电动机的正转和反转，KM1、KM2分别称为正、反转接触器，将KM1和KM2的主触点并联起来，但注意它们的主触点接线的相序不同，KM1按L1、L2、L3顺序接线，KM2按L3、L2、L1相序接线，即将L1、L3两相序对调，因此实现了电动机的正反转控制运行。

控制电路：如图2.6（b）所示。将正转控制电路和反转控制电路并联起来，并加以改进。用两只启动按钮SB1和SB2控制两只接触器KM1和KM2通电，SB1、SB2分别称为正、反转启动按钮，用一只停止按钮SB3控制两只接触器的断电。同时考虑两只接触器不能同时通电，以免造成电源相间短路。为此将KM1、KM2正反转接触器的辅助常闭触点互相串联接在对方线圈电路中，形成相互制约的关系，使KM1、KM2的线圈不能同时得电。这种相互制约的关系称为互锁控制。这种由接触器（或继电器）常闭辅助触点构成的互锁称为"电气互锁"。其辅助常闭触点称为"互锁触点"。

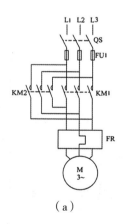

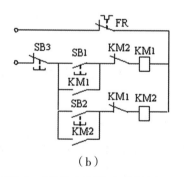

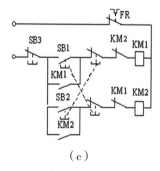

（a）　　　　　　　　　（b）　　　　　　　　　（c）

图2.6　电动机正反转运行控制电气原理图
（a）主电路；（b）电气互锁控制电路；（c）复合按钮式控电路

2．知识点——电气互锁正反转控制电路工作原理

（1）启动前的准备：合上刀开关QS，将电源引入，为启动作好准备。

（2）电动机正转时：按下正向启动按钮SB1，正向接触器KM1线圈通电，其主常开触点KM1闭合，使电动机正向运转，同时自锁触点KM1闭合形成自锁，启动按钮SB1松开即可，其常闭触点KM1即互锁触点断开切断反转通路，防止误按反向启动按钮而造成的电源相间短路现象。这种利用辅助触点互相制约工作状态的方法形成了一个基本控制环节——互锁环节。

（3）电动机反转时：必须先按下停止按钮SB3，使接触器KM1线圈失电释放，解除电气互锁，电动机停止。然后再按下反向启动按钮SB2，反向接触器KM2线圈通电，其主常开触点KM2闭合，使电动机反向运转，同时自锁触点KM2闭合形成自锁，启动按钮SB2松开即可，其常闭触点KM2即互锁触点断开，切断了正转通路，防止了误按正向启动按钮而造成的电源相间短路现象。电动机才可反转。

3．知识点——复合按钮式正反转控制电路结构

如图2.6（c）所示，在电气互锁正反转控制电路的基础上，分别将复合按钮SB1的常闭触点串在反转控制电路中，复合按钮SB2的常闭触点串在正转控制电路中，因此采用这种复合式按钮进行互相制约，就形成了"机械互锁"。

4．知识点——复合按钮式正反转控制电路工作原理

要使电动机正转，可按下正转复合按钮SB1，使KM1线圈得电并保持，接触器KM1主触点闭合电动机正转。同时串接在反转控制电路的KM1和SB1常闭触点断开，产生电气互锁和机械互锁保证KM2线圈不得电，即"双重互锁"。松开复合按钮SB1时，SB1常开触点断开，KM1自锁触点闭合继续保持供电，保证电动机连续正转，同时SB1常闭触点闭合，为反转控制作好准备。

当按下反转复合按钮SB2，串接在KM1线圈电路中的SB2常闭触点断开，KM1线圈失电，KM1主触点断开，电动机停转，KM1自锁触点断开，保证KM1线圈不会恢复通电。同时，KM1常闭互锁触点闭合，KM2线圈经SB1常闭触点、KM1常闭互锁触点得电，电动机反转。松开复合按钮SB2，SB2常闭触点闭合，为正转控制作好准备。因此，该电路可不用停止，实现正、反转的直接换向，适用于小功率电动机直接换向循环控制。对于大功率电动机，为了防止运转过程中突然转向产生的大电流对电动机机械部分造成的冲击，必须先停止运行。

2.2.4　问题思考

1．如何改变电动机的旋转方向？

2．什么是电气互锁？

3．什么是机械互锁？

4．在控制电路中互锁起什么作用？

2.2-6
扫码看答案

2.2.5 知识拓展

电动机行程控制是指根据控制对象运动部件的位置或行程进行控制。许多场合需要电动机在一定的范围内自动往复循环运动，并进行限位保护，如电梯在指定楼层停止、龙门刨床工作台的自动往返、水厂沉淀池排泥机的控制、起重机在指定位置停止等。这类控制通常由位置开关发出信号指令。

2.2-7 电动机行程控制课件	2.2-8 电动机行程控制视频	2.2-9 电动机行程控制动画1	2.2-10 电动机行程控制动画2

任务 **2.3**
电动机连锁及两（多）地控制电路的设计与应用

2.3.1 教学目标与思路

【教学目标】

知识目标	能力目标	素养目标	思政要素
1. 掌握电动机连锁及两（多）地运行控制电路的结构组成； 2. 掌握电动机连锁及两（多）地运行控制电路的工作原理； 3. 掌握电路保护功能。	1. 能够对电动机连锁及两（多）地控制电气原理图进行读识； 2. 能够绘制电动机连锁及两（多）地控制电气原理图； 3. 能够对电动机连锁及两（多）地运行控制电路进行安装、接线、调试与运行。	1. 培养学生善于观察、自主思考、独立分析问题的能力； 2. 培养良好的工程规范能力； 3. 培养学生劳动习惯，提高自理能力； 4. 培养学生团队合作意识。	1. 具有良好的职业道德及一丝不苟的工匠精神； 2. 正确地对事物进行认知与判断，勇于放弃或修正自己的错误观点； 3. 践行社会主义核心价值观，培养学生爱国主义的情怀。

【学习任务】通过对电动机连锁及两（多）地运行控制电路的学习，能够读识、绘制电气原理图，掌握其工作原理同时能够对电动机连锁及两（多）地运行控制电路进行安装、接线、调试与运行。

【建议学时】4学时

【思维导图】

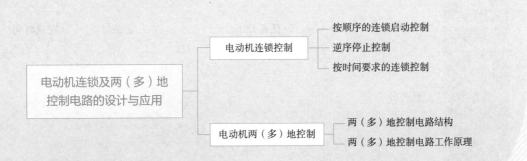

2.3.2 学生任务单

任务名称	电动机连锁及两（多）地控制电路的设计与应用		
学生姓名		班级学号	
同组成员			
负责任务			
完成日期		完成效果	
		教师评价	

学习任务	1. 掌握电动机连锁及两（多）地控制电路的结构组成、工作原理及保护功能； 2. 能够对电动机连锁及两（多）地控制电气原理图进行读识与绘制； 3. 能够对电动机连锁及两（多）地控制电路进行安装、接线、调试与运行。		

自学简述	课前预习	学习内容、浏览资源、查阅资料		
	拓展学习	任务以外的学习内容		

任务研究	完成步骤	用流程图表达		
	任务分工	任务分工	完成人	完成时间

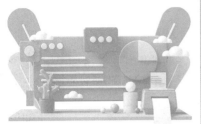

	本人任务	
	角色扮演	
	岗位职责	
	提交成果	

		第1步	
		第2步	
	完成步骤	第3步	
		第4步	
		第5步	
任务实施	问题求助		
	难点解决		
	重点记录		
学习反思	不足之处		
	待解问题		
	课后学习		

过程评价	自我评价 （5分）	课前学习	时间观念	实施方法	知识技能	成果质量	分值
	小组评价 （5分）	任务承担	时间观念	团队合作	知识技能	成果质量	分值

2.3.3 知识与技能

一、电动机连锁控制

连锁控制是在工作场合由多台电动机拖动，按一定的连锁控制电动机的启动和停止。如中央空调冷水机组工作时，要求先启动润滑油泵，再启动压缩机电动机；锅炉房的自动上煤系统，为了防止煤的堆积，要求启动时先水平后斜式，停止时先斜式后水平。下面以两台电动机的连锁控制为例，说明其控制原理，这样我们就不难推广到多台电动机的连锁控制。

2.3-1
电动机连锁控制课件

2.3-2
电动机连锁控制视频1

2.3-3
电动机连锁控制视频2

2.3-4
电动机连锁控制动画

1．知识点——按顺序的连锁启动控制

如图2.7（b）所示，M1先启动，M2后启动，将KM1辅助常开触点串入KM2线圈回路当中。

2．知识点——逆序停止控制

如图2.7（c）所示，M2先停止，M1后停止，将KM2辅助常开触点并在M1停止按钮下方。

3．知识点——按时间要求的连锁控制

在实际工程中，常有按一定时间要求的连锁控制，如果系统M1启动后，经过按照设定的一段时间后，M2再自行启动。显然这就需要时间继电器KT的配合来实现，利用时间继电器延时闭合的常开触点来实现这种连锁控制，如图2.7（d）所示。

按下启动按钮SB1，接触器KM1线圈通电其对应触点动作，电动机M1启动运行，同时时间继电器KT线圈通电，经过设定时间后，时间继电器延时闭合常开触点KT闭合，接触器KM2线圈通电其对应触点动作，时间继电器KT线圈断电，电动机M2启动运行。

二、电动机两（多）地控制

在实际工程中，为了操作方便，许多设备需要两地或多地控制才能满足要求，如锅炉房的鼓（引）风机、除渣机、循环水泵电动机、炉排电动机均需在现场就地控制和在控制室远端控制，另外电梯、机床等电气设备也需多地控制。下面以两地控制为例进行介绍。

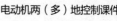

2.3-5
电动机两（多）地控制课件

2.3-6
电动机两（多）地控制视频

2.3-7
电动机两（多）地控制动画

1．知识点——两（多）地控制电路结构

如图2.8所示，确保电动机两地控制，将常开按钮SB1和SB3并联，常闭按钮SB2和SB4串联，信号灯HL1、HL2并联在接触器KM线圈下方。

2．知识点——两（多）地控制电路工作原理

（1）现场控制：按下就地控制启动按钮SB3，接触器KM线圈通电，电动机启动运转，可观察到信号灯

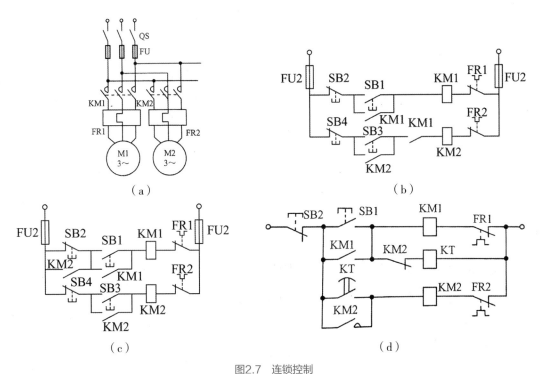

图2.7　连锁控制

（a）主电路；（b）顺序启动控制；（c）逆序停止控制；（d）时间连锁控制

HL1、HL2亮，按下就地停止按钮SB2，接触器KM线圈失电，电动机停止，实现现场控制。

（2）远端控制：在远端控制室按下启动按钮SB1，KM线圈通电，电动机启动运转，信号灯HL1、HL2亮，按下远端停止按钮SB4，KM线圈失电，电动机停止，实现远端控制。

因此，可以总结出如下规律：多地控制是将多地的启动按钮并联使用，所有的停止按钮串联使用。

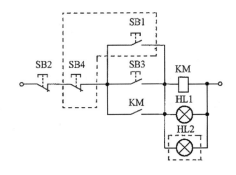

图2.8　两地控制电路

2.3-8
扫码看答案

2.3.4　问题思考

1. 甲接触器动作后乙接触器才动作的要求是什么？
2. 甲接触器动作后不允许乙接触器动作的要求是什么？
3. 乙接触器先断电后甲接触器方可断电的要求是什么？
4. 电动机实现两地或多地控制时，在控制电路中多个启动按钮与停止按钮应如何进行连接？

任务 2.4
三相笼型异步电动机星形——三角形降压启动控制电路的设计与应用

2.4.1 教学目标与思路

【教学目标】

知识目标	能力目标	素养目标	思政要素
1. 掌握三相笼型异步电动机星形——三角形降压启动控制电路的结构组成； 2. 掌握三相笼型异步电动机星形——三角形降压启动控制电路的工作原理； 3. 掌握电路保护功能。	1. 能够对三相笼型异步电动机星形——三角形降压启动控制电气原理图进行读识； 2. 能够绘制三相笼型异步电动机星形——三角形降压启动控制电路的电气原理图； 3. 能够对三相笼型异步电动机星形——三角形降压启动控制电路进行安装、接线、调试与运行。	1. 培养学生善于观察、自主思考、独立分析问题的能力； 2. 培养良好的工程规范能力； 3. 培养学生劳动习惯，提高自理能力； 4. 培养学生团队合作意识。	1. 具有一丝不苟、敬业创新的工匠精神； 2. 了解"中国制造2025"，培养国家责任感与使命感； 3. 培养学生爱国主义的情怀。

【学习任务】通过对三相笼型异步电动机星形——三角形降压启动控制电路的学习，能够读识、绘制电气原理图，掌握其工作原理同时能够对三相笼型异步电动机星形——三角形降压启动控制电路进行安装、接线、调试与运行。

【建议学时】4学时

【思维导图】

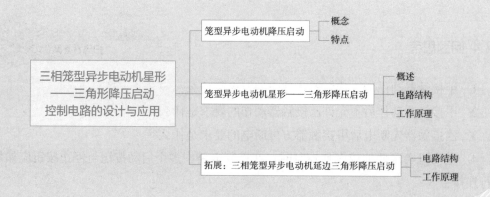

2.4.2 学生任务单

任务名称	三相笼型异步电动机星形——三角形降压启动控制电路的设计与应用		
学生姓名		班级学号	
同组成员			
负责任务			
完成日期		完成效果	
		教师评价	

学习任务	1. 掌握三相笼型异步电动机星形——三角形降压启动控制电路的结构组成、工作原理及保护功能; 2. 能够对三相笼型异步电动机星形——三角形降压启动电气原理图进行读识与绘制; 3. 能够对三相笼型异步电动机星形——三角形降压启动控制电路进行安装、接线、调试与运行。		
自学简述	课前预习	学习内容、浏览资源、查阅资料	
	拓展学习	任务以外的学习内容	
任务研究	完成步骤	用流程图表达	
	任务分工	任务分工　　完成人　　完成时间	

		本人任务	
		角色扮演	
		岗位职责	
		提交成果	

任务实施	完成步骤	第1步	
		第2步	
		第3步	
		第4步	
		第5步	
	问题求助		
	难点解决		
	重点记录		
学习反思	不足之处		
	待解问题		
	课后学习		

过程评价	自我评价（5分）	课前学习	时间观念	实施方法	知识技能	成果质量	分值
	小组评价（5分）	任务承担	时间观念	团队合作	知识技能	成果质量	分值

2.4.3 知识与技能

前面所述的电动机采用全电压直接启动时，控制电路简单，维修方便。但是，并不是所有的电动机在任何情况下都可以采用全压启动。这是因为在电源变压器容量不是足够大时，由于异步电动机启动电流较大，致使变压器二次侧电压大幅度下降，这样不但会减小电动机本身启动转矩，拖长启动时间，甚至使电动机无法启动，同时还影响同一供电网络中其他设备的正常工作。因此直接启动一般只适用于10kW及以下小容量笼型异步电动机。如果不满足直接启动条件，就应该考虑降压启动。

2.4-1
三相笼型异步电动机星
—三角形降压启动控制课件

2.4-2
三相笼型异步电动机星
—三角形降压启动控制视频1

2.4-3
三相笼型异步电动机星
—三角形降压启动控制视频2

2.4-4
三相笼型异步电动机星
—三角形降压启动控制动画

1．知识点——笼型异步电动机降压启动概念

所谓降压启动是指：将电源电压适当降低后，再加到电动机定子绕组上，待电动机转速升高到接近稳定时，再使电压恢复到额定值。

2．知识点——笼型异步电动机降压启动特点

具有启动电流小，启动转矩小，启动时间长等特点，因此适用于10kW及以上容量笼型异步电动机的空载或轻载情况下启动。

3．知识点——笼型异步电动机星形—三角形降压启动概述

当三相笼型异步电动机定子绕组为三角形接法且不允许直接启动时，可以采用星形—三角形降压启动方式。即启动时，电动机定子绕组接成星形联结，接入三相电源，启动结束时，电动机定子换成三角形接法运行。由电工学可知，当电动机定子绕组接成星形时，每相绕组获得的电压（相电压）为绕组正常工作电压（线电压）的$1/\sqrt{3}$，所以电动机的启动电流下降到直接启动的$1/\sqrt{3}$，而启动转矩与定子绕组电压的平方成正比，因此启动转矩也减小为直接启动的$1/\sqrt{3}$。因此星形—三角形降压启动适用于空载、轻载的场合。

4．知识点——笼型异步电动机星形—三角形降压启动电路结构

如图2.9所示，主要由通电延时时间继电器KT、线路接触器KM1、星形联结接触器KM2及三角形联结接触器KM3等组成。

5．知识点——笼型异步电动机星形—三角形降压启动电路工作原理

按下启动按钮SB1，时间继电器KT和接触器KM2线圈同时通电，其KM2触点均动作，KM2常开主触点闭合，电动机定子绕组连接成星形，KM2辅助常开触点闭合，接触器KM1线圈得电并自持，KM1常开主触点闭合，定子接入电源，电动机星接启动，同时KM2辅助常闭触点断开产生互锁防止接触器KM3通电。

经一定延时后，时间继电器KT常闭触点断开，KM2线圈失电，接触器释放，其KM2所有触点均复位，KM3线圈得电，其触点动作，KM3常开主触点闭合，将定子绕

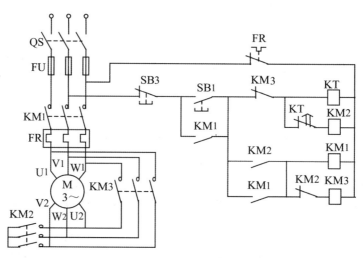

图2.9　星形—三角形降压启动控制原理图

组接成三角形，使电动机在额定电压下正常运行。

按下停止按钮SB3，所有接触器线圈同时失电释放，电动机停止运行。

注意：与启动按钮SB1串联的KM3的常闭辅助触点的作用是当电动机正常运行时，该常闭触点断开产生互锁，切断了KT，KM2的通路，即使误按SB1，KT和KM2也不会通电，以免影响电路正常运行。

2.4-5
扫码看答案

2.4.4　问题思考

1. 三相笼型异步电动机直接启动一般只适用于多大容量的电动机？
2. 三相笼型异步电动机降压启动概念与特点是什么？
3. 三相笼型异步电动机星形—三角形降压启动如何实现？

2.4.5　知识拓展

在某些场合如果要求电动机的启动电流小，启动转矩较大的情况下，可以采用延边三角形降压启动控制。延边三角形降压启动是将电动机的三相定子绕组一部分接成星形，另一部分接成三角形，启动后全部切换成三角形。

2.4-6 三相笼型异步电动机延边三角形降压启动控制课件

2.4-7 三相笼型异步电动机延边三角形降压启动控制视频

2.4-8 三相笼型异步电动机延边三角形降压启动控制动画

任务 2.5
三相笼型异步电动机定子串电阻（电抗）降压启动控制电路的设计与应用

2.5.1 教学目标与思路

【教学目标】

知识目标	能力目标	素养目标	思政要素
1. 掌握三相笼型异步电动机定子串电阻（电抗）降压启动控制电路的结构组成； 2. 掌握三相笼型异步电动机定子串电阻（电抗）降压启动控制电路的工作原理； 3. 掌握电路保护功能。	1. 能够对三相笼型异步电动机定子串电阻（电抗）降压启动控制电气原理图进行读识； 2. 能够绘制三相笼型异步电动机定子串电阻（电抗）降压启动控制电路的电气原理图； 3. 能够对三相笼型异步电动机定子串电阻（电抗）降压启动控制电路进行安装、接线、调试与运行。	1. 培养学生善于观察、自主思考、独立分析问题的能力； 2. 培养良好的工程规范能力； 3. 培养学生劳动习惯，提高自理能力； 4. 培养学生团队合作意识。	1. 了解中国制造产业，培养国家责任感与使命感； 2. 制定与解决工作任务，体现职业道德及一丝不苟工匠精神。

【学习任务】通过对三相笼型异步电动机定子串电阻（电抗）降压启动控制电路的学习，能够读识、绘制电气原理图，掌握其工作原理的同时能够对三相笼型异步电动机定子串电阻（电抗）降压启动控制电路进行安装、接线、调试与运行。

【建议学时】2学时

【思维导图】

2.5.2 学生任务单

任务名称	三相笼型异步电动机定子串电阻（电抗）降压启动控制电路的设计与应用		
学生姓名		班级学号	
同组成员			
负责任务			
完成日期		完成效果	
		教师评价	

学习任务	1. 掌握三相笼型异步电动机定子串电阻（电抗）降压启动控制电路的结构组成、工作原理及保护功能； 2. 能够对三相笼型异步电动机定子串电阻（电抗）降压启动电气原理图进行读识与绘制； 3. 能够对三相笼型异步电动机定子串电阻（电抗）降压启动控制电路进行安装、接线、调试与运行。		
自学简述	课前预习	学习内容、浏览资源、查阅资料		
	拓展学习	任务以外的学习内容		
任务研究	完成步骤	用流程图表达		
	任务分工	任务分工	完成人	完成时间

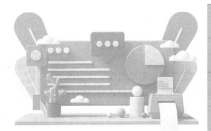

本人任务	
角色扮演	
岗位职责	
提交成果	

任务实施	完成步骤	第1步	
		第2步	
		第3步	
		第4步	
		第5步	
	问题求助		
	难点解决		
	重点记录		
学习反思	不足之处		
	待解问题		
	课后学习		

过程评价	自我评价 （5分）	课前学习	时间观念	实施方法	知识技能	成果质量	分值
	小组评价 （5分）	任务承担	时间观念	团队合作	知识技能	成果质量	分值

2.5.3 知识与技能

1. 知识点——三相笼型异步电动机定子绕组串电阻（电抗）降压启动概念

指三相笼型异步电动机定子绕组串电阻（电抗）来降低加在电动机定子绕组上的端电压，且达到限制启动电流的目的，待电动机启动后，再切除电阻（电抗），使电动机在全压下正常运行。

2. 知识点——三相笼型异步电动机定子绕组串电阻（电抗）降压启动特点

三相笼型异步电动机定子串电阻（电抗）降压启动只适用于空载和轻载启动。由于采用电阻（电抗）降压启动时损耗较大，它一般用于低电压电动机启动。

3. 知识点——三相笼型异步电动机定子绕组串电阻（电抗）降压启动电路结构

2.5-1 三相笼型异步电动机定子绕组串电阻（电抗）降压启动控制课件

2.5-2 三相笼型异步电动机定子绕组串电阻（电抗）降压启动控制视频1

2.5-3 三相笼型异步电动机定子绕组串电阻（电抗）降压启动控制视频2

2.5-4 三相笼型异步电动机定子绕组串电阻（电抗）降压启动控制动画1

2.5-5 三相笼型异步电动机定子绕组串电阻（电抗）降压启动控制动画2

如图2.10所示，主要由串接在电动机三相定子绕组与电源之间的电阻R（电抗L）、通电延时时间继电器KT、线路接触器KM1及运转（短接）接触器KM2等组成。

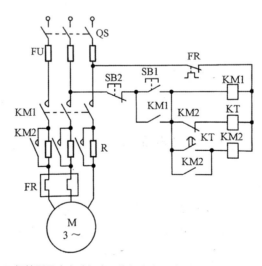

图2.10 三相笼型异步电动机定子绕组串电阻（电抗）降压启动控制原理图

4. 知识点——三相笼型异步电动机定子绕组串电阻（电抗）降压启动电路工作原理

启动时，合上刀开关QS，按下启动按钮SB1，接触器KM1和时间继电器KT线圈同时通电，接触器KM1触点均动作，其KM1的主触点闭合，电动机串接启动电阻R（L）

进行降压启动，经过一定的延时，直至电动机启动结束后，KT的延时闭合常开触点闭合，使接触器KM2通电，接触器KM2触点均动作，其KM2的主触点闭合，将$R（L）$切除，同时接触器KM2辅助常闭触点断开，使时间继电器KT断电释放，于是电动机在全电压下稳定运行。

停止时，按下停止按钮SB2，所有接触器线圈同时失电释放，电动机停止运行。

定子绕组串接电阻（电抗）降压启动，不受电动机定子接线形式的限制，因此在多种生产场合下应用。

2.5-6
扫码看答案

2.5.4 问题思考

1. 三相笼型异步电动机定子绕组串电阻（电抗）降压启动概念与特点是什么？
2. 简述三相笼型异步电动机定子绕组串电阻（电抗）降压启动工作原理。
3. 三相笼型异步电动机定子绕组串电阻（电抗）降压启动控制电路中，为什么需要将时间继电器KT断电？

2.5.5 知识拓展

三相笼型异步电动机定子串自耦变压器降压启动是指利用自耦变压器来降低加在电动机定子绕组上的启动电压，待电动机启动后，再切除自耦变压器，使电动机在全压下正常运行。适用于电动机容量较大，正常运行时接成星形，带一定负载的笼型异步电动机。

2.5-7 三相笼型异步电动机定子串
自耦变压器降压启动控制课件

2.5-8 三相笼型异步电动机定子串
自耦变压器降压启动控制视频1

2.5-9 三相笼型异步电动机定子串
自耦变压器降压启动控制视频2

任务 2.6
三相异步电动机制动控制电路的设计与应用

2.6.1 教学目标与思路

【教学目标】

知识目标	能力目标	素养目标	思政要素
1. 掌握三相异步电动机制动控制电路的结构组成； 2. 掌握三相异步电动机制动控制电路的工作原理； 3. 掌握电路保护功能。	1. 能够对三相异步电动机制动控制电气原理图进行读识； 2. 能够绘制三相异步电动机制动控制电路的电气原理图； 3. 能够对三相异步电动机制动控制电路进行安装、接线、调试与运行。	1. 培养学生善于观察、自主思考、独立分析问题的能力； 2. 培养良好的工程规范能力； 3. 培养学生劳动习惯，提高自理能力； 4. 培养学生团队合作意识。	1. 具有追求卓越的创造精神； 2. 具有术道结合的创新精神； 3. 践行社会主义核心价值观，培养学生爱国主义的情怀。

【学习任务】通过对三相异步电动机制动控制电路的学习，能够读识、绘制电气原理图，掌握其工作原理同时能够对三相异步电动机制动控制电路进行安装、接线、调试与运行。

【建议学时】2学时

【思维导图】

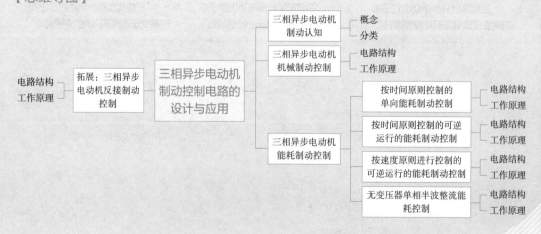

2.6.2 学生任务单

任务名称	三相异步电动机制动控制电路的设计与应用	
学生姓名	班级学号	
同组成员		
负责任务		
完成日期	完成效果	
	教师评价	

学习任务	1. 掌握三相异步电动机制动控制电路的结构组成、工作原理及保护功能； 2. 能够对三相异步电动机制动控制电气原理图进行读识与绘制； 3. 能够对三相异步电动机制动控制电路进行安装、接线、调试与运行。

自学简述	课前预习	学习内容、浏览资源、查阅资料
	拓展学习	任务以外的学习内容

任务研究	完成步骤	用流程图表达		
	任务分工	任务分工	完成人	完成时间

本人任务	
角色扮演	
岗位职责	
提交成果	

任务实施	完成步骤	第1步	
		第2步	
		第3步	
		第4步	
		第5步	
	问题求助		
	难点解决		
	重点记录		
学习反思	不足之处		
	待解问题		
	课后学习		

过程评价	自我评价 （5分）	课前学习	时间观念	实施方法	知识技能	成果质量	分值
	小组评价 （5分）	任务承担	时间观念	团队合作	知识技能	成果质量	分值

2.6.3 知识与技能

一、三相异步电动机制动认知

1．知识点——制动概念

电动机脱离电源后会在惯性作用下继续旋转，经一定时间才能完全停转。而有些生产机械要求快速停车、准确定位，如电梯、吊车等。电动机能够迅速而准确地停止转动，需采用某种手段来限制电动机的惯性转动，从而实现机械设备的紧急停车，常把这种紧急停车的措施称为电动机的"制动"。

2．知识点——制动分类：

三相异步电动机的制动方法有机械制动和电气制动。电气制动包括能耗制动、反接制动等。

二、三相异步电动机机械制动控制

1．知识点——机械制动基本结构

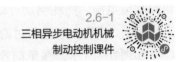

机械制动就是利用机械装置使电动机断电后立即停转。如图2.11所示。主要工作部分由电磁铁和闸瓦制动器两部分构成。电磁铁由电磁线圈、静铁芯、衔铁组成，闸瓦制动器由闸瓦、闸轮、弹簧、杠杆等组成。其中闸轮与电动机转轴相连，闸瓦对闸轮制动力矩的大小可通过调整弹簧弹力来改变。

2．知识点——机械制动电路工作原理

如图2.12所示。抱闸的电磁线圈由380V交流电源供电，当需电动机启动运行时，按下启动按钮SB1，接触器KM线圈通电，其自锁触点和主触点同时闭合，电动机M通电。与此同时，抱闸电磁线圈通电，电磁铁产生磁场力吸合衔铁，衔铁克服弹簧的弹力，带动制动杠杆动作，推动闸瓦松开闸轮，电动机立即启动运转。

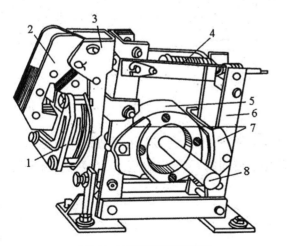

图2.11 电磁抱闸结构示意图
1—线圈；2—衔铁；3—铁芯；4—弹簧；
5—闸轮；6—杠杆；7—闸瓦；8—轴

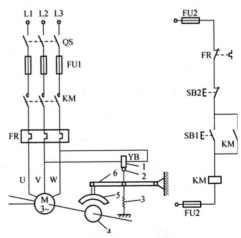

图2.12 电动机电磁抱闸制动控制原理图
1—线圈；2—衔铁；3—弹簧；4—闸轮；
5—闸瓦；6—杠杆

停车时，只需按下停车按钮SB2，接触器KM线圈断电，主触点释放，电动机绕组和电磁抱闸线圈同时断电，电磁铁衔铁释放，弹簧的弹力使闸瓦紧紧抱住闸轮，闸瓦与闸轮间强大的摩擦力使惯性运动的电动机立即停止转动。

三、三相异步电动机能耗制动控制

1. 按时间原则控制的单向能耗制动控制

（1）知识点——电路结构

能耗制动是在运行中的三相异步电动机停车时，在切除三相交流电源的同时，将一直流电源接入电动机定子绕组中的任意两相，以获得大小和方向不变的恒定磁场，从而产生一个与电动机原转矩方向相反的电磁转矩以实现制动。当电动机转速下降到零时，再切除直流电源。能耗制动可以按时间原则和速度原则进行控制。下面分别进行讨论。

2.6-2
三相异步电动机能耗
制动控制课件

2.6-3
三相异步电动机能耗
制动控制视频

2.6-4
三相异步电动机能耗
制动控制动画

如图2.13所示，在单向连续运行电路的基础上，接入接触器KM2、时间继电器KT，同时接入整流变压器TC和桥式整流器VC将直流电引入，形成按时间原则控制的单向能耗制动电路。

（2）知识点——工作原理

启动时，合上刀开关QS，按下启动按钮SB1，接触器KM1线圈通电，其主触点闭合，电动机启动运转。停止时，按下停止按钮SB2，其常闭触点断开，常开触点闭合，使KM1失电释放，电动机脱离交流电源，同时接触器KM1辅助常闭触点复位，使制动接触器KM2及时间继电器KT线圈通电自锁，KM2主常开触点闭合，电源经变电压器和单相整流桥变为直流电并通入电动机定子，产生静电磁场，与转

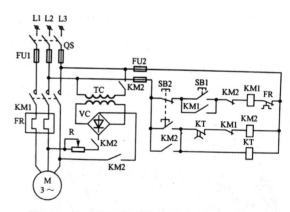

图2.13 按时间原则控制的单向能耗制动电路原理图

动的转子相互切割感应电势，感生电流，产生制动转矩，电动机在能耗制动下迅速停止。经历一段时间后，电动机停止，KT的触点延时打开，使KM2失电释放，直流电被切除，制动结束。

2. 按时间原则控制的可逆运行的能耗制动控制

（1）知识点——电路结构

如图2.14所示，在正反转控制电路的基础上，接入接触器KM3、时间继电器KT，同时接入整流变压器TC和桥式整流器VC将直流电引入，形成按时间原则控制的可逆运行

的能耗制动电路。

（2）知识点——工作原理

正向启动时，合上刀开关QS，按下正向启动按钮SB1，接触器KM1线圈通电，其主常开触点闭合，电动机正向启动运转。停止时，按下停止按钮SB3，其常闭触点断开，常开触点闭合，接触器KM1线圈失电释放，接触器KM3线圈和时间继电器KT线圈同时通电并自锁，KM3的主触点闭合，经变压器及整流桥后的直流电通入电动机定子绕组，电动机进行能耗制动。经历一段时间后，电动机停止，KT的常闭触点延时打开，使KM3线圈失电释放，直流电被切除，制动结束。

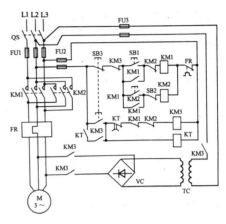

图2.14 按时间原则控制的可逆运行的能耗制动电路原理图

这种电路一般适用于负载转矩和负载转速比较稳定的机械设备上。对于通过传动系统来改变负载速度的机械设备，则应采用按负载速度整定的能耗制动控制线路较为合适，因而这种能耗制动线路的应用有一定的局限性。

3．按速度原则进行控制的可逆运行的能耗制动控制

（1）知识点——电路结构

如图2.15所示，在按时间原则控制的可逆运行的能耗制动电路的基础上，采用速度继电器取代了图2.14中的时间继电器KT，其他不变。

（2）知识点——工作原理

反向启动时，合上刀开关QS，按下反向启动按钮SB2，反向接触器KM2线圈通电，电动机反向启动。当速度升高后，速度继电器反向常开触点KS-2闭合，为制动作好准备。停止时，按下停止按钮SB3，接触器KM2失电释放，电动机的三相交流电被切除。同时KM3线圈通电，直流电通入电动机定子绕组进行能耗制动，当电动机

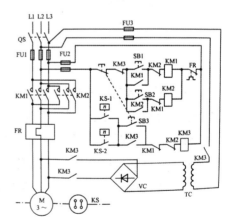

图2.15 按速度原则进行控制的可逆运行的能耗制动电路原理图

速度接近零时，KS-2打开，接触器KM3失电释放，直流电被切除，制动结束。

4．无变压器单相半波整流能耗控制

（1）知识点——电路结构

前面介绍的几种能耗制动控制电路均需要变压器降压、全波整流，对于较大功率的电动机甚至还要采用三相整流电路，所需设备多，投资成本高。但是对于10kW以下的电动机，如果制动要求不高，可采用无变压器单相半波整流控制电路，如图2.16所示。

整流电源电压为220V。整流电源经制动接触器KM2主触点接到定子绕组上，并由另一相绕组经KM2主触点接到整流管和电阻R后再接电动机。

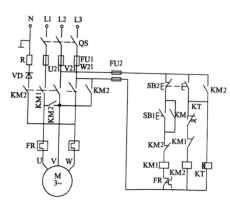

图2.16　无变压器单相半波整流控制电路原理图

（2）知识点——工作原理

需要停止时，按下SB2，KM1线圈失电释放，KM2线圈和KT线圈同时通电，KM2将整流电源接到电动机定子绕组上，并经定子另一相绕组和二极管V接到零线上，于是定子绕组通入直流电进行能耗制动。电动机停止后，KT延时触点打开，KM2失电释放，直流电被切除，制动结束。

2.6.4　问题思考

1. 三相异步电动机制动概念与分类。
2. 什么是机械制动？
3. 什么是能耗制动？能耗制动按照时间和速度原则主要包含几种制动控制？

2.6-5
扫码看答案

2.6.5　知识拓展

反接制动是利用异步电动机定子绕组电源相序任意两相反接（交换）时，产生和原旋转方向相反的转矩，来平衡电动机的惯性转矩，达到制动的目的。

在反接制动时，转子与定子旋转磁场的相对速度接近于两倍的同步转速，所以定子绕组中流过的反接制动电流相当于全电压直接启动时电流的两倍。因此在10kW以上的电动机反接制动时，应在主电路中串接一定的电阻，以限制反接制动电流。

 2.6-6 三相异步电动机反接制动控制电路的设计与应用课件	 2.6-7 三相异步电动机反接制动控制电路的设计与应用视频1	 2.6-8 三相异步电动机反接制动控制电路的设计与应用视频2	 2.6-9 三相异步电动机反接制动控制电路的设计与应用视频动画

任务 2.7
三相笼型电动机的变极调速控制电路的设计与应用

2.7.1 教学目标与思路

【教学目标】

知识目标	能力目标	素养目标	思政要素
1. 掌握三相笼型电动机的变极调速控制电路的结构组成； 2. 掌握三相笼型电动机的变极调速控制电路的工作原理； 3. 掌握电路保护功能。	1. 能够对三相笼型电动机的变极调速电气原理图进行读识； 2. 能够绘制三相笼型电动机的变极调速控制电路的电气原理图； 3. 能够对三相笼型电动机的变极调速控制电路进行安装、接线、调试与运行。	1. 培养学生善于观察、自主思考、独立分析问题的能力； 2. 培养良好的工程规范能力； 3. 培养学生劳动习惯，提高自理能力； 4. 培养学生团队合作意识。	1. 弘扬精益求精的工匠精神； 2. 大胆创新精神； 3. 我国新技术、新产业、新模式下的创新发展理念。

【学习任务】通过对三相笼型电动机的变极调速控制电路的学习，能够读识、绘制电气原理图，掌握其工作原理同时能够对三相笼型电动机的变极调速控制电路进行安装、接线、调试与运行。

【建议学时】2学时

【思维导图】

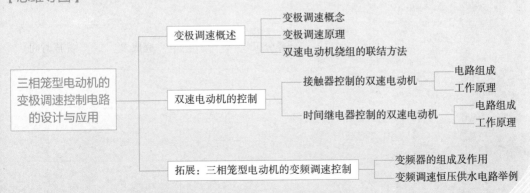

2.7.2 学生任务单

任务名称	三相笼型电动机的变极调速控制电路的设计与应用	
学生姓名	班级学号	
同组成员		
负责任务		
完成日期	完成效果	
	教师评价	

学习任务	1. 掌握三相笼型电动机的变极调速控制电路的结构组成、工作原理及保护功能; 2. 能够对三相笼型电动机的变极调速电气原理图进行读识与绘制; 3. 能够对三相笼型电动机的变极调速控制电路进行安装、接线、调试与运行。		

自学简述	课前预习	学习内容、浏览资源、查阅资料		
	拓展学习	任务以外的学习内容		

任务研究	完成步骤	用流程图表达		
	任务分工	任务分工	完成人	完成时间

	本人任务	
	角色扮演	
	岗位职责	
	提交成果	

		第1步	
任务实施	完成步骤	第2步	
		第3步	
		第4步	
		第5步	
	问题求助		
	难点解决		
	重点记录		
学习反思	不足之处		
	待解问题		
	课后学习		

	自我评价 （5分）	课前学习	时间观念	实施方法	知识技能	成果质量	分值
过程评价							
	小组评价 （5分）	任务承担	时间观念	团队合作	知识技能	成果质量	分值

2.7.3 知识与技能

由三相异步电动机的转速公式 $n=60f(1-s)/p$ 可知，改变电动机的磁极对数 p、转差率 s 及电源频率 f 都可以实现调速。对笼型异步电动机可采用改变磁极对数、改变定子电压和改变电源频率等方法。

一、变极调速概述

1．知识点——变极调速概念

变极调速是通过改变定子绕组的接线方式，以获得不同的磁极对数来实现调速的。它是有级调速，且只适应于笼型异步电动机。

2.7-1
变极调速概述课件

2．知识点——变极调速原理

电动机每相如果只有一套带中间抽头的绕组，可实现2∶1和3∶2的双速变化，如2极变4极、4极变8极或4极变6极、8极变12极；如果电动机每相有两套绕组则可实现4∶3和6∶5的双速变化，如6极变8极或10极变12极；如果电动机每相有一套带中间抽头的绕组和一套不带抽头的绕组，可以实现三速变化；每相有两套带中间抽头的绕组，则可实现四速变化。

3．知识点——双速电动机绕组的联结方法

凡磁极对数可改变的电动机称为多速电动机，常见的多速电动机有双速、三速、四速等几种类型，其原理和控制方法基本相同。

图2.17（a）为△（三角形）联结，此时磁极为4极，同步转速为1500r/min。若要电动机高速工作时，可接成图2.17（b）所示形式，即电动机绕组为YY（双星形）联结，磁极为2极，同步转速为3000r/min。可见电动机高速运转时的转速是低速的两倍。

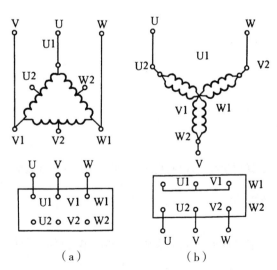

（a） （b）

图2.17 电动机三相定子绕组△/YY接线图
（a）低速—（△接法，4极）；（b）高速—（YY接法，2极）

二、双速电动机的控制

1．接触器控制的双速电动机

（1）知识点——接触器控制的双速电动机电路组成

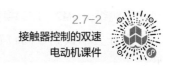

2.7-2
接触器控制的双速
电动机课件

如图2.18所示，采用按钮和接触器构成调速控制电路。

（2）知识点——接触器控制的双速电动机电路工作原理

合上电源开关QS，按下低速启动按钮SB1，低速接触器KM1线圈通电，其触点动作，电动机定子绕组作△联结，电动机以1500r/min低速启动。

当需要换成3000r/min的高速时，按下高速启动按钮SB2，接触器KM1失电释放，高速接触器KM2和KM3的线圈同时通电，使电动机定子绕组接成YY并联，电动机高速运转。电动机的高速运转是由KM2和KM3同时控制，为了保证工作可靠，采用它们的辅助常开触点串联自锁。

2．时间继电器控制的双速电动机

（1）知识点——时间继电器控制的双速电动机电路组成

2.7-3
时间继电器控制的
双速电动机课件

如图2.19所示，在接触器控制双速电动机的基础上，接入具有3个接触点位置的转换开关SA且分为低速、高速和中间位置（停止）和时间继电器KT。

（2）知识点——时间继电器控制的双速电动机电路工作原理

当把开关扳到"低速"位置时，接触器KM1线圈通电动作，电动机定子绕组接成△，进行低速运转。

当把开关SA扳到"高速"位置时，时间继电器KT线圈通电，其触点动作，瞬时动作触点KT1闭合，使KM1线圈通电动作，电动机定子绕组接成△，以低速启动。经过延时后，时间继电器延时断开的常闭触点KT2断开，使KM1线圈断电释放，同时延时闭合

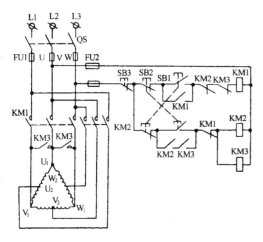

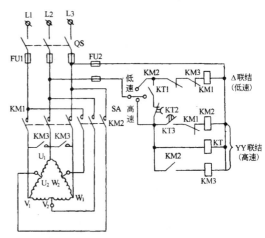

图2.18　接触器控制双速电动机的控制原理图　　　图2.19　采用时间继电器控制双速电动机的控制原理图

的常开触点KT3闭合，接触器KM2线圈通电动作，使KM3接触器线圈也通电动作，电动机定子绕组由KM2、KM3换接成YY接法，电动机自动进入高速运转。

当开关SA扳到中间位置时，电动机处于停止状态，可见SA确定了电动机的运转状态。

2.7.4 问题思考

1. 笼型异步电动机调速方法主要有哪些？
2. 变极调速概念。
3. 变极调速原理。

2.7-4
扫码看答案

2.7.5 知识拓展

通过改变定子供电频率来调节交流电动机的转速并能满足一定的转矩要求的调速方式，称为交流电动机的变频调速。由$n_0=60f/P$可知，当转差率s变化不大时，异步电动机的转速n基本上与电源频率f成正比。连续调节电源频率，就可以平滑地改变电动机的转速。该方法调速范围广、平滑性好、效率最高，具有优良的静态和动态特性，是应用最广泛的一种高性能的交流调速方法。变频调速使交流调速技术飞速发展，目前已遍及各领域，如恒压供水系统、数控机床、中央空调及电梯等。

2.7-5 变频器的组成与作用课件	2.7-6 变频调速恒压供水电路

任务 2.8
三相绕线型异步电动机转子回路串电阻启动控制电路的设计与应用

2.8.1 教学目标与思路

【教学目标】

知识目标	能力目标	素养目标	思政要素
1. 掌握三相绕线型异步电动机转子回路串电阻启动控制电路的结构组成； 2. 掌握三相绕线型异步电动机转子回路串电阻启动控制电路的工作原理； 3. 掌握电路保护功能。	1. 能够对三相绕线型异步电动机转子回路串电阻启动电气原理图进行读识； 2. 能够绘制三相绕线型异步电动机转子回路串电阻启动控制电路的电气原理图； 3. 能够对三相绕线型异步电动机转子回路串电阻启动控制电路进行安装、接线、调试与运行。	1. 培养学生善于观察、自主思考、独立分析问题的能力； 2. 培养良好的工程规范能力； 3. 培养学生劳动习惯，提高自理能力； 4. 培养学生团队合作意识。	1. 具有良好的职业道德及一丝不苟的工匠精神； 2. 正确地对事物进行认知与判断，勇于放弃或修正自己的错误观点； 3. 具有追求卓越的创造精神； 4. 践行社会主义核心价值观，培养学生爱国主义的情怀。

【学习任务】通过对三相绕线型异步电动机转子回路串电阻启动控制电路的学习，能够读识、绘制电气原理图，掌握其工作原理同时能够对三相绕线型异步电动机转子回路串电阻启动控制电路进行安装、接线、调试与运行。

【建议学时】2学时

【思维导图】

2.8.2 学生任务单

任务名称	三相绕线型异步电动机转子回路串电阻启动控制电路的设计与应用	
学生姓名		班级学号	
同组成员			
负责任务			
完成日期		完成效果	
		教师评价	

学习任务	1. 掌握三相绕线型异步电动机转子回路串电阻启动控制电路的结构组成、工作原理及保护功能； 2. 能够对三相绕线型异步电动机转子回路串电阻启动电气原理图进行读识与绘制； 3. 能够对三相绕线型异步电动机转子回路串电阻启动控制电路进行安装、接线、调试与运行。

自学简述	课前预习	学习内容、浏览资源、查阅资料
	拓展学习	任务以外的学习内容

任务研究	完成步骤	用流程图表达		
	任务分工	任务分工	完成人	完成时间

本人任务	
角色扮演	
岗位职责	
提交成果	

任务实施	完成步骤	第1步	
		第2步	
		第3步	
		第4步	
		第5步	
	问题求助		
	难点解决		
	重点记录		
学习反思	不足之处		
	待解问题		
	课后学习		

过程评价	自我评价 （5分）	课前学习	时间观念	实施方法	知识技能	成果质量	分值
	小组评价 （5分）	任务承担	时间观念	团队合作	知识技能	成果质量	分值

2.8.3 知识与技能

对某些重载下启动的生产机械，如起重机、皮带运输机等，不仅要限制启动电流，而且还要求有足够大的启动转矩，在这种情况下可以采用启动性能较好的绕线式异步电动机。三相交流绕线式异步电动机的转子中绕有三相绕组，且通过滑环在转子绕组中串接外加电阻或频敏变阻器，以达到减小启动电流，提高转子电路的功率因数和增加启动转矩的目的。

三相交流绕线式异步电动机常用的启动方法有转子回路串接电阻启动和转子回路串频敏变阻器启动。

1. 转子回路串接电阻启动概述

（1）知识点——转子回路串接电阻启动控制要求

2.8-1
转子回路串电路
启动概述课件

串接在三相转子回路中的启动电阻，一般接成星形。在启动前，启动电阻全部接入电路，随着启动的进行，启动电阻被逐段地短接。其短接的方法有三相不对称短接法和三相电阻对称短接法两种。所谓不对称短接是每相的启动电阻是轮流被短接的，而对称短接是三相中的启动电阻同时被短接。这里仅介绍不对称接法。转子串不对称电阻的人为特性如图2.20所示。

从图2.20中曲线可知：串接电阻R_f值愈大，启动转矩也愈大，而R_f愈大临界转差率S_{Lj}也愈大，特性曲线的斜度也愈大。因此改变串接电阻R_f可以作为改变转差率调速的一种方法。

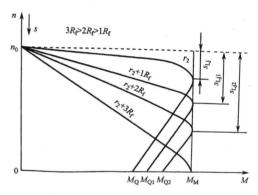

图2.20　转子串不对称电阻的人为特性

用此法启动时，可在转子电路中串接几级启动电阻，根据实际情况确定。启动时串接全部电阻，随启动过程可将电阻逐段切除。

（2）知识点——转子回路串接电阻启动控制方法

实现这一控制有两种方法，一是按时间原则控制，即用时间继电器控制电阻自动切除；二是按电流原则控制，即用电流继电器来检测转子电流大小的变化来控制电阻的切除，当电流大时，电阻不切除，当电流小到某一定值时，切除一段电阻，使电流重新增大，这样便可控制电流在一定范围内。

2.8-2
转子回路串接电阻
启动控制课件

2.8-3
转子回路串接电阻
启动控制视频1

2. 转子回路串接电阻启动控制

（1）知识点——按时间原则控制的转子回路串接电阻启动电路结构

2.8-4
转子回路串接电阻
启动控制视频2

如图2.21所示为按时间原则控制的电路原理图，主要由三段电阻R_1、R_2、R_3、三只接触器KM1、KM2、KM3、三只时间继电器KT1、KT2、KT3等组成。

（2）知识点——按时间原则控制的转子回路串接电阻启动工作原理

用三段电阻R_1、R_2、R_3串接转子回路，用三只接触器KM1、KM2、KM3将三段电阻逐一短接；用三只时间继电器KT1、KT2、KT3控制短接时间。

启动时，合上刀开关QS，按下启动按钮SB1，接触器KM线圈通电，电动机串接全部电阻启动，同时时间继电器KT1线圈通电，经

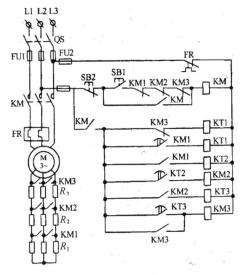

图2.21 按时间原则控制的电路原理图

一定延时后KT1常开触点闭合，使KM1线圈通电，KM1主触点闭合，将R_1短接，电动机加速运行，同时KM1的辅助常开触点闭合，使KT2线圈通电。经延时后，KT2常开触点闭合，使KM2线圈通电，KM2的主触点闭合，将R_2短接，电动机继续加速同时KM2的辅助常开触点闭合，使KT3线圈通电，经延时后，其常开触点闭合，使KM3线圈通电，R_3被短接。至此，全部启动电阻被短接，于是电动机进入稳定运行状态。

注意：电路中KM1、KM2、KM3三个接触器常闭接点的串联的作用是：只有全部电阻接入时才能启动，任何一个接触器因机械故障等没有释放时，电动机均不能启动，以确保电动机的可靠启动。一旦时间继电器损坏时，线路将无法实现电动机的正常启动和

运行，如维修不及时，电动机就有被迫停止运行的可能。另一方面，在电动机启动过程中，逐段减小电阻时，电流及转矩突然增大，产生不必要的机械冲击。

（3）知识点——按电流原则控制的转子回路串接电阻启动电路结构

如图2.22所示为按电流原则控制的电路原理图，主要由三段电阻R_1、R_2、R_3、三只欠电流继电器KI1、KI2、KI3、三只接触器KM1、KM2、KM3和中间继电器KA等组成。

（4）知识点——按电流原则控制的转子回路串接电阻启动工作原理

用三只欠电流继电器KI1（KA1）、KI2（KA2）、KI3（KA3）的线圈均串接在电动机转子电路中，

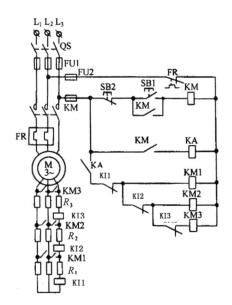

图2.22 按电流原则控制的电路原理图

它们的吸合电流相同，而释放电流不同，KI1的释放电流最大，KI2次之，KI3最小。

启动时，合上刀开关QS，按下启动按钮SB1，KM通电，使中间继电器KA线圈通电，因此时电流最大，故KI1、KI2、KI3均吸合，其触点都动作，于是电动机串接全部电阻启动，待电动机转速升高后，电流降下来KI1先释放，其常闭触点复位，使KM1线圈通电，将R_1短接，电流又增大，随着转速上升，过一会儿电流又小下来，使KI2释放，其常闭触点使KM2线圈通电，将R_2短接，电流又增大，转速又上升，一会儿电流又下降，KI3释放，其常闭触点使KM3线圈通电，将R_3短接，电动机切除全部电阻进入稳定运行状态。

2.8.4 问题思考

1. 三相交流绕线式异步电动机常用的启动方法有哪些？

2.8-5
扫码看答案

2. 转子回路串接电阻启动控制要求是什么？
3. 转子回路串接电阻启动控制方法是什么？

2.8.5 知识拓展

三相绕线型异步电动机转子回路串频敏变阻器启动控制电路中，频敏变阻器是一种电抗值随频率变化而变化的电器，它串接于转子电路中，可使电动机有接近恒转矩的平滑无级启动性能，是一种理想的启动设备。

 2.8-6 三相绕线式异步电动机转子回路串频敏变阻器启动控制课件	 2.8-7 三相绕线式异步电动机转子回路串频敏变阻器启动控制视频1	 2.8-8 三相绕线式异步电动机转子回路串频敏变阻器启动控制视频2

CHAPTER 3

项目 3

常用建筑电气设备控制电路分析

任务3.1 水泵的电气控制电路分析

任务3.2 排烟风机的电气控制电路分析

任务 3.1
水泵的电气控制电路分析

3.1.1 教学目标与思路

【教学目标】

知识目标	能力目标	素养目标	思政要素
1. 能描述建筑给水排水系统的任务与组成。 2. 能阐明浮子式磁性开关、浮球磁性液位开关的工作原理。	在教师指导下，利用参考工具书，具备分析给水泵、排水泵、消防泵电气控制电路的能力。	1. 培养学生善于观察、自主思考、独立分析问题的能力； 2. 培养良好的工程规范能力； 3. 培养学生劳动习惯，提高自理能力； 4. 培养学生团队合作意识。	1. 正确认知中国改革发展史； 2. 具有节能减排意识； 3. 具有良好的职业道德及一丝不苟的工匠精神； 4. 正确地对事物进行认知与判断。

【学习任务】建筑给水系统和排水系统是任何建筑物必不可少的重要组成部分，为实现给水排水系统高效、低耗的最优化运行，可以通过自动化技术对系统中的各种水位、水泵工作状态和管网压力等进行实时监测，按照一定要求确定水泵的运行方式和台数，并控制水泵和相应阀门的动作，以达到需水量和供水量之间的平衡，以及污水的及时排放等，实现给水排水系统的经济运行。

【建议学时】3学时

【思维导图】

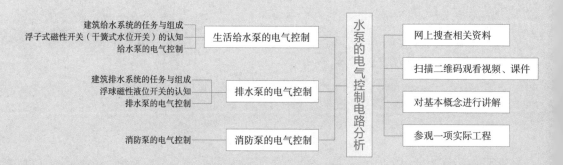

3.1.2 学生任务单

任务名称	水泵的电气控制电路分析	
学生姓名	班级学号	
同组成员		
负责任务		
完成日期	完成效果	
	教师评价	

学习任务	1. 阅读学习微知库资源、教材，能描述建筑给水排水系统的任务与组成。 2. 阅读学习微知库资源、教材，能阐明浮子式磁性开关、浮球磁性液位开关的工作原理。 3. 阅读学习微知库资源、教材，观看相关视频，能分析水泵电气控制电路。		

自学简述	课前预习	学习内容、浏览资源、查阅资料		
	拓展学习	任务以外的学习内容		

任务研究	完成步骤	用流程图表达		
	任务分工	任务分工	完成人	完成时间

		本人任务		
		角色扮演		
		岗位职责		
		提交成果		

任务实施	完成步骤	第1步	
		第2步	
		第3步	
		第4步	
		第5步	
	问题求助		
	难点解决		
	重点记录		
学习反思	不足之处		
	待解问题		
	课后学习		

过程评价	自我评价 （5分）	课前学习	时间观念	实施方法	知识技能	成果质量	分值
	小组评价 （5分）	任务承担	时间观念	团队合作	知识技能	成果质量	分值

3.1.3　知识与技能

一、生活给水泵的电气控制

1．知识点——建筑给水系统的任务与组成

（1）给水系统的任务

给水系统的任务主要是不间断供水，保证水质、水量、水压。

3.1-1
建筑给水系统的
任务与组成课件

3.1-2
给水系统的
任务与组成视频

（2）建筑给水系统的分类、组成及给水方式

建筑给水系统按用途可分为生活给水系统、生产给水系统和消防给水系统三类。

1）生活给水系统。主要供给人们饮用、洗涤、烹饪等生活用水，其水质必须符合国家规定的饮用水质标准和卫生标准。

2）生产给水系统。主要供给生产设备冷却、原料和产品的洗涤，以及各类产品制造过程中所需的生产用水。生产用水应根据工艺要求提供所需的水质、水量和水压。

3）消防给水系统。主要供给各类消防设备灭火用水，对水质要求不高，但必须按照建筑防火规范保证供给足够的水量和水压。

（3）建筑给水系统的组成及给水方式

建筑给水系统主要由引入管、水表接点、管网系统、给水附件、升压和储水设备、消防给水设备等部分组成。

（4）建筑给水系统的给水方式

建筑给水方式即建筑物内部的供水方案，通常可分为直接给水方式、设水箱给水方式、设水泵给水方式、设水箱和水泵供水方式、气压式给水方式（变压式、定压式）等。

2．知识点——浮子式磁性开关（干簧式水位开关）

浮子式磁性开关，即干簧式水位开关适用于工业与民用建筑中的水箱、水塔及水池等开口容器的水位自动控制或水位报警。外形如图3.1所示。

它的工作原理是：磁性浮标随液位升与降，使传感器检测管内设定位置的干簧管芯片动作，发出接点开（关）转换信号。调整限位环的位置可实现对不同水位的自动控制。如图3.2所示。

图3.1　浮子式磁性开关外形图

3.1-3
浮子式磁性开关（干簧式水位开关）认知课件

3.1-4
浮子式磁性开关（干簧式水位开关）认知视频

3.1-5
浮子式磁性开关（干簧式水位开关）认知动画

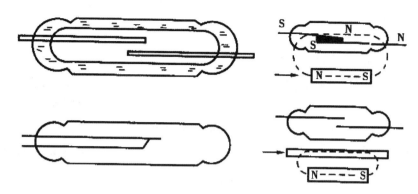

图3.2　浮子式磁性开关原理图

3．技能点——给水泵的电气控制

给水泵的电气控制方案分析：采用干簧水位开关对水泵电动机进行控制，以供生活给水排水之用。水泵机2台，1台工作，1台备用。其运行方式分：备用泵手动投入和备用泵自动投入2种。

（1）备用泵手动投入控制方案

1）主电路分析

主电路如图3.3所示，M1为1号给水泵（备用泵），M2为2号给水泵（工作泵）。接触器KM1控制M1的工作与停止，FR1实现对M1的过载保护；接触器KM2控制M2的工作与停止，FR2实现对M2的过载保护。

3.1-6
给水泵的电气控制课件

3.1-7
给水泵的电气控制视频1

3.1-8
给水泵的电气控制视频2

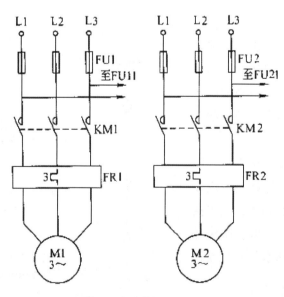

图3.3　备用给水泵主电路

2）水位信号分析

工作分析：水位低→SL1闭合→水位继电器KA得电→工作泵启动

水位高→SL2断开→水位继电器KA失电→工作泵停止

3）控制电路分析

工作分析：合上电源开关→绿灯亮→表示电源接通

水位低→KA得电→工作泵KA闭合→KM2得电→工作泵工作注水

水位上升→SL2断开→KA失电→工作泵KA断开→KM2失电→工作泵停止→停止注水

4）故障分析

故障分析：水位低→但工作泵没工作→KM2闭合→警铃HA报警

这时应该启动备用泵。

5）备用泵分析

备用泵分析：手动合上SB1→KM1得电→备用泵工作

同时备用泵线路绿灯灭、红灯亮。

（2）备用泵自动投入控制方案

1）需求分析：2台水泵机，1号备用，2号工作。正常时，由干簧水位开关控制，2号工作泵实现低水位启起泵，高水位停泵的自动控制；当需要起泵但是工作泵不工作的异常出现时，备用泵自动投入工作，并报警。

2）工作过程分析

①正常下工作状态：令1号工作，2号备用。合上开关后，绿色信号灯HLGN1、HLGN2亮，表示电源接通，将SA1至Z位，SA2至S位，SA1的1-2、3-4号触头闭合，SA2的5-6、7-8号触头闭合。

当水箱水位降到低水位时，SL1闭合，KA↑并自锁→KM1↑触头动作，使1号泵电动机M1启动运转，水泵开始工作往水箱注水，水箱水位开始上升，同时HLGN1灭，开泵红色信号灯HLRO1亮，表示1号泵电机M1启动运转。

随着水箱水位的上升，浮标和磁钢也随之上升，不再作用于下限接点，SL1复位，但KA已自锁，水泵电机继续运转，直到水位上升到高水位时，SL2断开→KA↓触头复位→KM1↓，M1因脱离电源停止工作，同时HLRD2灭，HLGN1亮，发出停泵信号。

如此在干簧水位信号器的控制下，水泵电动机随水位的变化自动间歇地启动或停止。

②故障状态

当1号泵故障时，警铃HA发出事故音响开始报警，工作人员得知后按下启动按钮SB2→KM2↑并自锁，2号泵M2启动投入工作，同时HLGN2灭，红色HLRD2亮，发出启泵信号。

当水箱注满后按SB4→KM2↓→2号泵M2停止运转，水泵停止工作，HLRD2灭，HLGN2亮，发出停泵信号。

二、排水泵的电气控制

1. 知识点——建筑排水系统的任务与组成

（1）建筑排水系统的任务

建筑排水系统的任务主要有保护环境免遭污染、促进工农业生产的发展、保证人体健康、维持人类生活和生活活动的正常秩序等。

3.1-9
建筑排水系统的任务与组成课件

（2）建筑排水系统的组成

建筑排水系统主要由生活排水系统、生产污（废）水系统、屋面雨水系统等组成。

3.1-10
建筑排水系统的任务与组成视频

2. 知识点——浮球磁性液位开关

浮球磁性液位开关是利用浮球内藏开关动作发出触点信号的液位控制器，能适用于多种液体的液位控制。外形如图3.4所示。

3.1-11
浮球磁性液位开关认知课件

工作原理：正置时，重锤在下，磁环厚度不够，不能产生吸力让簧片吸合，液位开关处于断开状态；倒置时，重锤下滑，与磁环一起产生的作用使触点闭合。如图3.5所示。

图3.4　浮球磁性液位开关外形

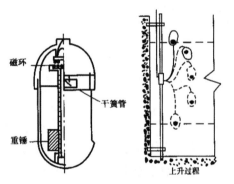

图3.5　浮球磁性液位开关结构及原理图

3. 技能点——排水泵的电气控制

建筑排水系统与建筑给水系统一样重要，主要是排除生活污水、溢水、漏水与消防废水等。排水方案有很多种，一般视情况来确定排水方案。可根据排水量的大小设置排水泵的台数。排水量较小时可设置一台排水泵，排水量较大时可设置多台排水泵。

3.1-12
排水泵的电气控制视频

4. 技能点——消防泵的电气控制

建筑消防系统对人类的居住安全具有重要作用。消防给水电气控制系统是建筑设备控制系统中不可缺

3.1-13
消防泵的电气控制课件

3.1-14
消防泵的电气控制视频

少的重要组成部分，它主要有以水作灭火介质的室内消火栓灭火系统、自动喷水灭火系统等。

3.1.4　问题思考

3.1-15
扫码看答案

1．填空题

（1）浮子式磁性开关又称为_____。

（2）民用建筑的排水，包括_____、溢水、漏水和_____、屋顶雨（雪）水等。

2．判断题

（1）给水系统的任务主要是不间断供水，保证水质、水量、水压。　　（　　）

（2）浮球磁性开关正置时，重锤在下，磁杯厚度不够，不能产生吸力让簧片吸合，液位开关处于接通状态。　　（　　）

（3）无论是泵机正常工作还是故障状态，均可实现自动投入和控制。　　（　　）

3．单选题

（1）（　　）是利用浮球内藏开关动作发出触点信号的液位控制器，能适用于多种液体的液位控制。

A．浮子式磁性开关　　　　　　B．干簧式水位开关

C．浮球磁性开关　　　　　　　D．浮球液位接近开关

（2）给水泵的电气控制采用（　　）对水泵电动机进行控制，以供生活给水排水之用。

A．浮球磁性开关　　　　　　　B．干簧式水位开关

C．液位开关　　　　　　　　　D．接近开关

4．多选题

（1）建筑给水系统按用途可分为（　　）几类。

A．生活给水系统　　　　　　　B．生产给水系统

C．消防给水系统　　　　　　　D．工业给水系统

（2）建筑排水系统主要由（　　）等组成。

A．生活排水系统　　　　　　　B．生产污（废）水系统

C．消防排水系统　　　　　　　D．屋面雨水系统

3.1.5　知识拓展

建筑排水方案有很多种，采用两台排水泵排水时，工作可靠性高，当排水量不算大时，可以设置为一用一备，即工作泵出现故障时备用泵自动投入工作，也可以是两台

工作泵互为备用、自动轮流工作，当排水量比较大时，也可以是两台泵同时工作来加快排水。

    本拓展采用液位开关浮球式安装在污水池中，实现高水位启泵、低水位停泵的控制方案，对两台排水泵进行控制。具有两台排水泵机，一用一备，或为备用；手动或自动控制功能；采用浮球式液位传感器，高水位启泵，低水位停泵；溢流水位报警；双泵故障声光报警等功能。

3.1-16 两台排水泵的
电气控制（课件）

3.1-17 两台排水泵的
电气控制（视频）

3.1-18 排水泵的控制
过程（动画）

3.1-19 排水泵系统电气
控制（动画）

任务 3.2
排烟风机的电气控制电路分析

3.2.1 教学目标与思路

【教学目标】

知识目标	能力目标	素养目标	思政要素
1. 能描述排烟系统、防烟系统的组成。 2. 能描述通风排烟系统配套设备的组成。 3. 能描述排烟防火阀的基本概念及作用。	1. 具备分析普通风机的电气控制电路的能力。 2. 具备分析排烟风机的电气控制电路的能力。	1. 培养学生善于观察、自主思考、独立分析问题的能力； 2. 培养良好的工程规范能力； 3. 培养学生劳动习惯，提高自理能力； 4. 培养学生团队合作意识。	1. 具有预防为主，安全第一的意识； 2. 具备建筑设备节能的设计理念； 3. 具有实事求是的科学态度。

【学习任务】当建筑物发生火灾时，火灾中对人体伤害最严重的是高温烟雾，火灾死伤者中大多数是因为烟雾中毒或者窒息死亡的，因为烟雾是由固体和气体所形成的混合物，含有有毒、刺激性气味，所以火灾发生时防火防烟及排烟就特别重要。本任务讲述排烟（正压送风）风机的电气控制。

【建议学时】3学时

【思维导图】

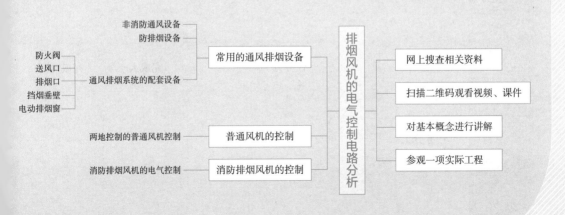

3.2.2 学生任务单

任务名称	排烟风机的电气控制电路分析	
学生姓名	班级学号	
同组成员		
负责任务		
完成日期	完成效果	
	教师评价	

学习任务	1. 阅读学习微知库资源、教材，能描述通风排烟系统配套设备的组成。 2. 阅读学习微知库资源、教材，能描述排烟防火阀的基本概念和作用。 3. 阅读学习微知库资源、教材，观看相关视频，能分析排烟风机的电气控制电路。

自学简述	课前预习	学习内容、浏览资源、查阅资料
	拓展学习	任务以外的学习内容

任务研究	完成步骤	用流程图表达		
	任务分工	任务分工	完成人	完成时间

	本人任务	
	角色扮演	
	岗位职责	
	提交成果	

		第1步	
任务实施	完成步骤	第2步	
		第3步	
		第4步	
		第5步	
	问题求助		
	难点解决		
	重点记录		
学习反思	不足之处		
	待解问题		
	课后学习		

	自我评价 （5分）	课前学习	时间观念	实施方法	知识技能	成果质量	分值
过程评价							
	小组评价 （5分）	任务承担	时间观念	团队合作	知识技能	成果质量	分值

3.2.3 知识与技能

一、常用的通风排烟设备

通风排烟设备的种类由暖通专业确定并设置，按作用分，可分为非消防通风设备和专用于消防的防排烟设备。通风与防排烟系统的形式有自然通风与自然排烟、机械通风与机械排烟、机械加压送风等。

1．知识点——非消防通风设备

建筑物内，无自然通风条件而有散热、换气等需要的设备机房、地下室等场所，均需安装机械通风系统；在人防掩蔽所工程内，也需要设置专用的通风系

3.2-1
非消防通风设备课件

统，根据外部环境情况采取相应的通风方式，以保证掩体内人员的安全；在设有中央空调系统的建筑物内，常设置新风系统以向室内补入新鲜空气；另外，有些车间因工艺需要，也需设置通风换气设备。上述这些通风系统均是平时使用的，其中的风机称为普通风机。

2．知识点——防排烟设备

火灾时产生的有毒烟气是火场致人死亡的首要因素，据统计死于火灾的人中有20%～70%的人是由于吸入烟气而死的。烟气也遮挡视线，使人员疏散变得困

3.2-2
防排烟设备课件

难。因此，当自然排烟不能满足要求时，建筑物内应按国家规范要求设置防排烟系统，以尽可能减少人员伤亡。图3.6为防排烟系统的电气控制连接示意图，图中JY为加压风机，PY为排烟风机。

排烟系统由排烟口（阀）、风管、防火阀、排烟井道、排烟风机及其控制箱等组成，将火灾产生的烟或流入的烟排出。在某些区域，由于无通向室外的开口或虽有开口但开口面积不够大，当排烟风机运行向外排烟时，将在该区域形成负压，产生"憋气"现象而使排烟风量急剧下降，在这些区域则需设置补风机从室外补入足量空气。

防烟系统主要是对非火灾区域，特别是楼梯间、前室等疏散通道和封闭避难场所等，采用机械加压送风，使该区域的空气压力高于火灾区域的空气压力，阻止烟气的侵入以确保建筑物内人员的顺利疏散、安全避难和为消防人员创造有利的扑救条件。防烟系统主要由送风井道、防火阀、送风口、加压风机及其控制箱等组成。

3．知识点——通风排烟系统的配套设备

（1）防火阀

防火阀，安装在通风、空气调节系统的送、回风管道上，平时呈开启状态，火灾时当管道内烟气温度

3.2-3
通风排烟系统的配套
设备课件

达到70℃时关闭，并在一定时间内能满足漏烟量和耐火完整性要求，起隔烟阻火作用的阀门（防火阀的名称符号：FHF）。

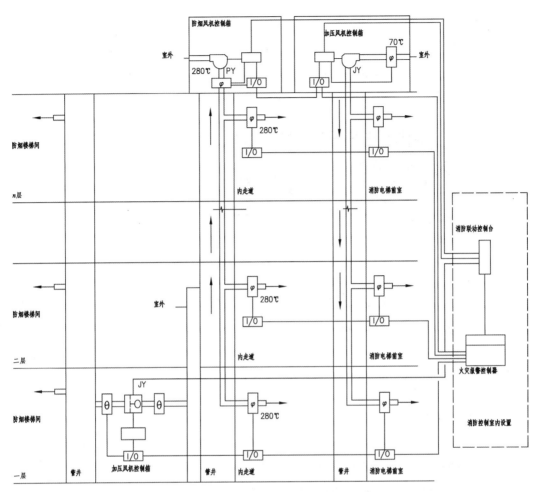

图3.6　防排烟系统的电气控制连接示意图

　　排烟防火阀（YF）是一种消防部件，一般设置在排烟风机和排烟管道连接处，具有排烟阀和防火阀双重功能，它共有四种类型，分别是：常开型、常闭型、远程控制型和自动复位型。对于常闭型排烟防火阀，平时阀门处于闭合状态，可手动开启和手动复位关闭，当火灾发生时，可通过消防控制中心控制的DC24V供电的电动执行机构使阀门开启，阀门开启的同时有无源触点的动作，可用来同时启动排烟风机正压送风排烟，当排烟管道内烟气温度达到280℃时，阀门靠装有易熔金属的温度熔断器而自动关闭，切断烟雾气流，防止火灾蔓延（排烟防火阀的名称符号PFHF）。

　　防火阀实物图如图3.7所示。

　　（2）送风口

　　送风口是防烟加压系统的出风口。有两种形式，一种是安装于防烟楼梯间内的

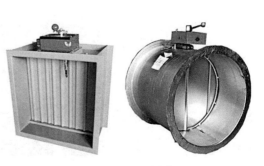

图3.7　防火阀实物图

自垂百叶风口，当风道送风时依靠气流压力百叶自动飘起出风，这类风口与风机的控制无关。另一种是安装于各类防烟前室的电动多叶送风口，也称送风阀，它内部安装有DC24V电磁阀，可由消防控制系统联动打开，或由操作手柄手动打开，送风口、排风口外形图及电路图如图3.8所示。

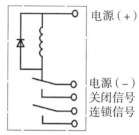

电源（+）

电源（－）
关闭信号
连锁信号

图3.8　送风口、排风口外形图及电路图

当送风口打开时，其上安装的微动开关动作，发出信号，经火灾自动报警系统模块将其动作信号返回至消防控制室。

（3）排烟口

排烟口是排烟系统高温烟气的吸入口，也称排烟阀。其外形、电路及工作原理与送风口相同。

（4）挡烟垂壁

挡烟垂壁是具有挡烟功能的构配件，如顶板下具有足够高度的梁，利用其蓄烟的能力以形成防烟分区，提高排烟口的吸烟效果。在有些场所，当无符合要求的梁等自然构件可利用时，则需设置活动挡烟垂壁。活动挡烟垂壁平时由DC24V电磁锁锁定，消防时由消防控制系统联动控制开锁降落，同时应能就地手动控制。当活动挡烟垂壁动作垂下时，其上安装的微动开关动作，发出信号，经火灾自动报警系统模块将其动作信号返回至消防控制室。

挡烟垂壁实物图如图3.9所示。

图3.9　挡烟垂壁实物图

（5）电动排烟窗

电动排烟窗主要由窗体、开窗机构和控制箱组成，开启后可达到通风排烟的目的。电动排烟窗实物图如图3.10所示。当发生火灾时，控制箱接收消防控制系统的联动信号，启动开窗机构上的电动机，驱动开窗连杆等执行机构，从而打开窗户。电动排烟窗控制箱上常设有手动紧急开窗按钮，作为消防控制的后备控制手段。电动排烟窗控制箱需由可靠的220V消防电源供电。当电动排烟窗的电动机启动后，控制箱将发出电动排烟窗开启信号，通过火灾自动报警系统模块将信号返回至消防控制室。

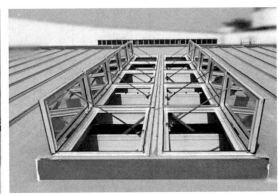

图3.10　电动排烟窗实物图

二、技能点——普通风机的控制

图3.11为两地控制的普通风机控制原理及主回路图。SF和SS分别为控制箱上现地控制启、停按钮。SF′和SS′分别为远方控制启、停按钮，通常设在值班室。

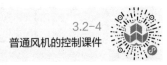
3.2-4
普通风机的控制课件

值班室内设置钥匙式开关S，用于禁止启动风机，防止在现场的地点随意启动风机，便于值班人员的管理。PGG′为与SF′和SS′安装在一起的远方指示灯，当风机运行时点亮。在设有BAS的建筑物内，普通风机宜纳入BAS的监控范围。将选择开关SAC置于"自动"位置，BAS即可通过DDC对风机进行控制，并接收风机状态和过负荷返回信号。KH为防火阀信号触点，当防火阀熔断时，KH常闭触点打开，连锁停风机。当没有防火阀时，可将电路图中KH两侧端子短接。

三、消防排烟风机的控制

技能点——排烟风机的电气控制

1．排烟风机的电气控制原理图，如图3.12所示。

2．主电路分析

主电路电源采用三相五线制，M为单台排烟风机，QF为该电气控制系统电源总开关，接触器KM控制M的工作和停止，FR实现对M的过载保护，为了安全，排烟

3.2-5
排烟风机的电气控制课件

3.2-6
排烟风机的电气控制视频

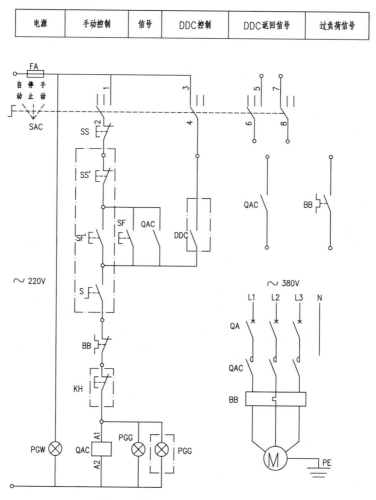

电源	手动控制	信号	DDC控制	DDC返回信号	过负荷信号

图3.11 普通风机控制原理及主回路图

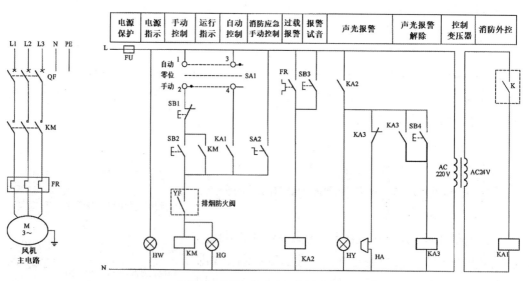

电源保护	电源指示	手动控制	运行指示	自动控制	消防应急手动控制	过载报警	报警试音	声光报警	声光报警解除	控制变压器	消防外控

图3.12 排烟风机的电气控制原理图

风机的外壳接地线。

3．控制电路分析

控制电路如图所示，电源为AC220V，HW（白色）为控制电路电源状态指示，HG（绿色）为排烟风机运行状态指示，HY（黄色）为过负荷报警信号指示。K为楼宇消防控制中心继电器的常开触点。该控制电路具有手动控制和自动控制功能，通过万能转换开关SA1来实现切换。

3.2.4　问题思考

3.2-7
扫码看答案

1．填空题

（1）排烟防火阀（YF）是一种消防部件，一般设置在排烟风机和排烟管道连接处，具有＿＿＿＿＿＿和＿＿＿＿＿＿双重功能。

（2）正压送风排烟是利用＿＿＿＿＿＿把一定量的室外空气送入房间或者通道内，使室内保持一定的空气压力或者门洞处有一定的空气流速，来避免烟气侵入。

2．判断题

（1）对于常闭型排烟防火阀，平时阀门处于断开状态。　　　　　（　　　）

（2）排烟风机主电路电源采用三相五线制，排烟风机的外壳接地线。　（　　　）

3．单选题

（1）当排烟管道内烟气温度达到（　　　）时，排烟防火阀阀门靠装有易熔金属的温度熔断器而自动关闭，切断烟雾气流，防止火灾蔓延。

A．170℃　　　　　B．200℃　　　　　C．280℃　　　　　D．320℃

（2）当火灾发生时，可通过消防控制中心控制的（　　　）供电的电动执行机构使排烟防火阀阀门开启。

A．DC24V　　　　B．DC36V　　　　C．AC24V　　　　D．AC220V

4．多选题

（1）排烟防火阀共有（　　　）几种类型。

A．常开型　　　　B．常闭型　　　　C．远程控制型　　　D．自动复位型

（2）排烟就是利用机械力的作用，把烟气排至室外，排烟的部位一般是（　　　）。

A．室内　　　　B．室外　　　　　C．着火区　　　　D．疏散通道

3.2.5　知识拓展

分析电气控制原理图，就得熟练掌握识图方法和识图步骤。

识图方法：必须了解设备的主要结构、运动形式、电力拖动形式、电动机和电器元件的分布状况及控制要求等内容。采用"化整为零"看电路、"集零为整"看整体的

方式进行。

　　识图步骤：环节分析（识读主电路–控制电路–辅助电路）→系统的综合（化整为零、集零为整）。分析控制电路的基本执行方法是查线读图法。

3.2-8 识图方法（课件）	3.2-9 识图步骤（课件）	3.2-10 识图步骤（视频）

CHAPTER 4

项目 4

建筑施工常用设备电气控制

任务 4.1
散装水泥装置与混凝土搅拌机的电气控制

4.1.1 教学目标与思路

【教学目标】

知识目标	能力目标	素养目标	思政要素
1. 了解控制器、制动器等原件在电路中的应用； 2. 掌握散装水泥出料、称量及计数的电气控制过程； 3. 掌握混凝土搅拌机的电气控制过程。	1. 能独立识读、分析散装水泥装置与混凝土搅拌机的控制电路原理图； 2. 能说明元件的主要功能和作用。	1. 具有良好倾听的能力，能有效地获得各种资讯； 2. 能正确表达自己思想，学会理解和分析问题。	1. 培养民族自豪感； 2. 培养学生大国工匠的精神。

【学习任务】能够了解控制器、制动器等原件在电路中的应用，自主对散装水泥装置与混凝土搅拌机的控制电路进行分析，进一步加深对电气控制电路的认识与学习，为后续的课程学习打下基础。

【建议学时】2学时

【思维导图】

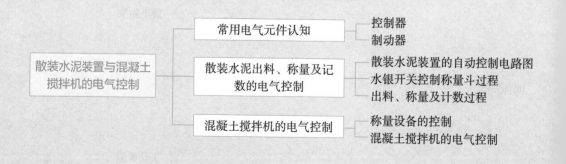

4.1.2 学生任务单

任务名称	散装水泥装置与混凝土搅拌机的电气控制	
学生姓名	班级学号	
同组成员		
负责任务		
完成日期	完成效果	
	教师评价	

学习任务	1. 了解控制器、制动器等原件在电路中的应用； 2. 掌握散装水泥出料、称量及计数的电气控制过程； 3. 掌握混凝土搅拌机的电气控制过程。			
自学简述	课前预习	学习内容、浏览资源、查阅资料		
	拓展学习	任务以外的学习内容		
任务研究	完成步骤	用流程图表达		
	任务分工	任务分工	完成人	完成时间

	本人任务	
	角色扮演	
	岗位职责	
	提交成果	

任务实施	完成步骤	第1步	
		第2步	
		第3步	
		第4步	
		第5步	
	问题求助		
	难点解决		
	重点记录		
学习反思	不足之处		
	待解问题		
	课后学习		

过程评价	自我评价 （5分）	课前学习	时间观念	实施方法	知识技能	成果质量	分值
	小组评价 （5分）	任务承担	时间观念	团队合作	知识技能	成果质量	分值

4.1.3 知识与技能

1．知识点——散装水泥出料、称量及记数的电气控制

混凝土搅拌机及塔式起重机等设备是建筑施工现场常用到的建筑机械，所以对于常用建筑机械的了解及掌握就显得尤为重要。我们从常用的控制器及电磁抱闸的分类及工作原理入手，识读、分析散装水泥和混凝土搅拌机的控制电路原理图和塔式起重机的电气控制电路原理图。

控制器及制动器是两种在建筑机械中常用的元件，对于这两种元件的学习，需要我们从两者的作用入手，并且在了解其构造的基础上掌握其工作原理。

（1）控制器

1）主令控制器

凸轮式主令控制器主要用来控制功率在45kW以上的大容量电动机，其结构原理与万能转换开关基本相同。凸轮式主令控制器能够按照一定的顺序分合触头，是一种用来频繁地换接多回路的控制电器，能够发送指令或与其他控制电路连锁、转换，从而实现远距离控制。

4.1-1
控制器的认知（PPT）

4.1-2
控制器的认知（图片）

4.1-3
控制器的认知（视频）

①结构：主令控制器按照手柄的操作方式不同可分为单动式和联动式两种形式；按照凸轮能否调整又可分为凸轮可调式和凸轮非可调式两种。图4.1为LK1系列主令控制器外形图，其构造主要由手柄（手轮）、与手柄相连的转轴、弹簧凸轮、辊轮、杠杆及动、静触头等部分组成。

②工作原理：当转动控制器的手柄时，与手柄相连的转轴随之转动，凸轮的凸角将挤开装在杠杆上的辊轮，使杠杆克服弹簧的作用沿转轴转动，导致装在杠杆末端的动触头与静触头分离使电路断开；反之，

图4.1　LK1系列主令控制器外形图

转到凹入部分时，在复位弹簧的作用下使触头闭合。在对起重机的控制中，手柄放在不同的位置可以使不同的触头断开或闭合，从而控制了起重机的起重、行走、变幅、回转四种动作形式。

主令控制器具有结构紧凑、操作灵活方便的特点，表4.1是LK1-6/01型主令控制器闭合表，在表中用"×"表示触头闭合，用"–"表示触头断开，向前和向后表示被控制机构的运动方向，它是由操作手柄转到相应的位置上实现的，例如，当手柄转动到向后"2"位时，S_2、S_4、S_5触头接通，其他触头断开，手柄位于向前"1"位时则S_2和S_3触头接通，其他位置依次类推。

LK1-6/01型主令控制器闭合表　　　　　　　　　表4.1

触头型号	向前			0	向后		
	1	2	3		1	2	3
S_1	–	–	–		–	–	–
S_2	×	×	×	–	×	×	×
S_3	×	×	×		–	–	–
S_4	–	–	–		×	×	×
S_5	–	×	×	–	×	×	–
S_6			×	–	×	–	

③主令控制器型号含义如下。

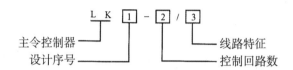

④起重机上常用的主令控制器有LK1系列，主要技术数据列于表4.2中。

LK1系列主令控制器技术数据　　　　　　　　　表4.2

型号	所控制的电路数	质量（kg）	型号	所控制的电路数	质量（kg）
LK1-6/01 LK1-6/03 LK1-6/07	6	8	LK1-12/51 LK1-12/57 LK1-12/59 LK1-12/61 LK1-12/70 LK1-12/76 LK1-12/77 LK1-12/90 LK1-12/96 LK1-12/97	12	18
LK1-8/01 LK1-8/02 LK1-8/04 LK1-8/05 LK1-8/08	8	16			
LK1-10/06 LK1-10/58 LK1-10/68	10	18			

2）凸轮控制器

凸轮控制器主要用于起重设备中控制中小型交流异步电动机的启动、停止、调速、换向、制动，以及具有相同要求的其他电力驱动装置中，如卷扬机、绞车、挖掘机等。

①结构与工作过程：凸轮控制器主要是用一种被称作"凸轮"的片作为转换装置，每个触头的通断均由对应的凸轮进行控制，触头的通断状态用"·"或"×"表示，有

"×"表示对应触头在其位置上是闭合的，没有则表示断开。凸轮工作简图与KT10系列凸轮控制器如图4.2所示。

②工作原理

当凸轮沿着轴心旋转时，凸轮的凸出部分压动滚子，通过杠杆带动触头，使触头打开；当滚子落入凸轮的凹面里时，触头变为闭合。凸轮片的形状不同，触头的分合规律也不同。在轴上都套有许多不同形状的凸轮，图4.2中每个凸轮控制着一对触头，当转动手轮时，每个触头都会按预定的规律分合，因而得到多种规律的触头分合顺序，可控制多个电路。

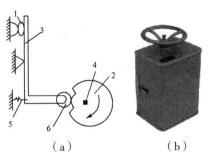

（a）　　　　　　（b）

图4.2　凸轮工作简图与KT10系列凸轮控制器
（a）凸轮工作简图；（b）KT10系列凸轮
控制器外形图
1—触头；2—凸轮；3—触头杠杆；
4—轴；5—弹簧；6—滚子

凸轮控制器的性能由转换能力（接通分断能力）、操作频率、机械寿命和额定功率决定。其额定功率就是指被控制电动机在额定条件下的容量。在选用时，根据被控制电动机的额定功率（容量）及使用条件查阅表4.3。

凸轮控制器的技术数据　　　　　　　　表4.3

型号	位置数		额定电流（A）	控制器额定功率（kW）		操作力（N）	机械寿命（百万次）	每小时关合次数不高于（次）
	左	右		220V	380V			
KT10-25J/1	5	5	25	7.5	11	50	3	
KT10-25J/2	5	5	25	2×3.5	2×5	50	3	
KT10-25J/3	1	1	25	3.5	5	50	3	
KT10-25J/5	5	5	25	2×3.5	2×5	50	3	600（当超过此额定值时，必须将控制器的功率降低至60%）
KT10-25J/6	5	5	25	7.5	11	50	3	
KT10-25J/7	1	1	25	3.5	5	50	3	
KT10-60J/1	5	5	60	22	30	50	3	
KT10-60J/2	5	5	60	2×7.5	2×11	50	3	
KT10-60J/3	1	1	60	11	16	50	3	
KT10-60J/5	5	5	60	2×7.5	2×11	50	3	
KT10-60J/6	5	5	60	22	30	50	3	
KT10-60J/7	1	1	60	11	16	50	3	

凸轮控制器在使用时如何进行选择是一个关键的问题，在这里我们可以根据工作机械的用途及控制电路的特征进行选择。当电动机的功率在45kW以下时，适宜选用凸轮控制器。值得注意的是当工作环境温度较高或多在重载下运行时，选用控制器要降低容量使用。

（2）制动器

1）制动器的构造及原理

制动器主要由电磁铁、闸瓦、制动轮、弹簧、杠杆及线圈组成，其原理图如图4.3所示。

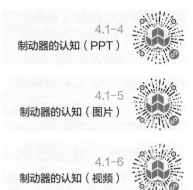

4.1-4
制动器的认知（PPT）

4.1-5
制动器的认知（图片）

4.1-6
制动器的认知（视频）

工作原理：当电动机通电时，线圈6通电，使电磁铁1产生电磁吸力，向上拉动杠杆5和闸瓦2，松开了电动机轴上的制动轮3，电动机就可以自由运转。当切断电动机电源时，电磁铁1的电磁力消失，在弹簧4的作用下，向下拉动杠杆5和闸瓦2，抱住制动轮3，使电动机迅速停止转动。在这里主要介绍三种常用的制动器。

①单相弹簧式电磁铁双闸瓦制动器

图4.4为单相弹簧式电磁铁双闸瓦制动器构造原理图。

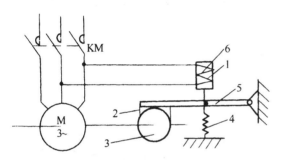

图4.3 制动器原理图
1—电磁铁；2—闸瓦；3—制动轮；4—弹簧；
5—杠杆；6—线圈

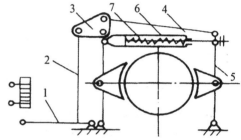

图4.4 单相弹簧式电磁铁双闸瓦制动器构造原理
1—水平杠杆；2—主杆；3—三角板；4—拉杆；5—制动臂；6—套板；7—主弹簧

构造：图4.4中包括水平杠杆1和主杆2，拉杆4两端分别连接于制动臂5和三角板3上，制动臂5和套板6连接，套板的外侧装有主弹簧7。工作原理：当电磁铁通电时，吸引水平杠杆1向上抬起，水平杠杆1推动主杆2向上运动，通过三角板使主弹簧7被压缩，闸瓦离开闸轮，电动机就可以自由旋转，而当需要制动时，电磁线圈断电，靠主弹簧的张力，使闸瓦抱住制动轮，使电动机制动。

单相电磁铁制动器的优点是能与电动机的操作电路连锁，工作时不会自振，制动力矩稳定，闭合动作较快，结构简单。它的制动力矩可以通过调整弹簧的张力进行较为精确的调整，安全可靠，在起升机构中用得比较广泛，常用的是JCZ型长行程电磁铁制动器，上面配用MZSI系列制动电磁铁作为驱动元件。

②三相弹簧式电磁铁双闸瓦制动器

三相弹簧式电磁铁双闸瓦制动器的工作原理与单相弹簧式电磁铁双闸瓦制动器的工作原理基本相同，区别在于三相制动电磁铁是由三个线圈和铁芯组成的，该制动电磁铁具有结构简单的优点，但其工作时噪声较大，因此其应用范围受到限制。

③液压推杆式双闸瓦制动器

液压推杆式双闸瓦制动器包括制动臂、拉杆、三角板等元件组成的杠杆系统与液压推动器等部分，图4.5为其结构原理与外形图。

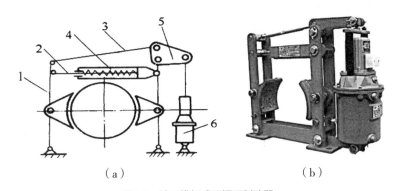

（a）　　　　　　　　　　（b）

图4.5　液压推杆式双闸瓦制动器

（a）结构原理；（b）外形图

1—制动臂；2—推杆；3—拉杆；4—主弹簧；5—三角板；6—液压推动器

工作原理：液压推杆式双闸瓦制动器包括驱动电动机和离心泵两部分。正常工作时，电动机带动叶轮旋转，在活塞内产生压力，迫使活塞迅速上升，固定在活塞上的推杆及横架同时上升，克服主弹簧作用力，并经拉杆作用将制动瓦松开。当断电时，叶轮减速直至停止，活塞在主弹簧及自重作用下迅速下降，使油重新流入活塞上部，通过拉杆将制动瓦抱紧在制动轮上，达到制动目的。

液压推杆式双闸瓦制动器的优点是启动与制动平稳，无噪声，寿命长，接电次数多，结构紧凑和调整维修方便，性能良好，应用广泛。常用液压推杆式制动器为YT1系列，配用制动器为YWZ系列，驱动电动机功率有60W、120W、250W、400W几种。液压推杆式制动器主要用于操动闸瓦式制动器作为起重机、卷扬机、碾压机，以及其他各种类似机械驱动装置的机械制动。

2）制动电磁铁

下面介绍一下制动器的执行元件——制动电磁铁，制动电磁铁包括单相制动电磁铁及三相制动电磁铁。在起重设备中，要求电动机在切断电源后能在最短的时间内将转速下降到零，采用电磁铁制动器能达到迅速停车的目的。下面对MZD1系列、MZS1系列制动电磁铁进行说明。

①MZD1系列制动电磁铁

图4.6为MZD1系列制动电磁铁外形。

MZD1系列制动电磁铁是交流单相转动式制动电磁铁，其额定电压有220V、380V、500V，接电持续率分别为JC%=100%、JC%=40%。其技术数据及电磁铁线圈规格见表4.4。

图4.6　MZD1系列制动电磁铁外形

MZD1系列制动电磁铁技术数据及电磁铁线圈规格   表4.4

型号	磁铁的力矩值（N·m）		衔铁的重力转矩值（N·m）	吸持时电流值（A）	回转角度（°）	额定回转角度下制动杆位置（mm）	备注
	JC%=40%	JC%=100%					
MZD1-100	5.5	3	0.5	0.8	7.5	3	1. 电磁铁力矩是在回转角度不超过所示数值，电压不低于额定电压85%时的力矩数值； 2. 磁铁力矩并不包括由衔铁质量所产生的力矩； 3. 磁铁是根据重复短时工作制而设计时，即JC%值不超过40%，根据发热程度，每小时关合不允许超过300次，持续工作制每小时关合次数不超过50次
MZD1-200	40	20	3.5	3	5.5	3.8	
MZD1-300	100	40	9.2	8	5.5	4.4	

②MZS1系列三相制动电磁铁

图4.7为MZS1系列制动电磁铁线圈。MZS1系列三相制动电磁铁为交流三相长行程制动电磁铁。其额定电压为308V/220V，接电持续率为JC%=40%。MZS1系列三相制动电磁铁的技术数据见表4.5。

图4.7 MZS1系列制动电磁铁线圈

MZS1系列三相制动电磁铁的技术数据   表4.5

型号	牵引力（N）	衔铁质量（kg）	最大行程（mm）	磁铁质量（kg）	视在功率（VA）		铁芯吸入时实际输入功率(W)	每小时接电次数为150次、300次、600次时允许行程（mm）					
					接电时	铁芯吸入时		JC%=25%			JC%=40%		
								150	300	600	150	300	600
MZS1-6	80	2	20	9	2700	330	70	20	–	–	20	–	–
MZS1-7	100	2.8	40	14	7700	500	90	40	30	20	40	25	20
MZS1-15	200	4.5	50	22	14000	600	125	50	35	25	50	35	25
MZS1-25	350	9.7	50	36	23000	750	200	50	35	25	50	35	25
MZS1-45	700	19.8	50	67	44000	2500	600	50	35	25	50	35	25
MZS1-80	1150	33	60	183	96000	3500	750	60	45	30	60	40	30
MZS1-100	1400	42	80	213	120000	5500	1000	80	55	40	80	50	35

（3）散装水泥出料、称量和计数的电气控制

散装水泥装置的自动控制电路如图4.8所示。图中螺旋运输机由电动机M1驱动，振动给料器由电动机M2驱动。SQ受控于M1，给料时SQ闭合，否则断开，YA为电磁铁，G为计数器。

4.1-7
散装水泥出料系统控制电路的读识（视频）

4.1-8
散装水泥称重系统控制电路的读识（视频）

4.1-9
散装水泥计数系统控制电路的读识（视频）

专用元件水银开关示意图如图4.9所示。水银开关是利用水银的流动性和导电性制成的开关，包括密封玻璃管、水银和两个电极等部分，玻璃管的形状是不固定的，主要应用在转动的机械上，将机械转动的角度转变成电信号，从而达到自动控制的目的。称量水泥用的称量斗是利用杠杆原理工作的。称量斗一端是平衡重，另一端是装水泥的容器，在两端装有水银开关，其电接点用YK1、YK2表示，称量水泥时，在水泥没有达到预定质量时，称量斗两端达不到平衡，水银开关呈倾斜状态，水银开关是导体，把两个电极接通即YK1、YK2呈闭合状态；当水泥达到预定值时，水银开关呈水平状态，两个电接点YK1、YK2断开。

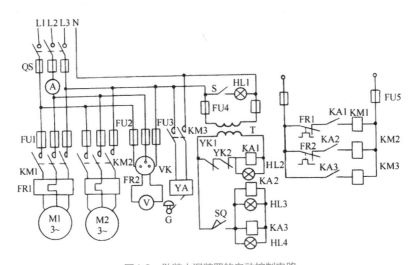

图4.8　散装水泥装置的自动控制电路

出料、称量及计数过程：首先合上QS、S开关，预定好质量，此时水银开关电接点YK1、YK2闭合，使中间继电器KA1线圈通电，KA1使接触器KM1通电，螺旋运输机M1转动，碰撞SQ使之闭合，中间继电器KA2、KA3同时通电，使接触器KM2、KM3通电，电磁铁YA通电，作好记数准备，给料器电动机 M2启动，水泥从水泥罐中给出，并进入螺旋运输机，在M1转动时，水泥进入称量斗，当达到预定量程时，水银开关电接点YK1、

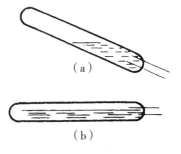

图4.9　专用元件水银开关示意图
（a）接通状态；（b）断开状态

YK2断开，KA1失电，使KM1也失电，M1停止转动，螺旋给料机停止给料，SQ不受碰撞、复位，使继电器KA2、KA3失电释放，使KM2、KM3也失电释放，电动机M2停止转动，振动给料器停止工作，同时电磁铁YA释放，带动计数器计数一次。

　　2．知识点——混凝土搅拌机的电气控制

　　图4.10为JZC350锥形反转出料混凝土搅拌机。

　　搅拌筒通过中心锥形轴支撑在倾翻机架上，在筒底沿轴向布置3片搅拌叶片，筒的内壁装有衬板。搅拌筒安装在倾翻机架上，由两台电动机带动旋转，整个倾翻机架和搅拌筒在汽缸作用下完成倾翻卸料作业。混凝土搅拌包括以下几道工序：搅拌机滚筒正转搅拌混凝土，反转使搅拌好的混凝土出料，料斗电动机正转，牵引料斗起仰上升，将骨料和水泥倾入搅拌机滚筒，反转使料斗下降放平（以接收再一次的下料）。在混凝土搅拌过程中，需要操作人员按动按钮，以控制给水电磁阀的启动，使水流入搅拌机的滚筒中，当加足水时，松开按钮，电磁阀断电，切断水源。

图4.10　JZC350锥形反转出料混凝土搅拌机

4.1-10
混凝土搅拌机上料系统控制电路的读识（PPT）

4.1-11
混凝土搅拌机上料系统控制电路的读识（视频）

　　（1）混凝土骨料上料和称量设备的控制

　　混凝土搅拌之前需要将水泥、黄沙和石子按比例称好上料，需要用拉铲将它们先后铲入料斗，而料斗和磅秤之间用电磁铁YA控制料斗斗门的开启和关闭，电磁铁控制料斗斗门工作原理如图4.11所示。

　　工作过程分析：当电动机M通电时，电磁铁YA线圈得电产生电磁吸力，吸动（打

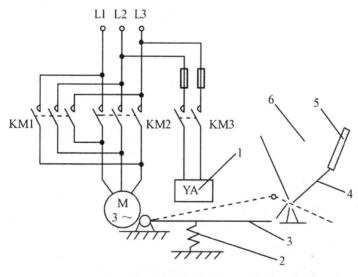

图4.11　电磁铁控制料斗斗门工作原理
1—电磁铁；2—弹簧；3—杠杆；4—活动门；5—料斗；6—骨料

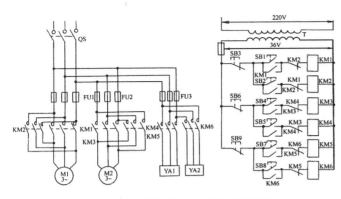

图4.12　上料和称量设备的电气控制原理图

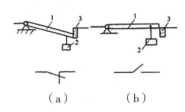

图4.13　磅秤与触点的关系
1—磅秤杆；2—砝码；3—触点

开）下料料斗的活动门，骨料落下；当电路断开时，电磁铁断电，在弹簧的作用下，通过杠杆关闭下料料斗的活动门。

图4.12为上料和称量设备的电气控制原理图。电路中KM1～KM4接触器分别控制黄沙和石子拉铲电动机的正、反转，正转使拉铲拉着骨料上升，反转使拉铲回到原处，以备下一次拉料；KM5和KM6两只接触器分别控制黄沙和石子料斗斗门电磁铁YA1和YA2的通断。

在图4.8中料斗斗门控制的常闭触头YK1和YK2常以磅秤秤杆的状态来实现。空载时，磅秤秤杆与触头相接，相当于触头常闭；一旦装满了称重，磅秤秤杆平衡，与触点脱开，相当于触头常开，磅秤与触点的关系如图4.13所示。

（2）混凝土搅拌机的电气控制

混凝土搅拌机电气控制电路如图4.14所示。搅拌机滚筒电动机M1可以进行正、反转控制；料斗电动机M2并联一个电磁铁称制动电磁铁。

电路工作过程：合上自动开关QF，按下正向启动按钮SB1，正向接触器KM1线圈通电，搅拌机滚筒电动机M1正转搅拌混凝土，混凝土搅拌好后按下停止按钮SB3，KM1失电释放，M1停止。按下反向启动按钮SB2，反向接触器KM2线圈通电，M1反转使搅拌好的混凝土出料。当按下料斗正向启动按钮SB4时，正向接触

4.1-12
混凝土搅拌机称重系统控制电路的读识（PPT）

4.1-13
混凝土搅拌机称重系统控制电路的读识（视频）

4.1-14
混凝土搅拌机搅拌系统控制电路的读识（视频）

器KM3线圈通电，料斗电动机M2通电，同时YA线圈通电，制动器松开M2正转，牵引料斗起仰上升，将骨料和水泥倾入搅拌机滚筒。按下SB6，KM3失电释放，同时YA失电，制动器抱闸制动停止。按下反向启动按钮SB5，反向接触器KM4线圈得电，同时YA得电松开，M2反转使料斗下降放平，以接收再一次的下料。在此电路图中位置开关SQ1和SQ2为料斗上、下极限保护。在混凝土搅拌过程中，须由操作人员按动按钮SB7，给水电磁阀启动，使水流入搅拌机的滚筒中，加足水后，松开按钮SB7，电磁阀断电，停止进水。

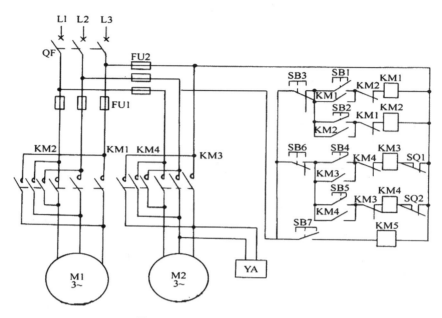

图4.14 混凝土搅拌机电气控制电路

4.1.4 问题思考

根据你的学习，你是否对混凝土搅拌机的电气控制有了更进一步的认识呢?

4.1-15
扫码看答案

1．填空题

（1）凸轮式主令控制器主要用来控制功率在_____kW以上的大容量电动机。

（2）制动器主要是由_____、_____、_____、_____及_____组成。

（3）水银开关是利用水银的流动性和导电性制成的开关，包括_____、_____和_____等部分。

（4）混凝土搅拌之前需要将_____、_____和_____按比例称好上料。

2．简述题

（1）简述控制器的分类及作用。

（2）本次内容所学习到的制动器有哪几种? 分别有什么特点?

（3）简述散装水泥出料、称量和计数的电气控制过程。

（4）简述混凝土搅拌机的工作过程。

（5）混凝土搅拌机的电气控制电路是如何工作的?

4.1.5　知识拓展

 4.1-16　水银开关的认知 （视频）	 4.1-17　建筑工程施工质量验收统一 标准（文档）	 4.1-18　建筑机械使用安全技术规程 （文档）

任务 4.2
塔式起重机的电气控制

4.2.1 教学目标与思路

【教学目标】

知识目标	能力目标	素养目标	思政要素
1. 对起重机有基本的认知； 2. 掌握塔式起重机的基本认知； 3. 掌握塔式起重机的电气控制过程	1. 能独立识读、分析塔式起重机的电气控制电路原理图； 2. 能说明元件的主要功能和作用	1. 具有良好倾听的能力，能有效地获得各种资讯； 2. 能正确表达自己思想，学会理解和分析问题	1. 了解中国制造"新版图"、中国"精造"；培养创新精神和民族自豪感； 2. 中国科技创新精神

【学习任务】对起重机有基本的认知，能掌握塔式起重机的构造及特点，掌握塔式起重机的电气控制过程，能独立识读、分析塔式起重机的电气控制电路原理图。

【建议学时】3学时

【思维导图】

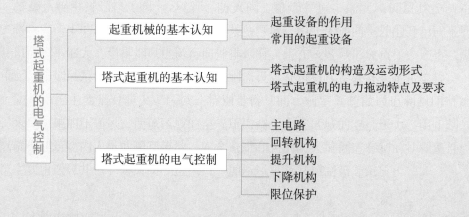

4.2.2 学生任务单

任务名称	塔式起重机的电气控制	
学生姓名	班级学号	
同组成员		
负责任务		
完成日期	完成效果	
	教师评价	

学习任务	1. 起重机的基本认知； 2. 塔式起重机的基本认知； 3. 塔式起重机的电气控制过程。			
自学简述	课前预习	学习内容、浏览资源、查阅资料		
	拓展学习	任务以外的学习内容		
任务研究	完成步骤	用流程图表达		
	任务分工	任务分工	完成人	完成时间

本人任务	
角色扮演	
岗位职责	
提交成果	

任务实施	完成步骤	第1步	
		第2步	
		第3步	
		第4步	
		第5步	
	问题求助		
	难点解决		
	重点记录		
学习反思	不足之处		
	待解问题		
	课后学习		

过程评价	自我评价（5分）	课前学习	时间观念	实施方法	知识技能	成果质量	分值
	小组评价（5分）	任务承担	时间观念	团队合作	知识技能	成果质量	分值

4.2.3 知识与技能

1．知识点——起重机械的基本认知

工程中常用的起重机械根据其构造和性能的不同，一般可分为轻小型起重设备、桥架类型起重机械和臂架类型起重机三大类。轻小型起重设备有千斤顶、电动葫芦、卷扬机等；桥架类型起重机械有梁式起重机、龙门起重机等；臂架类型起重机有固定式回转起重机，塔式起重机，汽车起重机，轮胎式、履带式起重机等。

4.2-1 了解起重设备的作用（PPT）

4.2-2 了解起重设备的作用（图片）

（1）起重设备的作用

起重设备的主要作用是用来起吊和放下重物或危险品，使重物或危险品在短距离内移动，以满足各种需要。我国冶金、矿山、水电、交通、建筑、造船、机械制造、国防等行业用到的起重设备主要包括各种冶金起重机、水电站桥式/门式起重机、通用桥式/门式起重机、履带式起重机、塔式起重机及其他用途的特殊起重机等。近年来，起重设备在精密安装上应用也比较广泛。起重机是一种用作循环、间歇运动的机械。一个工作循环包括：取物装置从取物地把物品提起，然后水平移动到指定地点放下物品，接着进行反向运动，使取物装置返回原位，以便进行下一次循环。

4.2-3 了解起重设备的作用（视频）

4.2-4 了解起重设备的分类（PPT）

4.2-5 了解起重设备的分类（视频）

（2）常用的起重设备

常用起重机可分为两大类，即多用于厂房内移行的桥式起重机和主要用于户外的塔式起重机，其中塔式起重机具有一定的典型性和广泛性。尤其在建筑施工现场得到广泛的应用。因此本任务仅对塔式起重机进行学习与分析。

4.2-6 了解起重设备的技术参数（PPT）

4.2-7 了解起重设备的技术参数（视频）

2．知识点——塔式起重机的基本认知

（1）塔式起重机的构造及运动形式

QT60/80型塔式起重机外形如图4.15所示。它是由底盘、塔身、臂架旋转机构、行走机构、变幅机构、提升机构、操纵室等组成，此外还具有塔身升高的液压顶升机构。它的运动形式有升降、行走、回转、变幅四种。

（2）塔式起重机的电力拖动特点及要求

①起重用电动机：它的工作属于间歇运行方式，

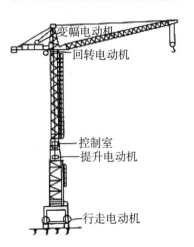
图4.15　QT60/80型塔式起重机外形

且经常处于启动、制动、反转之中，负载经常变化，需承受较大的过载和机械冲击。所以，为提高其生产效率并确保其安全性，要求升降电动机应具有合适的升降速度和一定的调速范围。保证空钩快速升降，有载时低速升降，并应确保提升重物开始或下降重物到预定位置附近采用低速。在高速向低速过渡时应逐渐减速，以保证其稳定运行。为了满足上述要求应选用符合其工作的专用电动机，如YZR系列绕线式电动机，此类电动机具有较大的起重转矩，可适应重载下的频繁启动、调速、反转和制动，能满足启动时间短和经常过载的要求。为保证安全，提升电动机还应具有制动机构和防止提升越位的限位保护措施。

②变幅、回转和行走机构用电动机：这几个机构的电力拖动对调速无要求，但要求具有较大的起重转矩，并能正、反转运行，所以也选用YZR绕线式电动机，为了防止其越位，正、反行程亦采用限位保护措施。

3.知识点——塔式起重机的电气控制

（1）主电路

QT60/80型塔式起重机主电路、控制电路如图4.16、图4.17所示，提升电动机M1转子回路采用外接电阻方式，以便对电动机进行启动、调速和制动，控制吊钩上重物升降的速度。由于对变幅、回转和行走没有调速的要求，因此这些电动机采用频敏变阻器启动，限制启动电流，增大启动转矩。启动结束后，转子回路中的常开触头闭合，把频敏变阻器短接，以减少损耗，提高电动机运行的稳定性。

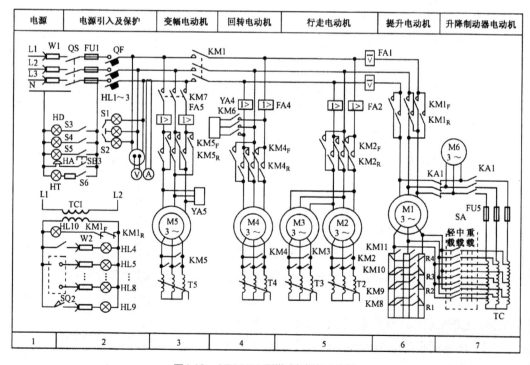

图4.16　QT60/80型塔式起重机主电路

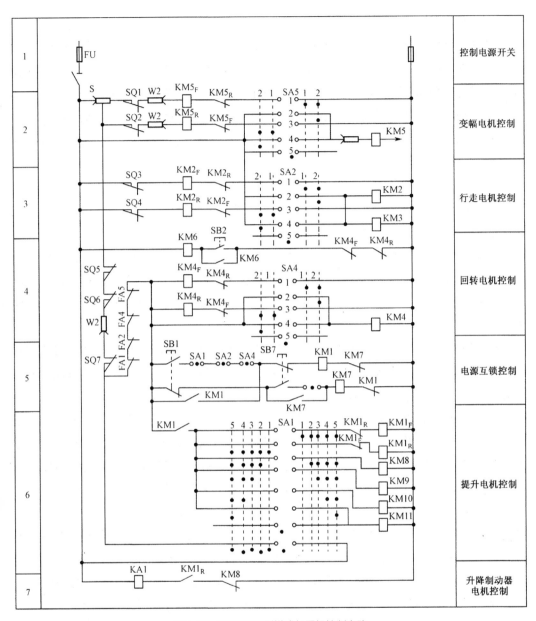

图4.17　QT60/80型塔式起重机控制电路

变幅电动机M5的定子上并联一个三相电磁铁YA5，制动器的闸轮与电动机 M5同轴连接，一旦M5和YA5同时断电时，实现紧急制动，使起重臂准确地停在某一位置上。

回转电动机M4的主回路上也有一个三相制动电磁铁YA4，但它不是用来制动回转电动机M4的，而是用来控制回转锁紧制动机构，为了保证在有风的情况下，也能使吊钩上的重物准确下放到预定位置上，M4转轴的另一端上装有一套锁紧机构，当三相电磁制动器通电时，带动这套制动机构锁紧回转机构，使它不能回转，固定在某一位置上。

（2）回转机构

操纵主令控制器SA4至"1"挡位，电动机转速稳定后再转换到第"2"挡位，使起重机向左或向右回转到某一位置时返回"0"位，电动机M4先停止转动，然后按下按钮SB2，使接触器KM6线圈通电。常开触头KM6闭合，三相电磁制动器YA4开始得电，通过锁紧制动机构，将起重臂锁紧在某一位置上，使吊件准确就位。在接触器KM6的线圈电路串入KM4$_F$和KM4$_R$的常闭触头，保证电动机M4停止转动后，电磁制动器YA4才能工作。

（3）主钩升降机构

提升电动机M1采用电力液压推杆式制动器进行机械制动。电力液压推杆式双闸瓦制动器由小型笼型异步电动机、油泵和机械抱闸等部分组成。当小型笼型电动机高速转动时，闸瓦完全松开闸轮，制动器处于完全松开状态。当小型笼型电动机转速逐渐降低时，闸瓦逐渐抱紧闸轮，制动器产生的制动力逐渐增大。当小型笼型电动机停转时，闸瓦紧抱闸轮，处于完全制动状态。只要改变笼型电动机的转速，就可以改变闸瓦与闸轮的间隙，产生不同的制动转矩。

图4.16中的M6就是电力液压推杆式制动器的小型笼型异步电动机。制动器的闸轮与电动机M1同轴。当中间继电器KA1失电时，M6与M1定子电路并联。当两者同时通电时M6停止运转，制动器立即对提升电动机进行制动，使M1迅速刹车。

需要慢速下放重物时，中间继电器KA1线圈通电。其常开触头闭合。常闭触头断开，M6通过三相自耦变压器TC、万能转换开关SA接到M1的转子上。由于M1转子回路的交流电压频率较低，使M6转速下降，闸瓦与制动轮间的间隙减少，两者发生摩擦并产生制动转矩，使M1慢速运行，提升机构以较低速度下降重物。

从图4.17的起升控制电路中看出，主令控制器SA1只有转换到第"1"挡位时，才能进行这种制动，因为这是主令控制器的第2对和第8对触头闭合，接触器KM1$_R$线圈通电，使中间继电器KA1的线圈通电，才把M6接入M1的转子回路中。

若主令控制器SA1调至下降的其他挡位上，如第"2"挡位上，SA1的第3对触头闭合，接触器KM8线圈通电，其触头使KA1线圈失电，又使M6与M1转子回路分离，便无法控制提升电动机的转速。因此SA1只能放在第"1"挡位上，制动器才能控制重物下放速度。另外，外接电阻此时全部接入转子回路，使M1慢速运行时的转子电流受到限制。

主令控制器SA1控制提升电动机的启动、调速和制动。在轻载时，将SA1调至"1"挡位，外接电阻全部接入，吊件被慢速提升。当SA1调至"2"挡位，KM8线圈通电，短接一段电阻，使吊件提升速度加快，以后每转换一挡便短接一段电阻，直到SA1调至"5"挡位，KM8～KM11均通电，短接全部外接电阻，电动机运行在自然特性上，转速最高，提升吊件速度最快。

（4）限位保护

SQ1、SQ2是幅度限位保护开关，起重臂在俯仰变幅过程中一旦到达位置时，SQ1

或SQ2限位开关断开，使KM5$_F$或KM5$_R$失电释放，其触头断开切断电源，变幅电动机M5停止。

行走机构采用两台电动机M2和M3驱动，为保证行走安全，在行走架的前后各装1个行程开关SQ3和SQ4，在钢轨两端各装1块撞块，起限位保护作用。起重机往前或往后走到极限位置时，SQ3或SQ4断开。使接触器KM2$_F$或KM2$_R$失电，切断M2或M3，起重机停止行走，防止脱轨事故。

SQ5、SQ6和SQ7分别是起重机的超高、钢丝绳脱槽和超重的保护开关。它们串联在接触器KM1和KM7的线圈电路中，在正常情况下它们是闭合的，一旦吊钩超高、提升重物超重或钢丝绳脱槽时，相应的限位开关断开，KM1和KM7线圈失电，其主触头断开，切断电源，各台电动机停止运行，起到保护作用。

4.2.4　问题思考

根据你的学习，你是否对塔式起重机的电气控制有了更进一步的认识呢？

4.2–8
扫码看答案

问答题

（1）起重机械根据其构造和性能的不同分为哪些种类？

（2）常用起重机分为哪两种？分别用在哪些领域？

（3）塔式起重机的电机工作特点及要求是什么？

（4）简述塔式起重机主电路控制过程。

（5）简述塔式起重机的限位保护实现方式。

4.2.5　知识拓展

4.2–9 起重机使用注意事项（视频）

4.2–10 电气系统的维护与保养（视频）

4.2–11 钢丝绳的维护与保养（视频）

4.2–12 液压爬升系统的维护与保养（视频）

4.2–13 金属结构的维护与保养（视频）

CHAPTER 5

项目 5

三菱FX~2N~系列可编程控制器基本指令应用

任务 5.1
可编程控制器介绍

5.1.1 教学目标与思路

【教学目标】

知识目标	能力目标	素养目标	思政要素
1. 了解PLC的历史和发展； 2. 熟悉三菱FX$_{2N}$系列可编程控制器的结构； 3. 了解编程元件的种类； 4. 了解PLC控制系统设计原则、内容。	1. 能识别常见PLC产品型号，能说出基本构成，识别外部端子； 2. 能列举不同的编程语言； 3. 能区分常用编程元件。	1. 具有良好倾听的能力，具备获取有效信息的能力； 2. 能正确表达并进行沟通。	1. 见证工业自动化强国的现状，树立民族自豪感； 2. 建立安全生产的意识。

【学习任务】通过对可编程控制器介绍，熟悉三菱FX$_{2N}$系列可编程控制器的基本知识，了解PLC在工业控制中的基本原理，分辨区分不同PLC产品，熟悉外部端子的接线方法，了解编程元件的种类，结合社会实践加深对PLC工业应用的认识。

【建议学时】2学时

【思维导图】

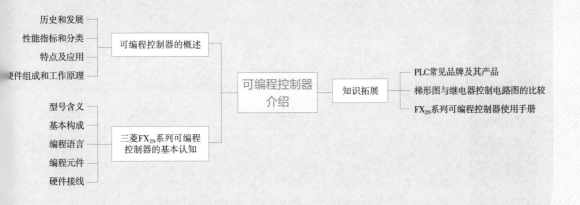

5.1.2 学生任务单

任务名称		可编程控制器介绍	
学生姓名		班级学号	
同组成员			
负责任务			
完成日期		完成效果	
		教师评价	

学习任务	1. 了解可编程控制器的历史及发展、性能指标及分类、特点及应用、基本结构及工作原理； 2. 认识三菱FX_{2N}系列可编程控制器，了解其型号含义、基本构成、编程语言及编程元件分类，熟悉外部接线方法； 3. 了解PLC控制系统设计原则、内容； 4. 了解常见PLC产品及其特点。

自学简述	课前预习	学习内容、浏览资源、查阅资料		
	拓展学习	任务以外的学习内容		

任务研究	完成步骤	用流程图表达		
	任务分工	任务分工	完成人	完成时间

		本人任务	
		角色扮演	
		岗位职责	
		提交成果	

任务实施	完成步骤	第1步	
		第2步	
		第3步	
		第4步	
		第5步	
	问题求助		
	难点解决		
	重点记录		
学习反思	不足之处		
	待解问题		
	课后学习		

过程评价	自我评价 （5分）	课前学习	时间观念	实施方法	知识技能	成果质量	分值
	小组评价 （5分）	任务承担	时间观念	团队合作	知识技能	成果质量	分值

5.1.3 知识与技能

1．知识点——可编程控制器的概述

（1）可编程控制器的历史和发展

1）可编程控制器的由来

5.1-1
可编程控制器的历史和
发展视频

在PLC问世前，工业控制领域中继电—接触器控制占主导地位，采用硬件固定接线来实现控制逻辑。当生产流程或工艺发生变化，就必须重新设计系统并

5.1-2
可编程控制器的由来课件

改造硬件组成及连接，造成时间和资金的大量投入。控制系统功能越复杂，使用的继电器数量越多、接线越困难，且系统的体积大、耗电多，在频繁动作情况下寿命较短，带来更多的系统故障，使系统的可靠性差。为了解决这一问题，在1968年，美国通用汽车公司为了适应汽车型号不断翻新的需求，以求在激烈竞争的汽车工业中占有优势，提出用一种新型的控制装置取代继电接触器控制装置，并且对于未来的新型控制装置作出了具体设想，把计算机的功能完备以及通用灵活等优点和继电接触器控制的简单易懂、操作方便、价格便宜等优点融入于新的控制装置中。美国数字设备公司（DEC）根据这一招标要求，于1969年研制出世界上第一台可编程控制器，并在通用汽车自动装配线上使用，获得成功。其后，日本、德国等相继引入这项新技术，可编程控制器由此而迅速发展起来。

早期可编程控制器只能进行逻辑运算，故称为可编程逻辑控制器，简称PLC（Programmable Logic Controller）。随着技术发展，功能上不断丰富，1980年，美国电气制造商协会（NEMA）将它命名为可编程控制器（Programmable Controller），简称PC。但是后来，PC成为个人计算机（Personal Computer）的简称，为与其区别，现在又把可编程控制器简称为PLC。

国际电工委员会（IEC）1987年2月发布了可编程控制器国际标准草案，对可编程控制器做了如下定义："可编程控制器是一种数字运算操作电子系统，专为在工业环境下应用而设计。它采用了可编程序的存储器，用来在其内部存储执行逻辑运算、顺序控制、定时、计数和算术运算等操作的指令，并通过数字的、模拟的输入和输出，控制各种类型的机械或生产过程。可编程控制器及其有关的外部设备，都应按易于与工业控制系统形成一个整体、易于扩充其功能的原则设计。"

2）可编程控制器的发展

可编程控制器程序既有生产厂家的系统程序，又有用户自己开发的应用程序，系统程序提供运行平台，同时，还为可编程控制器程序可靠运行及信息与信息转换进行必要的公共处理。用户程序由用户按控制要求设计，可编程控制器及其有关设备，都应按易于与工业控制系统形成一个整体、易于扩充其功能的原则设计。可编

5.1-3
可编程控制器的发展课件

程控器是集自动控制技术、计算机技术和通信技术于一体的一种新型工业控制装置，具有通用性强、使用方便、适应面广、可靠性高、抗干扰能力强、编程简单等特点，已跃居工业自动化三大支柱（PLC、ROBOT、CAD/CAM）的首位。

全球PLC已经发生巨大变革，PLC的应用广泛分布于各个工业行业，包括流程型工业、离散型工业在内的钢铁、石油、电力、建材、汽车、机械制造、交通运输等领域中都应用了PLC产品。未来，PLC将在网络化、智能化、高性能小型化、简易化等几个方面迅猛发展。

（2）可编程控制器的性能指标和分类

1）可编程控制器的性能指标

可编程控制器的性能指标是用来衡量其控制功能强弱的技术标准，常用的性能指标主要有：

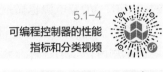

5.1-4
可编程控制器的性能
指标和分类视频

存储器容量，存放用户程序的RAM容量，通常用字（每个字为16位二进制数）或KB来表示（1K=1024）。

5.1-5
可编程控制器的性能
指标课件

一般来说PLC小型机的内存一般为1KB到几KB，大多用于开关量控制；而大容量的PLC，内存几十字节，有的可达1～2MB，用以实现较复杂的控制系统（如模拟量控制，PID过程控制，数据处理等）。

扫描速度，以PLC执行1KB的用户指令所需时间来衡量，单位以ms/KB来表示。由于对用户程序进行扫描的时间决定了扫描周期，因此扫描速度越快就意味PLC的扫描周期越短，响应的速度也越快。

输入/输出点数（I/O点数），是指PLC最大输入输出点的总和，分为最大开关量I/O点数和最大模拟量I/O点数，这是衡量PLC性能和档次的重要指标。一般小型机I/O点数在256点以下（有些功能较强的小型机配有数量不多的模拟量点数），中型机I/O点数在256～2048点之间（模拟量I/O点数在64～128之间），大型机的I/O点数在2048点以上（模拟量I/O点数在128点以上）。

内部继电器（内存区域），是专供用户程序使用的，不同的继电器有一个指定的内存区域，并各自负责不同的功能。常用的内部继电器有内部辅助继电器、暂存继电器、保持继电器、定时/计数器、内部专用继电器等。PLC的内部继电器种类和数量越多，表明其功能越强。

编程语言（编程指令），是用户编写的应用程序，又分为基本指令和功能指令两大类。功能指令的条数越多表明PLC的软件功能越强。不同的PLC机型使用厂家各自开发研制的编程语言，互不兼容。

可扩展性，分为控制点数的扩展和控制区域的扩展，也是衡量PLC性能的一个重要指标。不论是整体式结构还是模块式结构，PLC本身都带有一定数量的I/O点数，当这些I/O点数不能满足用户的控制需要时，就可以采用扩展I/O模块的方法以增加系统的I/O数量。

2）可编程控制器的分类

目前，可编程控制器有以下四种分类：

①按组成结构形式分

整体式PLC：其CPU模块、I/O模块和电源都装在一个箱体机壳内，结构非常紧凑。具有体积小、价格低的特点，小型PLC一般都采用整体式结构。

模块式PLC：又叫积木式，用搭积木的方式组成系统，它由框架和模块组成，大中型PLC采用模块式结构。

叠装式PLC：是整体式和模块式相结合的产物。把工作单元的外观尺寸都做成一致的，CPU、I/O及电源也做成独立的，再采用电缆连接各个单元。

②按I/O点数及内存容量分

小型PLC：I/O点数在256点以下；

中型PLC：I/O点数在256～2048点；

大型PLC：I/O点数在2048点以上。

③按输出形式分

继电器输出：有触点输出方式，适用于低频大功率直流或交流负载。

晶体管输出：无触点输出方式，适用于高频小功率直流负载。

晶闸管输出：无触点输出方式，适用于高频交流负载，但功率不大。

④按控制系统分

集中式控制型：用一个PLC控制一台或多台被控设备。主要用于输入、输出点数较少，各被控设备所处的位置比较近，且相互间的动作有一定联系的场合。其特点是控制结构简单。

远程式控制型：指控制单元远离控制现场，PLC通过通信电缆与被控设备进行信息传递。该系统一般用于被控设备十分分散，或工作环境比较恶劣的场合。其特点是需要采用远程通信模块，提高了系统的成本和复杂性。

分布式控制型：即采用几台小型PLC分别独立控制被控设备，然后再用通信线将几台PLC连接起来，并用上位机进行管理。该系统多用于有多台被控设备的大型控制系统，其各被控设备之间有数据信息传送的场合。其特点是系统灵活性强，控制范围大，但需要增加用于通信的硬件和软件，也增加了系统的复杂性。

（3）可编程控制器的特点及应用

1）可编程控制器的特点

①可靠性高，抗干扰能力强

高可靠性是电气控制设备的关键性能。PLC由于采用现代大规模集成电路技术，采用严格的生产工艺制造，内部电路采取了先进的抗干扰技术，具有很高的可靠性。一些使用冗余CPU的PLC的平均无故障工

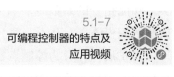
5.1-7
可编程控制器的特点及
应用视频

5.1-8
可编程控制器的特点课件

作时间则更长。从PLC的外部电路来说，使用PLC构成控制系统，和同等规模的继电接触器系统相比，电气接线及开关接点已减少到数百分之一甚至数千分之一，因此故障率大大降低。此外，PLC带有硬件故障自我检测功能，出现故障时可及时发出警报信息。在应用软件中，应用者可以编入外围器件的故障自诊断程序，使系统中除PLC以外的电路及设备也获得故障自诊断保护。这样，整个系统具有极高的可靠性。

②配套齐全，功能完善，适用性强

PLC发展到今天，已经形成了大、中、小各种规模的系列化产品，可以用于各种规模的工业控制场合。除了具有逻辑处理功能以外，现代PLC大多且有完善的数据运算能力，可用于各种数字控制领域。近年来，PLC的功能单元大量涌现，使PLC渗透到了位置控制、温度控制、CNC等各种工业控制中，加上PLC通信能力的增强及人机界面技术的发展，使用PLC组成各种控制系统变得非常容易。

③易学易用，接纳度高

PLC作为通用工业控制计算机，是面向工矿企业的工控设备。它接口容易，编程语言易于工程技术人员接受；梯形图语言的图形符号与表达方式和继电器电路图相当接近，只用PLC的少量开关量逻辑控制指令就可以方便地实现继电器电路的功能。这些都为不熟悉电子电路、不懂计算机原理和汇编语言的人使用计算机从事工业控制提供了方便。

④系统设计、建造工作量小，维护方便，容易改造

PLC用存储逻辑代替接线逻辑，大大减少了控制设备外部的接线，使控制系统设计及建造的周期大为缩短，同时使其维护也变得容易起来；更重要的是，使同一设备经过改变程序进而改变生产过程成为可能。这很适合多品种、小批量的生产场合。

⑤体积小，质量轻，能耗低

以超小型PLC为例，新近研发的品种底部尺寸小于100mm，质量小于150g，功耗仅数瓦。由于体积小，很容易装入机械内部，使PLC成为实现机电一体化的理想控制设备。

2）可编程控制器的应用

目前，PLC在国内外已广泛应用于钢铁、石油、化工、电力、建材、机械制造、汽车、轻纺、交通运输、环保及文化娱乐等各个行业，使用情况大致可归纳为以下几类。

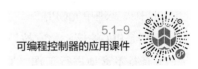

①开关量逻辑控制

这是PLC最基本、最广泛的应用领域，它取代传统的继电器电路，实现逻辑控制、顺序控制，既可用于单台设备的控制，也可用于多机群控及自动化流水线，如注塑机、印刷机、订书机械、组合机床、磨床、包装生产线、电镀流水线等。

②模拟量过程控制

过程控制是指对温度、压力、流量等模拟量的闭环控制。作为工业控制计算机，PLC能编制各种各样的控制算法程序，完成闭环控制。PID调节是一般闭环控制系统中

用得较多的调节方法。大、中型PLC都有PID模块。目前，许多小型PLC也具有此功能模块。PID处理一般是运行专用的PID子程序。过程控制在冶金、化工、热处理、锅炉控制等场合有非常广泛的应用。

③机械件运动控制

PLC可以用于圆周运动或直线运动的控制。从控制机构配置来说，早期直接用于开关量I/O模块连接位置传感器和执行机构，现在一般使用专用的运动控制模块，如可驱动步进电动机或伺服电动机的单轴或多轴位置控制模块。世界上各主要PLC厂家的产品几乎都有运动控制功能，广泛用于各种机械及机床、机器人、电梯等场合。

④数据处理

现代PLC具有数学运算（含矩阵运算、函数运算、逻辑运算）、数据传送、数据转换、排序、查表、位操作等功能，可以完成数据的采集、分析及处理。这些数据可以与存储在存储器中的参考值比较，完成一定的控制操作，也可以利用通信功能传送到别的智能装置，或将它们打印制表。数据处理一般用于大型控制系统，如无人控制的柔性制造系统；也可用于过程控制系统，如造纸、冶金、食品工业中的一些大型控制系统。

⑤通信及联网

PLC通信含PLC间的通信及PLC与其他智能设备间的通信。随着计算机控制的发展，工业自动化网络发展得很快，各PLC厂商都十分重视PLC的通信功能，纷纷推出各自的网络系统，主要应用于工业自动化系统（FA）、计算机集成制造系统（CIMS）。

（4）可编程控制器的硬件构成和工作原理

1）可编程控制器的硬件组成

整体式PLC主机主要由中央处理单元（CPU）、存储器（ROM/RAM）、输入/输出（I/O）单元、电源、扩展接口、外部设备等组成，另外还有独立的I/O扩展单元与主机配合使用，PLC结构组成图如图5.1所示。

5.1-10
可编程控制器的硬件
组成视频

5.1-11
可编程控制器的硬件
组成课件

①中央处理单元CPU

CPU是PLC的核心，它按系统程序赋予的功能，指挥PLC有条不紊地进行工作，通过数据总线、地址总线和控制总线与存储器、输入输出单元电路相连。不同型号PLC的CPU芯片是不同的，其性能关系到PLC处理控制信号的能力与速度，CPU位数越高，系统处理的信息量越大，运算速度也越快。

②存储器

存储器按物理性能分：随机存储器和只读存储器。

只读存储器，用来存放PLC生产厂家编写的系统程序，并固化在ROM内，用户不能直接更改。系统程序质量的好坏，很大程度上决定了PLC的性能。系统管理程序，它主要控制PLC的运行，使整个PLC按部就班地工作；用户指令解释程序，通过用户指令解释程序，将PLC的编程语言变为机器语言指令，再由CPU执行这些指令；标准程序模

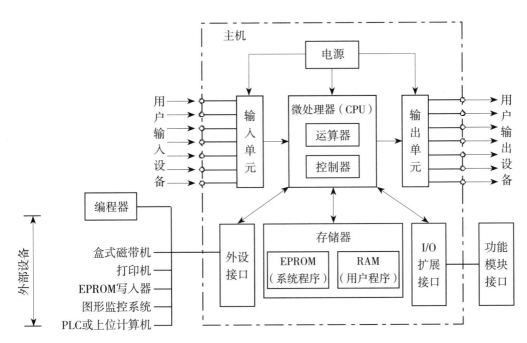

图5.1　PLC结构组成图

块与系统调用程序，它包括许多不同功能的子程序及其调用管理程序，如完成输入、输出及特殊运算等的子程序，PLC的具体工作都是由这部分程序来完成的，这部分程序的多少决定了PLC性能的强弱。

随机存储器，分用户程序存储区和数据存储区两部分，前者用于存放用户程序，后者用于存入执行用户程序过程中产生的数据。该存储器所选用的存储器单元有RAM（用锂电池进行掉电保护）、EPROM或EEPROM，其内容由用户根据控制需要可以读、写、修改或增删。目前较先进的PLC采用可随时读写的快闪存储器作为用户程序存储器，快闪存储器不需后备电池，掉电时数据也不会丢失。

③输入/输出单元

输入/输出单元一般用I/O单元表示，有时也称为I/O接口。I/O单元的作用是将I/O设备与PLC进行连接，使PLC与现场设备构成控制系统，以便从现场通过输入设备（元件）得到信息（输入），或将经过处理后的控制命令通过输出设备（元件）送到现场（输出），从而实现自动控制的目的。

输入接口用来接收和采集输入信号。输入方式有直流输入（12V或24V）和交流输入（100～200V或200～240V）两种方式。输出接口为适应不同负载，有继电器输出、晶体管输出、晶闸管输出三种方式，继电器输出方式适用于交、直流负载，其特点是带负载能力强，但动作频率与响应速度慢；晶体管输出适用于直流负载，动作频率高，响应速度快，但带负载能力小；晶闸管输出适用于交流负载，响应速度快，负载能力不大。

④电源

PLC对供电电源要求不高，可直接采用普通单相交流电，允许电源电压在额定电压的-15%～+10%范围内波动，也可用直流24V供电。PLC内部有一个高质量的开关型稳压电源，用于对CPU、I/O单元供电，还可为外部传感器提供直流24V电源。

⑤I/O扩展接口

每种PLC都有与主机相配的扩展模块，用来扩展输入/输出点数。例如FX$_{2N}$系列PLC由基本单元与扩展单元可以构成I/O点数为16～256点的系统配置。扩展模块内没有CPU，仅仅是对通道进行扩展，脱离主机是没法工作的。

⑥外部设备

编程器是PLC的最重要的外部设备，是人与PLC对话的重要工具，主要作用是供用户进行程序的编制、修改、调试和监视，还可以通过键盘去调用和显示PLC内部器件的状态和系统参数。常用的编程器有便携式编程器和安装了编程软件的计算机。根据系统控制需要，PLC通过自身的专用通信接口连接其他外部设备，如磁带机、打印机、图形监控系统等。

2）可编程控制器的工作原理

PLC的输入、输出元件与继电接触器控制系统相同，只是通过程序实现控制要求。PLC的工作状态有停止（STOP）和运行（RUN）状态。当开关选择STOP状态时，只进行内部通信处理和通信服务等内容，此时可以对PLC进行编程。当处于RUN状态时，就开始运行程序。从第一条用户程序开始，直到END

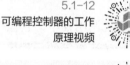

5.1-12
可编程控制器的工作
原理视频

5.1-13
可编程控制器的扫描
周期课件

指令结束，然后再从头开始执行，周而复始，直到停机或从RUN运行状态切换到STOP停止状态，程序运行才停止。这种执行程序的方式称为扫描工作方式。从程序开始到结束，称为一个扫描周期，每个扫描周期分三个阶段：输入采样、程序执行、输出刷新。

①输入采样

PLC在开始执行程序之前，首先扫描输入端子，按顺序将所有输入信号读入到寄存输入状态的输入影像寄存器中，这个过程称为输入采样。PLC在运行程序时，所需的输入信号不是即时提取输入端子上的信息，而是获取输入影像寄存器中的信息。因此，在本工作周期内这个采样内容不会改变，只有到下一个扫描周期输入采样阶段才被刷新。

②程序执行

PLC完成了输入采样工作后，按顺序从第一个地址开始，对程序进行逐条扫描执行，并分别从输入影像寄存器、输出影像寄存器以及辅助继电器中获得所需的数据进行运算处理。再将程序执行的结果写入寄存执行结果的输出影像寄存器中保存，这个结果在全部程序未被执行完毕之前不会送到输出端子上。

③输出刷新

当执行到END指令，即执行完用户所有程序，PLC将输出影像寄存器中的内容送到输出锁存器中进行输出，驱动用户设备。

2. 知识点——三菱FX$_{2N}$系列可编程控制器的基本认知

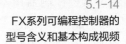

5.1-14
FX系列可编程控制器的型号含义和基本构成视频

5.1-15
FX系列可编程控制器型号含义课件

（1）FX系列可编程控制器型号的含义

PLC的制造厂家较多，该项目以三菱PLC为例进行说明。三菱FX系列PLC型号含义如图5.2所示，三菱FX系列PLC型号命名方式说明见表5.1。

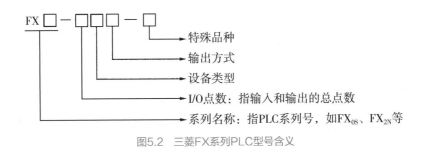

图5.2　三菱FX系列PLC型号含义

三菱FX系列PLC型号命名方式说明　　　　　　　表5.1

系列序号		0, 2, 0N, 2C, 1S, 1N, 2N, 2NC, 3S, 3G, 3U, 5
I/O（输入/输出）总点数		10 ~ 256点
单元类型	M	基本单元
	E	扩展单元（输入输出混合扩展）
	EX	输入扩展单元
	EY	输出扩展单元
输出形式	R	继电器输出
	T	晶体管输出（只能控制直流负载）
	S	晶闸管输出（只能控制交流负载）
特殊品种区别	D	DC电源，直流输入
	A	AC电源，交流输入
	H	大电流输出扩展模块
	V	立式端子排的扩展模块
	C	接插口输入输出方式
	F	输入滤波器1ms的扩展单元
	L	TTL输入型扩展单元
	S	独立端子（无公共端）扩展单元

例如，FX$_{2N}$–48MR表示FX$_{2N}$系列基本单元，I/O总点数48个，继电器输出方式，AC交流电源，DC直流输入。

（2）FX系列可编程控制器的基本构成

FX系列可编程控制器由基本单元、扩展单元、扩展模块及特殊功能单元构成。基本单元（Basic Unit）包括CPU、存储器、输入输出及电源。扩展单元（Extension Unit）是用于增加可编程控制器I/O点数的装置，内部

5.1–16
PLC的面板显示课件

设有电源。扩展模块（Extension Module）用于增加可编程控制器I/O点数及改变可编程控制器I/O点数比例，内部无电源，所用电源由基本单元或扩展单元供给。因扩展单元及扩展模块无CPU，必须与基本单元一起使用。特殊功能单元（Special Function Unit）是一些专门用途的装置。FX系列PLC外部特征如图5.3所示。

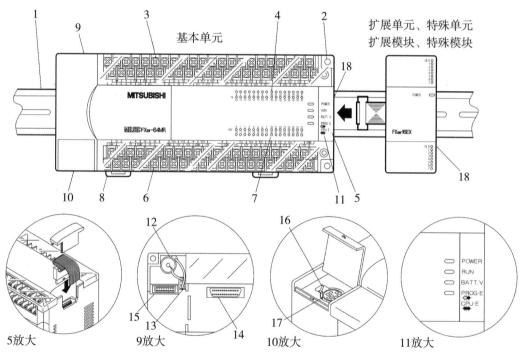

图5.3　FX系列PLC外部特征

1—35mm宽的DIN导轨；2—安装孔；3—电源、输入信号用脱卸式端子排；4—输入显示LED；5—扩展、特殊单元模块接口及盖板；6—输出用的脱卸式端子排；7—输出动作显示LED；8—DIN导轨脱卸用卡扣；9—面板盖子；10—外围设备接口及盖板；11—动作指示灯（POWER：电源指示，RUN：运行指示灯，BATT.V：表示电池电压低，PROG-E：程序出错时闪烁，CPU-E：出错时亮灯）；12—锂电池；13—连接锂电池的接口；14—安装存储卡盒选件用的接口；15—安装功能扩展板用的接口；16—RUN/STOP开关；17—编程设备、GOT用的接口；18—产品型号名称标识

（3）FX系列可编程控制器的编程语言

目前，PLC编程语言方面的兼容性较差，PLC的生产厂家众多，各品牌PLC编程语言均有差别，甚至同一厂家不同型号的PLC，其编程语言都可能不兼容。国际电工

委员会（IEC）制定了关于PLC编程语言的国际标准
IEC61131-3，提供了五种标准语言。梯形图语言LD
（Ladder Diagram）、功能模块图语言FBD（Function
Block Diagram）、顺序功能流程图语言SFC（Sequential Function Chart），这三种属于图形
语言；结构化文本语言ST（Structured）和指令表语言IL（Instruction List）属于文本语言。
梯形图语言和指令表语言是基本程序设计语言，完成相对简单的控制功能。顺序功能图
语言和结构化文本是高级的程序设计语言，它可根据需要去执行更有效的操作。功能模
块图语言采用功能模块图的形式，通过软连接的方式完成所要求的控制功能，它不仅在
可编程序控制器中得到了广泛的应用，在集散控制系统的编程和组态时也常常被采用。

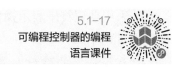

1）梯形图语言

梯形图语言，是PLC使用得最多的图形编程语言，被称为PLC的第一编程语言。梯
形图来源于继电器控制电路的形式，是在常用的继电器与接触器逻辑控制基础上简化了
符号演变而来的，采用梯形图的形式来描述程序，每个梯级用因果关系描述事件发生的
条件和结果，在梯级中，事件发生的条件在左面描述，事件发生的结果在后面描述，如
图5.4中（a）梯形图所示。

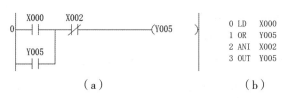

图5.4 梯形图及对应的指令表
（a）梯形图；（b）指令语句表

梯形图语言的特点是：

①它是一种图形语言，沿用传统控制图中的继电器触头、线圈、串联等术语和一
些图形符号，具有形象、直观、实用等特点，电气技术人员容易接受。

②程序中左、右母线类似于继电器与接触器控制电源线，表示假想的逻辑电源，
输出线圈类似于负载，当某一梯级的逻辑运算结果为"1"时，有假想的电流通过。

③梯形图中接点（触头）只有常开和常闭，梯形图中的接点可以任意串、并联，
但线圈只能并联不能串联。

④输入继电器受外部信号控制。只出现触点，不出现线圈。

⑤PLC是按循环扫描方式工作，沿梯形图先后顺序执行，每一梯级的运算结果，立
即被后面的梯级所利用。

2）指令表语言

指令表语言也叫助记符语言，是用布尔助记符来描述程序的一种程序设计语言，与计
算机中的汇编语言非常相似。指令表程序设计语言具有下列特点：

①采用助记符来表示操作功能，具有容易记忆，便于掌握的特点；

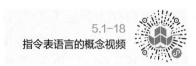

5.1-18
指令表语言的概念视频

②在编程器的键盘上采用助记符表示，便于操作，可在无计算机的场合进行编程设计；

③与梯形图有一一对应关系，如图5.4（b），其特点与梯形图语言基本类同。

3）顺序功能图语言

顺序功能图语言是用顺序功能图来描述程序的一种程序设计语言。它采用顺序功能图的描述，控制系统被分为若干个子系统，从功能入手，使系统的操作具有明确的含义，便于设计人员和操作人员设计思想的沟通，便于程序的分工设计和检查调试。顺序功能图语言的特点是：

5.1-19
顺序功能图语言的
概念视频

①SFC（顺序功能图）程序依据机械的动作流程设计程序；

②以功能为主线，条理清楚，便于对程序操作的理解和沟通；

③对大型的程序，可分工设计，采用较为灵活的程序结构，可节省程序设计时间和调试时间；

④常用于系统规模较大，程序关系较复杂的场合；

⑤只有在活动步的命令和操作被执行，才对活动步后的转换进行扫描，因此，整个程序的扫描时间较其他种类程序扫描时间要大大缩短。

采用上述的三种方法设计的程序，可以相互转换后进行显示、编辑。

（4）FX$_{2N}$系列可编程控制器的编程元件

可编程控制器对其内部的存储器进行了分区和编号，并通俗地命名，如状态继电器、辅助继电器、定时器、计数器等，它们没有实际触点，故称为"软继电器"，也称为"元件"。软继电器与真实元件有很大的差别，软继电器的工作线圈没有工作电压等级、功耗大小和电磁惯性等问题，也没有机械磨损和电蚀等问题，这些元件有无数的动合触点和动断触点。这些元件的功能相互独立，按照功能划分，并用一个字母来表示。例如输入继电器用X表示，输出继电器用Y表示，定时器用T表示，计数器用C表示，辅助继电器用M表示，状态元件用S表示，数据寄存器用D、V、Z表示。同时考虑编程方便，每一个元件进行编号，如三菱公司生产的PLC中"X001"地址代号表示输入继电器，其编号为001，"Y017"指输出继电器，其编号为017。输入继电器、输出继电器采用八进制编号，其他元件均采用十进制编号。

PLC的编程元件可分为带有掉电保持功能的与不具有掉电保持功能的，具有掉电保持功能的软元件常用在数据需连续保存的情况下，在PLC停电后用机内电源供电（电池或电容）。元件是否带掉电保持功能，需要查阅对应机型PLC的使用手册。

不同品牌可编程控制器的编程元件品种数量不尽相同，但常用编程元件的类型大致相同。FX$_{2N}$系列PLC具有数十种编程元件，表5.2给出了FX$_{2N}$系列PLC编程元件。

表5.2

FX₂ₙ系列PLC编程元件一览表

型号 元件		FX₂ₙ-16M	FX₂ₙ-32M	FX₂ₙ-48M	FX₂ₙ-64M	FX₂ₙ-80M	FX₂ₙ-128M	扩展时
输入继电器X		X000~X0078点	X000~X01716点	X000~X02724点	X000~X03732点	X000~X04740点	X000~X07764点	X000~X26184点	合计256点
输出继电器Y		Y000~Y0078点	Y000~Y01716点	Y000~Y02724点	Y000~Y03732点	Y000~Y04740点	Y000~Y07764点	Y000~Y26184点	
辅助继电器M		M0~M499500点一般用		【M500~M1023】524点保持用		【M1024~M3071】2038点保持用		【M8000~M8255】256特殊用
继电器S		500点一般用		400点保持用			100点特殊用	
定时器T		T0~T99200点100ms子程序用…T192~T199		T200~T24546点10ms		【T246~T249】4点1ms累积		【T250~T255】6点100ms累积
计数器C	16位增量计数器	C0~C99100点一般用		【C100~C199】100点保持用		【C200~C219】20点一般用	【C220~C234】15点保持用	
	32位可逆计数器					【C235~C245】1相1输入		【C246~C250】1相2输入
	32位高速可逆计数器						【C251~C255】1 2相输入	
数据寄存器D、V、Z		D00~D199200点一般用		【D200~D511】312点保持用		【D512~D7999】7488点保持用 D1000后可以设定做文件寄存器使用	D8000~D8195256点特殊用	V7~V0Z7~Z016点变址用
嵌套指针		N0~N78点主控用		P0~P127128点跳跃、子程序用、分支式指针		100*~150*6点输入中断用指针	I010~I0606点计数器中断用指针	I6*~I8*3点定时器中断用指针
常数	K	16位：-32768~32767				16位：-32768~32767	32位：-2147483648~2147483647	
	H	16位：0~FFFFH				16位：0~FFFFH	32位：0~FFFFFFFH	

注：【 】内的软元件为停电保持区域。

1. 非停电保持区域。根据设定的参数，可变更为停电保持区域。
2. 停电保持区域。根据设定的参数，可变更为非停电保持区域。
3. 固定的停电保持区域，不可变更。
4. 不同系列的对应功能请参见特殊软元件一览表。

（5）FX$_{2N}$系列可编程控制器的硬件接线

FX$_{2N}$系列PLC外围设备连接图如图5.5所示。

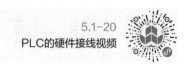

5.1-20
PLC的硬件接线视频

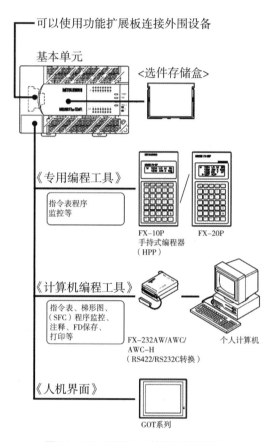

图5.5　FX$_{2N}$系列PLC外围设备连接图

　　输入接口的主要作用是完成外部信号到PLC内部信号的转换。PLC的输入点连接输入信号，元器件主要是开关、按钮、传感器等触点类型的元器件，在接入PLC时，触点的两个接线端分别连接到输入点及输入公共端。FX$_{2N}$系列PLC输入接线图示例如图5.6所示。

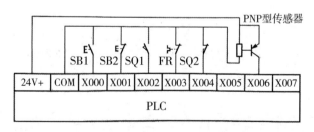

图5.6　FX$_{2N}$系列PLC输入接线图示例

　　输出接口的主要作用是完成PLC内容信号到外部信号的转换。PLC输出点连接的元器件主要是继电器、接触器、电磁阀的线圈或其他负载，这类元件根据自身所需额定电压采用PLC机之外的电源供电。接线时，负载的一端接输出点，一端经过电源接输出的公共端，由PLC输出点的状态值进行驱动控制。由于负载所需的电源种类及电压不同，输出口公共端分为许多组，且组间是隔离的。FX$_{2N}$系列PLC输出接线图示例如图5.7所示。

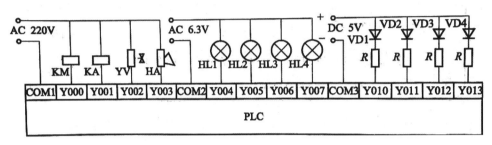

图5.7　FX$_{2N}$系列PLC输出接线图示例

5.1.4　问题思考

5.1-21
问题思考答案

1. 思考题

　　请查询相关资料、调研企业，总结你所在的城市PLC应用在哪些领域？今后发展趋势是怎样的？

2. 填空题

（1）＿＿＿＿＿＿＿＿简称PLC。

（2）可编程控制器编程语言有＿＿＿＿＿、＿＿＿＿＿、＿＿＿＿＿、＿＿＿＿＿和＿＿＿＿＿。

（3）可编程控制器由＿＿＿＿＿、＿＿＿＿＿、＿＿＿＿＿、＿＿＿＿＿和＿＿＿＿＿等硬件组成。

（4）输入继电器和输出继电器采用＿＿＿＿＿进制编写地址。

3. 单选题

（1）可编程控制器通过编程，灵活地改变其控制程序，相当于改变了继电器控制的（　　　）。

　　A. 主电路、控制电路　　　B. 控制电路　　　　C. 软接线　　　　D. 硬接线

（2）可编程控制器是一种专门在（　　　）环境下应用而设计的数字运算操作的电子装置。

　　A. 工业　　　　　　　　B. 军事　　　　　　C. 商业　　　　　D. 农业

（3）可编程控制器的特点是（　　　）。

A. 不需要大量的活动部件和电子元件，接线大大减少，维修简单，维修时间缩短，性能可靠

B. 统计运算、计时、计数采用了一系列可靠性设计

C. 数字运算、计时编程简单，操作方便，维修容易，不易发生操作失误

D. 以上都是

（4）（　　　）阶段读入输入信号，将按钮、开关触点、传感器等输入信号读入到存储器内，读入的信号一直保持到下一次该信号再次被读入时为止，即经过一个扫描周期。

A. 输出采样　　　　　　　B. 输入采样　　　　C. 程序执行　　　D. 输出刷新

（5）（　　　）阶段把逻辑解读的结果，通过输出部件输出给现场的受控元件。

A. 输出采样　　　　　　　B. 输入采样　　　　C. 程序执行　　　D. 输出刷新

（6）正常时每个输出端口对应的指示灯应随该端口（　　　）。

A. 无输出或有输出而亮或熄　　　　　　　B. 有输出或无输出而亮或熄

C. 有无输入而亮或熄　　　　　　　　　　D. 有无输入均亮

（7）（　　　）是PLC中专门用来连接外部用户输入设备，只能由外部信号所驱动。

A. 输入继电器　　　　　　B. 输出继电器　　　C. 辅助继电器　　D. 计数器

4. 问答题

（1）简述可编程控制器的定义。

（2）请列举出几款常见可编程控制器品牌。

（3）PLC的输出有哪几种形式？分别适用于驱动什么类型的负载？

（4）三菱FX$_{2N}$系列PLC的编程元件有哪些？

5.1.5 知识拓展

 5.1-22 三菱PLC常见产品	 5.1-23 梯形图与继电器控制 电路图的比较	 5.1-24 FX$_{2N}$系列可编程控制器 使用手册

任务 5.2
三相异步电动机单向运行PLC控制系统的设计

5.2.1 教学目标与思路

【教学目标】

知识目标	能力目标	素养目标	思政要素
1. 熟悉输入继电器、输出继电器的使用方法； 2. 掌握逻辑取、输出、触点串并联、电路块串并联、脉冲式触点、脉冲输出、空操作、结束等指令的使用方法； 3. 了解梯形图的编程注意事项。	1. 能利用PLC基本指令编写程序实现简单的控制； 2. 会利用编程软件完成简单的编程、调试； 3. 能完成PLC的外部接线。	1. 树立正确使用工具、设备的安全意识； 2. 培养节约勤俭的习惯； 3. 具有团队合作精神。	1. 面对问题锲而不舍的精神； 2. 大力弘扬中国智慧及数字产业发展。

【学习任务】掌握三菱FX_{2n}系列可编程控制器的基本指令，能完成PLC与计算机的连接和设置，用编程软件编写简单的控制程序，并完成三相异步电动机单向运行控制系统的安装及程序调试。

【建议学时】8学时

【思维导图】

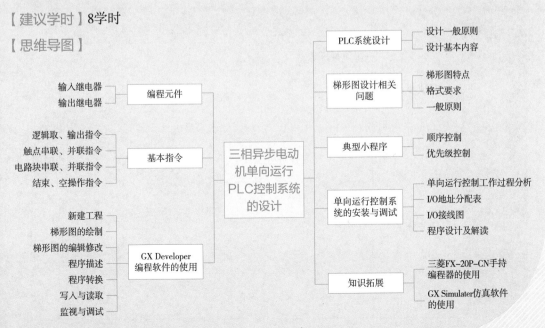

5.2.2 学生任务单

任务名称	三相异步电动机单向运行PLC控制系统的设计	
学生姓名	班级学号	
同组成员		
负责任务		
完成日期	完成效果	
	教师评价	

学习任务	1. 了解常用编程软件，知道编程一般规则，熟悉GX-Developer编程软件的使用； 2. 掌握逻辑取、输出、触点串联与并联、电路块串联与并联、结束、空操作、脉冲输出、脉冲式触点等基本指令的使用； 3. 能够完成三相异步电动机单向运行PLC控制系统安装与程序调试。

自学简述	课前预习	学习内容、浏览资源、查阅资料
	拓展学习	任务以外的学习内容

任务研究	完成步骤	用流程图表达		
	任务分工	任务分工	完成人	完成时间

本人任务	
角色扮演	
岗位职责	
提交成果	

任务实施	完成步骤	第1步	
		第2步	
		第3步	
		第4步	
		第5步	
	问题求助		
	难点解决		
	重点记录		
学习反思	不足之处		
	待解问题		
	课后学习		

过程评价	自我评价 （5分）	课前学习	时间观念	实施方法	知识技能	成果质量	分值
	小组评价 （5分）	任务承担	时间观念	团队合作	知识技能	成果质量	分值

5.2.3 知识与技能

1. 知识点——编程文件

（1）输入继电器X

输入继电器用于接受和存储输入端子的输入信号。机箱上的输入端是从外部接收开关信号的窗口，如开关、传感器等输入信号。输入继电器常开、常闭触点符号如图5.8所示。

5.2-1
输入、输出继电器课件

5.2-2
输入、输出继电器视频

图5.8　输入继电器常开、常闭触点符号

1）编号规则。FX$_{2N}$系列可编程控制器采用八进制地址编号，每个编号对应的输入继电器在存储区中占一位，编号范围为X000~X267（184点）。不同机型实际可用数量及编号不同。

2）功能特点。PLC输入端连接外部的输入信号，例如按钮、行程开关、热继电器等元件的触点。每个输入端子在PLC内部都有一个输入继电器X与之对应，输入继电器是通过隔离电路与外部输入信号相连接，并根据输入信号状态来改变输入触点的状态。需要注意的是，输入继电器必须由外部信号来驱动，不能用程序驱动，所以输入继电器的状态不受程序影响。输入继电器的触点使用次数不受限制。如图5.9为输入继电器工作情况示意图，当按下按钮SB，X000常开触点闭合，有信号输入；松开按钮SB，X000常开触点恢复断开，无信号输入。

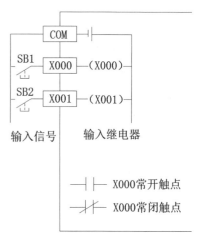

图5.9　输入继电器工作情况示意图

（2）输出继电器Y

输出继电器用于存储程序执行的结果，并用输出继电器的状态驱动外部输出端所接的负载元件。输出继电器常开、常闭触点及线圈符号如图5.10所示。

1）编号规则。FX$_{2N}$系列PLC输出继电器采用八进制地址编号，一个输出继电器在存储区中占一位，输出继电器编号范围为Y000–Y267（184点）。不同机型实际可用数量及编号不同。

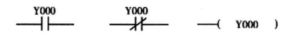

图5.10　输出继电器常开、常闭触点及线圈符号

2）功能特点。PLC的输出端连接外部负载，例如接触器线圈、电磁阀、照明灯等，每个输出继电器Y都对应一个输出端子，输出继电器通过隔离电路与外部负载连接，并会影响与之对应的输出触点的状态。输出继电器的线圈状态只由程序的执行结果决定，对外提供一个供驱动负载用的外部常开触点，用来直接通断外部电路，对内的常开、常闭触点可以无限次读取使用。如图5.11所示，当Y000线圈得电，则KM1线圈通路被接通而得电，负载此时被驱动，其他输出类似。

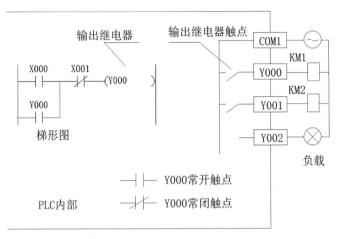

图5.11　输出继电器功能特点

2．知识点——基本指令

（1）逻辑取、输出指令

LD：取指令，用于常开触点接到左母线上，在分支起点也可以使用。

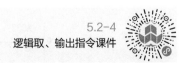

5.2-3
触点串联、并联指令课件

LDI：取反指令，用于常闭触点接到左母线上，与LD用法类似。

OUT：输出指令，也叫线圈驱动指令，是对输出继电器、辅助继电器、状态继电器、定时器、计数器的线圈驱动，对于输入继电器不能使用输出指令。OUT指令用于并行输出，在梯形图中相当于多个并联。OUT指令能连续使用多次，不能串联使用。

LD、LDI是一个程序步指令，一个程序步即是一个字；OUT指令是多程序步指令，要视目标元件而定，对Y、M操作1个程序步，S、特殊M是2个程序步，T是3个程序步，C是3~5个程序步。

LD、LDI、OUT指令的应用如图5.12所示。

（2）触点串联、并联指令

AND：与指令，用于单个常开触点的串联。

5.2-4
逻辑取、输出指令课件

ANI：与非指令，用于单个常闭触点的串联。

OR：或指令，用于单个常开触点的并联。

ORI：或非指令，用于单个常闭触点的并联。

```
0    X000
     ┤├────────(Y000    )      0    LD     X000
                                1    OUT    Y000
     X001                       2    LDI    X001
2    ┤/├───┬────(M0      )      3    OUT    M0
          │                    4    OUT    C0           K20
          │     K20            7    LD     T0
          └────(C0      )      8    OUT    Y001

     T0
7    ┤├────────(Y001    )
```

图5.12　LD、LDⅠ、OUT指令的应用

AND、ANI、OR、ORI都是一个程序步指令，串联、并联的触点个数没有限制，指令可以连续多次使用。仅用于单个触点的连接。如图5.13所示，当使用OUT指令驱动线圈Y001后，通过触点X004驱动线圈Y002，可重复使用OUT指令，实现并联输出。但是如果驱动顺序换成如图5.14所示的形式，则必须用分支相关指令，这时程序步增多，不推荐使用。OR、ORI指令的使用如图5.15所示。

（3）电路块并联、串联指令

ORB：串联电路块或指令，用于两个或两个以上电路块并联连接，也称作或块指令。

5.2-5
电路块并联、串联
指令视频

ANB：并联电路块与指令，用于两个或两个以上电路块串联连接，也称作与块指令。

5.2-6
电路块并联、串联
指令课件

电路块的串联与并联指令，均为1个程序步。

两个或两个以上的触点串联连接的电路叫串联电路块。串联电路块并联连接时，分支开始用LD、LDI指令，分支结束用ORB指令。ORB指令不带操作元件，指令后面不跟任何软元件及其编号。使用时如果有多个串联电路块

```
     X000   X001                0    LD     X000
0    ┤├────┤├────────(Y000 )    1    AND    X001
                                2    OUT    Y000
     X002   X003                3    LD     X002
3    ┤├────┤/├────────(Y001 )   4    ANI    X003
                                5    OUT    Y001
            X004                6    ANI    X004
            ┤/├──────(Y002 )    7    OUT    Y002
```

图5.13　AND、ANI指令的使用

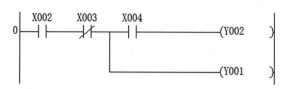

```
     X002   X003   X004
0    ┤├────┤/├────┬─┤├──────(Y002 )
                  │
                  └─────────(Y001 )
```

图5.14　不推荐的输出电路形式

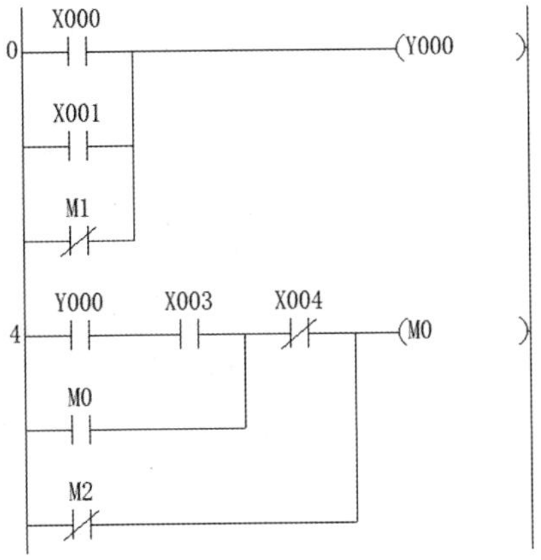

图5.15　OR、ORI指令的使用

按顺序与前面的电路并联时，对每个电路块使用ORB指令。如图5.16（a）所示梯形图示例，图5.16（b）为ORB指令的使用，此时对ORB指令使用的次数没有限制。如果集中使用ORB指令，在多个串联电路并联连接后，重复多次使用ORB指令，如图5.16（c）所示，但由于LD、LDI指令的重复次数限制在8次以下，因此这种电路块并联的个数限制在8个以下。一般不推荐集中使用ORB指令的方式。

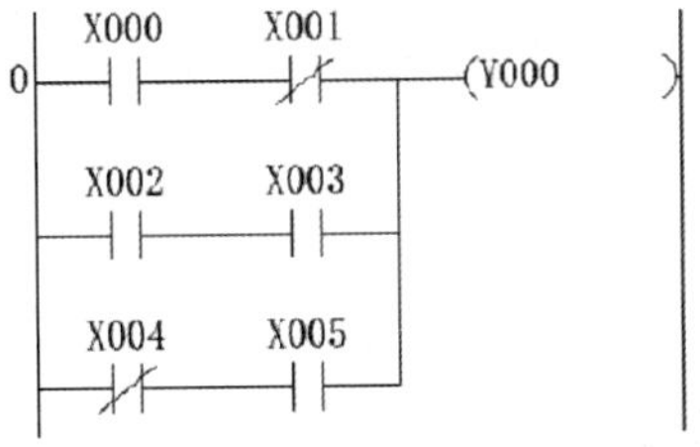

图5.16　ORB指令的使用
（a）梯形图；（b）推荐的指令表；（c）不推荐的指令表

　　两个或两个以上触点并联的电路称为并联电路块。并联电路块串联连接时，分支的起点用LD、LDI指令，并联电路块结束后用ANB指令。ANB指令不带操作元件，指令后面不跟任何软元件及其编号。若有多个并联电路块按顺序与前面的电路串联时，对每个电路块使用ANB指令，则对串联的回路个数没有限制。与ORB指令类似，若集中使用ANB指令串联连接多个并联电路块时，这种电路块串联的个数也限制在8个以下。ANB指令的使用如图5.17所示。

```
0   LD    X000
1   OR    X001
2   LD    X002
3   ANI   X003
4   LDI   X004
5   AND   X005
6   ORB
7   OR    X006
8   ANB
9   OR    X007
10  OUT   Y001
```

图5.17　ANB指令的使用

（4）结束、空操作指令

NOP是空操作指令，是一条无动作、无目标的指令，占一个程序步。若将已写入的指令换成NOP，则该指令被删除，执行插入功能后，会插入一个NOP指令，用NOP代替AND和ANI，相当于串联接点被短路，用NOP代替OR和ORI，相当于触点两端被开路。

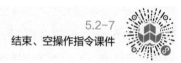

5.2-7
结束、空操作指令课件

END是程序结束指令，是一条无目标的指令，占一个程序步。若在程序的最后写入END指令，则END以后的程序不再执行。如果程序结束不用END，会延迟程序执行时间且PLC会提示程序出错而不能运行。在程序调试阶段，各程序段插入END，可依次检查各程序段的动作，确认前面程序动作无误后，再依次删去END指令，有助于程序的调试。

3．知识点——PLC控制系统的设计

（1）PLC控制系统设计的一般原则

任何一种电气控制系统都是为了实现被控对象的工艺要求，以提高生产效率和产品质量。因此，在设计PLC控制系统时，应遵循以下基本原则：

5.2-8
PLC控制的实现动画

1）最大限度地满足被控对象的控制要求。

2）在满足控制要求的前提下，力求使控制系统简单、经济、实用，维修方便。

3）保证控制系统安全，可靠。

4）考虑到生产发展和工艺改进，在选择PLC容量时，应适当留有余量。

（2）PLC控制系统设计基本内容

PLC控制系统是由 PLC与用户输入，输出设备连接而成的。因此，PLC控制系统的基本内容包括以下几点：

1）选择用户输入设备、输出设备以及由输出设备驱动的控制对象。

2）PLC的选择应包括机型、容量、I/O点数的选择，电源模块以及特殊功能模块的选择等。

3）分配I/O点，绘制电气接线图，考虑必要的安全保护措施。

4）设计控制程序，包括梯形图、指令表或控制系统流程图。

5）必要时设计控制台。

6）编制系统的技术文件，包括说明书、电气图及电气元件明细表等。

4. 知识点—梯形图设计相关问题

（1）梯形图的特点

梯形图编程语言虽然和继电接触器控制线路的结 构非常相似，但其程序执行过程以及内部元件都有着 本质上的区别。梯形图中所使用输入、输出和内部继 电器等编程元器件的"常开""常闭"触点，其本质是PLC内部某一存储器的数据"位" 状态，且在任意时刻，状态是唯一的，不可能出现两者同时为"1"的情况，"常开""常 闭"触点存在严格的"非"关系。

5.2-9
梯形图设计的
相关问题课件

梯形图程序所使用的内部继电器、输出线圈等编程元件，并非实际存在的物理继 电器。程序对线圈的输出，只意味着将PLC内部某一存储器的数据"位"的状态进行赋 值。值被置"1"对应于线圈"得电"，值被置"0"对应于线圈"断电"。

梯形图中的连线代表各指令之间的连接顺序关系，不存在实际电流，为便于分 析表述，这里只认定一个假象电流在梯形图中流过。在梯形图中的每一输出线圈有各自 独立的逻辑控制关系，相互之间不能用连线或者触点直接相连。

（2）梯形图的格式要求

1）梯形图按自上而下、从左到右的顺序排列，每一行从左至右顺序编写。每一行 的开始是触点群组成的"工作条件"，最右边是线圈表达的"工作结果"。一行写完， 自上而下依次再写下一行。

2）梯形图最左边是起始母线，每一逻辑行必须从左母线开始画起。左母线右侧放 置输入接点和内部继电器触点。

3）梯形图的最右边是右母线，可以省略不画，与右母线相连的是输出线圈，可以 是内部继电器线圈、输出继电器线圈或定时/计数器。每个梯形图由多个梯级组成，每 个梯级可由多个支路组成，但每个支路必须有一个输出元件。

4）触点有各种连接，可以任意串，并联，而输出线圈只能并联，不能串联。

5）一般情况下，某个编号的继电器线圈只能出现一次，而继电器触点则可无限次 使用。这是由于每一触点的状态存入PLC内的存储单元，可以反复读写。

6）输入继电器不能由内部其他继电器的触点驱动，它只供PLC接收外部输入信 号，故在梯形图中不会出现输入继电器线圈。

7）输出继电器是由PLC作输出控制用，驱动外部负载，故当梯形图中输出继电器 线圈接通时，表示相应的输出点有输出信号。

8）一个完整的梯形图程序必须用"END"结束。

（3）设计梯形图程序的一般原则

1）合理安排元件的顺序，可以减少一些不必要的指令，降低PLC内存占用，提升处理速度。元件安排不合理的梯形图和指令，如图5.18所示，当修改为图5.19所示的形式后，能减少ANB、ORB指令，梯形图更合理容易解读。因此，梯形图中，并联块电路尽量画在梯形图的左侧，其他单个元件尽量画在后面；并联块电路中，元件数多的尽量画在上方，元件少的放在下方。

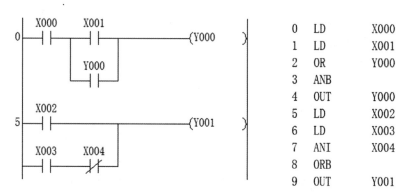

图5.18　不合理的梯形图和指令

图5.19　修改后梯形图和指令

2）元件的线圈不能串联，如图5.20所示。

图5.20　线圈之间不能串联

3）线圈后面不能接其他元件的触点，线圈也不能不经过任何触点，直接接到左母线，如图5.21所示。

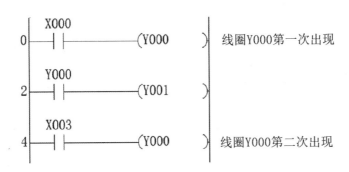

图5.21　线圈后面不能跟串联、线圈不能直接接左母线

　　4）梯形图不能对同一个线圈多次输出，如果出现多次线圈的输出，则只会对最后一个线圈输出，如图5.22所示。

```
     X000
0 ───┤├──────────────(Y000  )    线圈Y000第一次出现

     Y000
2 ───┤├──────────────(Y001  )

     X003
4 ───┤├──────────────(Y000  )    线圈Y000第二次出现
```

图5.22　同一线圈不能多次输出

　　5）梯形图要以常规易懂、程序步较少的原则绘制，方便解读。
　　5. 技能点——GX Developer编程软件的使用
　　可编程控制器的程序输入可以通过手持编程器、专用编程器或计算机完成。手持编程器体积小且携带方便，适合现场调试使用，但进行程序输入或解读分析时，采用功能强、可视化程度高的专用编程器更方便，但其价格高，通用性差。利用计算机进行PLC的编程、通信更显优势，并且计算机除可进行PLC的编程外，还可作为一般计算机的用途，兼容性好，利用率高。因此，采用计算机进行PLC的编程已成为一种趋势。

5.2-10
GX Developer编程
软件的使用课件

　　GX Developer编程软件是三菱公司研制的PLC编程软件，利用该软件可以对程序进行直观监视，便于分析程序的运行。程序设计的基本操作步骤如下。

5.2-11
GX Developer编程
软件的使用视频

　　（1）新建工程
　　根据计算机配置环境、GX Developer程序安装要求，完成安装，启动该程序，即可进入初始启动界面。点击初始启动界面菜单栏中［工程］菜单项并在弹出的菜单条中选取［创建新工程］，即出现如图5.23所示对话框。根据所使用的机型选择［PLC系列］和［PLC类型］，以及选择［程序类型］，对话框中默认为［梯形图］。勾选［设置工程名］复选项，在［工程名］文本框中输入工程名，选择保存路径，点击［确定］按钮后，新工程建立完毕。程序编辑主界面划分为以下分区：菜单栏、工具栏、功能键栏、编辑区、状态栏等，如图5.24所示。

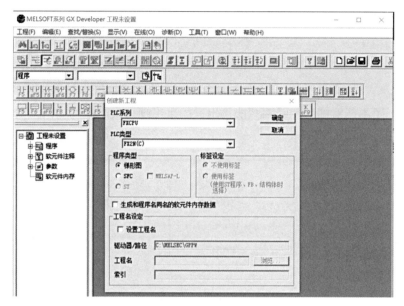

图5.23　[创建新工程]对话框

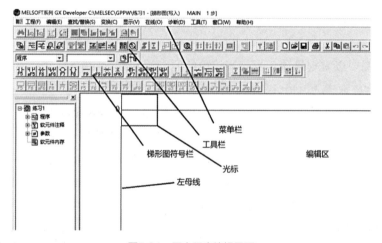

图5.24　用户程序编辑界面

（2）梯形图的绘制

编辑区左边可以见到一条竖直的线，这就是梯形图中左母线。蓝色的方框为光标，梯形图的绘制有两种方法：一是取用梯形图符号工具栏中的相关指令符号进行设计，如图5.25所示；二是在梯形图编辑区直接输入指令。

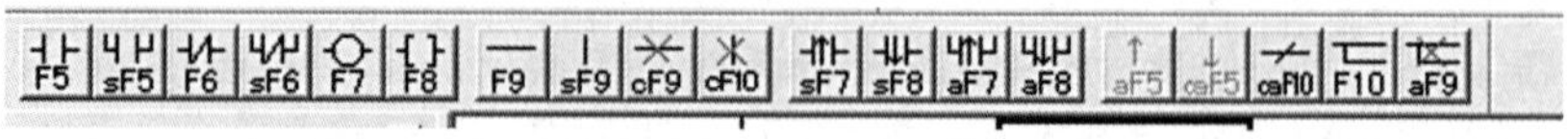

图5.25　梯形图符号工具栏

例如，要输入一个常开触点X000，在工具栏中点选 ⊞ 或者按快捷键［F5］，则出现一个如图5.26所示的对话框，在文本框中输入"X0"，单击［确定］，用类似操作即可完成触点及线圈的输入。或者在编辑区直接从键盘输入"LD X0"，则出现如图5.27所示的对话框，输入触点的地址及其他有关参数后点击［确定］按钮，要输入的常开触点及其地址就出现在编辑区蓝色光标所在的位置。

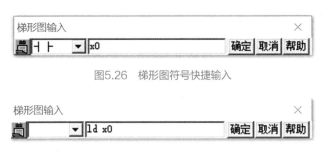

图5.26　梯形图符号快捷输入

图5.27　键盘直接输入

（3）梯形图的编辑修改

在输入梯形图时，可以对梯形图进行编辑修改。

添加元件：光标放置到需要添加元件的位置，直接输入指令或者选择指令符号；

修改元件：光标放置到需要修改的元件位置，直接输入指令或者选择指令符号即可覆盖原来的元件；

删除元件：光标放置到需要删除的触点位置，按下Del键可删除该处文件；

行插入：光标移到要插入行的位置，单击［编辑］命令，下拉菜单中单击［行插入］命令，则在光标所在行出现一个空行；

行删除：光标移到要删除行的位置，单击［编辑］命令，下拉菜单中单击［行删除］命令，则光标所在行被删除；

元件查找和替换：单击［查找/替换］命令，下拉菜单中单击［软元件查找］［软元件替换］命令，输入相应的元件，即可查找或者替换。该命令也可以对指令进行查找替换。

（4）程序描述

软元件注释是为了对梯形图中元件的用途进行说明，使编辑界面上能够显示各软元件的用途，方便对梯形图的解读。

（5）程序转换

程序编辑后，界面底色是灰色的，要变换后变为白底才能传送给PLC。选择［在线］菜单，下拉菜单中单击［变换］命令，或者单击［F4］键。若程序有错误，则界面底色保持灰色且光标移至出错区域。程序错误修改直至无误，变换即可完成。

（6）写入与读取

传输设置：编辑完成的梯形图程序与PLC之间的传输，要先进行传输设置。PLC与计算机端口连接后，选择［在线］菜单，下拉菜单中单击［传输设置］命令，可以进行PLC与PC的串口通信口及通信方式的设定，也可以进行网络站点的设定和通信测试。

PLC读/写：选择［在线］菜单，下拉菜单中单击［PLC读取］命令，用于将PLC中的程序读出到计算机中进行修改；下拉菜单中单击［PLC写入］命令，用于将已编辑的梯形图程序写入到PLC中。

（7）监视与调试

程序监视与调试是程序设计开发的重要环节，经过运行调试后比较容易发现程序中不合理的地方。

监视：选择［在线］菜单，下拉菜单中单击［监视］-［监视模式］命令，监视菜单如图5.28所示。在梯形图上可以观察到各输入、输出元件的运行状态及数值变化。在监视状态中，选择［在线］菜单，下拉菜单中单击［监视停止］则终止监视状态，回到编辑状态。

图5.28　监视菜单

调试：选择［在线］菜单，下拉菜单中单击［调试］-［软元件测试］命令，可将某些位元件值强制ON/OFF或者变更字软元件当前值，调试菜单如图5.29所示。

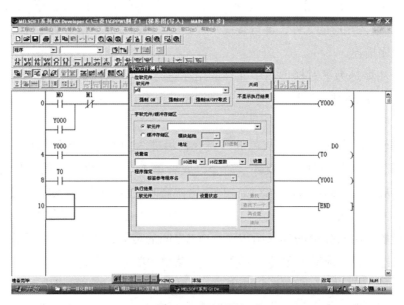

图5.29　调试菜单

6．技能点——典型小程序

（1）顺序控制

对于两台电机顺序启动连锁控制，PLC的可以利用继电器触点实现。

例：有两台电动机，按下启动按钮SB0，第一台电动机启动；在第一台已经启动的情况下，按下启动按钮SB1，可以启动第二台电动机；按下停止按钮SB2，两台电动机同时停止。利用输出继电器实现顺序控制PLC接线图如图5.30所示，梯形图见图5.31。

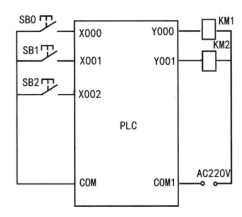

图5.30　两台电机顺序控制PLC接线图

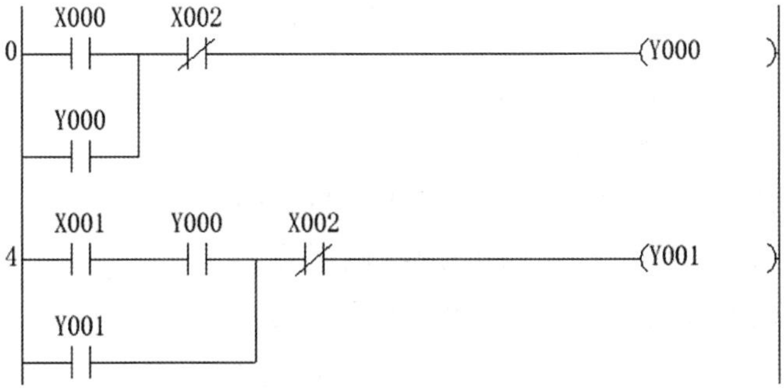

图5.31　两台电机顺序控制梯形图

（2）优先级控制

优先级控制PLC接线图如图5.32所示，图中的X000～X002输入继电器分别与三个启动按钮SB0～SB2连接，按次序控制输出继电器Y000～Y002。在任意时刻，按下SB0～SB2中的任意一个按钮，都只能有一个与所按下的按钮相对应的输出继电器得电，之后再按下其他按钮都不能有第二个输出继电器得电，这样的控制程序称为优先级控制，对应的优先级控制梯形图如图5.33所示。

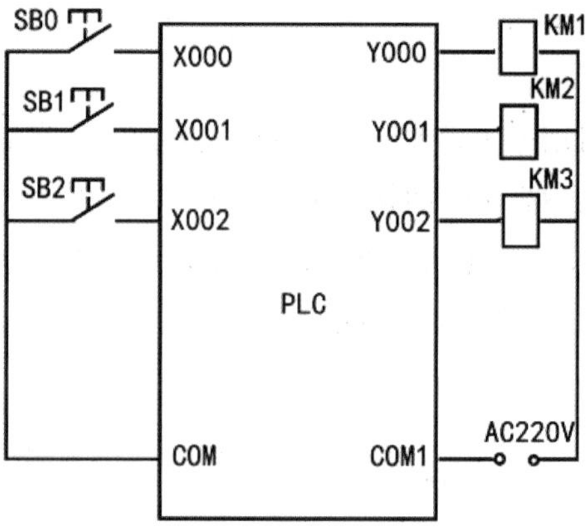

图5.32　优先级控制PLC接线图

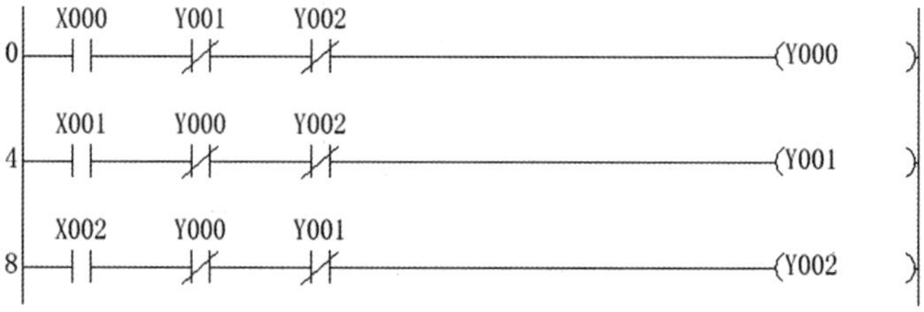

图5.33　优先级控制梯形图

7．技能点——单向运行控制系统的安装与调试

（1）单向运行控制工作过程分析

如图5.34所示为继电器实现三相异步电动机单向运行控制电路。按下按钮SB2，线圈KM得电吸合，控制电路KM常开触点闭合自锁，保持KM线圈持续得

电，主电路KM主触点闭合，电动机启动；按下SB1，线圈KM失电，主电路KM主触点恢复断开，电机停止。该控制逻辑关系用PLC替换，分析后可得，PLC输入信号有3个，其中2个按钮做三相异步电动机的启动、停止信号，热继电器的触点做过载保护信号；输出信号1个，控制接触器线圈，从而驱动电动机。

（2）I/O地址分配表

三相异步电动机单向运行输入/输出地址分配表如表5.3所示，启动按钮SB1接于X000，停止按钮SB2接X001，热继电器触点FR接X002，交流接触器线圈接输出Y000，这里尤其要注意输入元件外接的是常开触点，如果接常闭触点，程序中的逻辑关系的体现要有所变化。

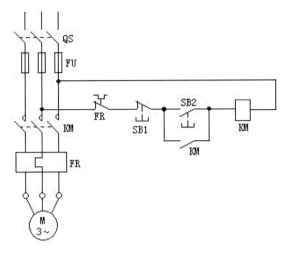

图5.34　继电器实现三相异步电动机单向运行控制电路

三相异步电动机单向运行输入/输出地址分配表　　　　　表5.3

输入			输出		
元件	功能	地址	元件	功能	地址
SB1	启动按钮	X000	KM	电机运行线圈	Y000
SB2	停止按钮	X001			
FR	过载保护	X002			

（3）I/O接线图

三菱FX₂ₙ系列可编程控制器内部提供了24V直流电源，因此外部启动按钮、停止按钮、热继电器触点可以直接接在输入端子和COM端之间，接触器线圈KM接在输出端子和公共端COM1之间，并外接与线圈电压匹配的电源，接线图如图5.35所示。

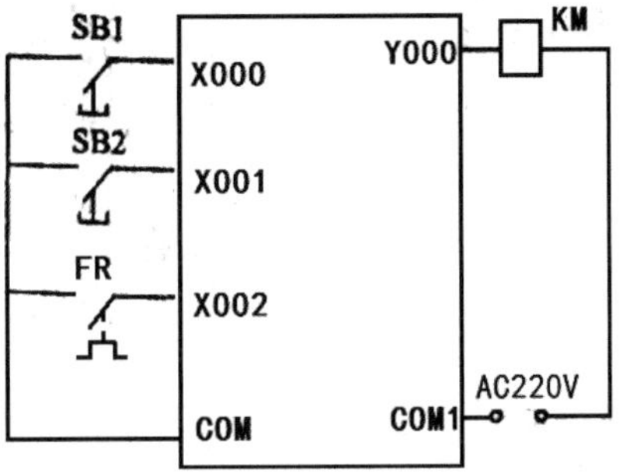

（4）程序设计及解读

三相异步电动机单向运行梯形图如图5.36所示。启动时，按下按钮SB1，输入继电器X000接通，PLC面板上X000对应的LED指示灯亮，梯形图中常开触点X000动作闭合，输出继电器Y000线圈得电值为"1"，Y000对应的LED指示灯亮，接触器KM线圈通路得到220V交流电压，此时接触器KM吸合，电动机回路主触点KM闭合，电机启动。停止时，按下停止按钮SB2，X001接通，梯形图中常闭触点X001动作断开，输出继电器Y000失电值为"0"，Y000对应的LED指示灯灭，线圈KM失电，电动机回路主触点KM断开，电机停止。

图5.35　三相异步电动机单向运行I/O接线图

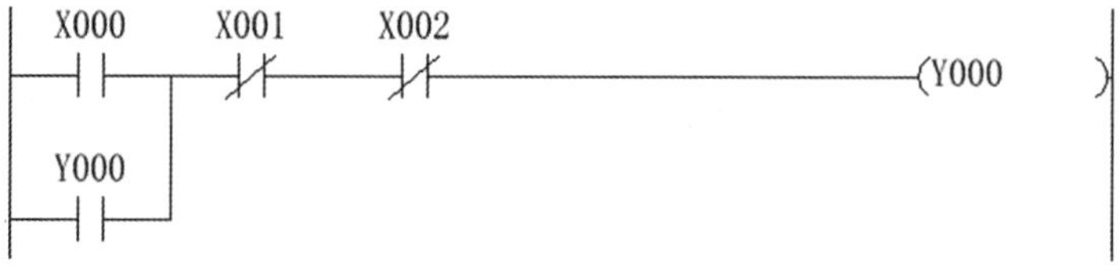

图5.36 三相异步电动机单向运行梯形图

图5.36中的梯形图可以理解为与继电接触器控制系统的长动控制电路所对应的逻辑关系，梯形图中的Y000常开触点的作用称为自锁，当启动按钮SB1从按下到松开后，输入继电器X000断开，但是线圈Y000依然能依靠Y000动合触点保持接通状态，这段程序实现自锁功能，称作自锁程序。

5.2.4 问题思考

1．思考题

PLC控制系统与继电接触器控制系统的区别是什么？

2．填空题

（1）在FX系列PLC的基本逻辑指令中，取指令是_____，驱动线圈指令是_____，与指令是_____，或指令是_____。

（2）在程序最后写入_____指令，则该指令以后的程序不再执行。

3．单选题

（1）（   ）指令为与非指令。

A．ANI   B．AND   C．ORI   D．OR

（2）两个或两个以上电路块并联连接的指令，称作（   ）。

A．与块指令   B．或块指令   C．块指令   D．并联指令

（3）编程时，并联线圈电路中，从分支到线圈之间无触点的线圈，应放在（   ）。

A．上方   B．下方   C．中间   D．左侧

（4）三相异步电动机启动、停止电路的梯形图中，对于自锁环节应使用（   ）来编程。

A．常开触点   B．常闭触点

C．常开常闭均可   D．延时触点

4．问答题

（1）简述PLC编程的一般原则有哪些？

（2）简述用编程软件编制一个程序文件的步骤。

5．综合题

（1）将下面的指令转化为对应的梯形图。

0	LD	X000	10	OUT	M0
1	ORI	X003	11	LD	M100
2	LDI	M101	12	ANI	X004
3	AND	M102	13	LDI	X005
4	LD	X002	14	AND	Y001
5	AND	X003	15	ORB	
6	ORB		16	ANI	X006
7	ANB		17	OUT	Y000
8	ORI	X004	18	OUT	Y001
9	ANI	X001	19	END	

（2）如图5.37所示梯形图，试写出指令。

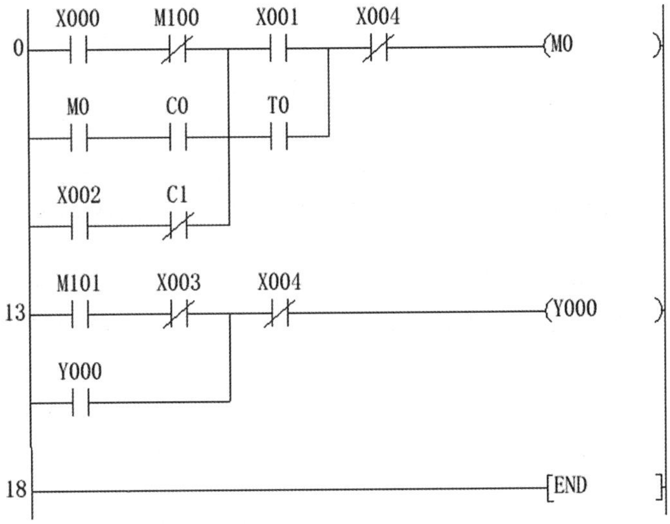

图5.37　习题5-（2）图

（3）楼道中有一盏照明灯，楼上有两个按钮SB1、SB2，用于开启和关闭，楼下也有两个按钮SB3、SB4用于开启和关闭。楼上楼下均能点亮或熄灭楼道的照明灯。请根据要求设计控制系统。

1）列出I/O分配表；

2）绘制PLC的接线图；

3）编写PLC梯形图程序。

（4）如图5.38所示为两台电动机按顺序先后启动同时停止的继电–接触器控制电路图，请根据控制电路完成利用PLC实现的顺序控制。要求：

1）列出I/O分配表；

2）绘制PLC的接线图；

3）编写PLC梯形图程序。

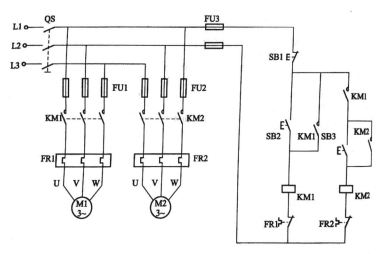

图5.38 习题5-（4）图

5.2.5 知识拓展

5.2-14 三菱FX-20P-CN手持编程器编程手册

5.2-15 GX Simulator仿真软件的使用视频

任务 5.3
三相异步电动机可逆运行PLC控制系统的设计

5.3.1 教学目标与思路

【教学目标】

知识目标	能力目标	素养目标	思政要素
1. 了解堆栈指令，掌握主控指令的使用方法； 2. 掌握几种典型程序的编程方法； 3. 掌握互锁程序的编程方法。	1. 能编写程序实现简单的控制要求； 2. 能通过对互锁程序的理解完成可逆运行控制的程序编写、外部接线，并能利用编程软件完成监视调试。	1. 融会贯通、举一反三的学习理念； 2. 具有团队合作精神； 3. 爱岗敬业，树立安全生产意识。	1. 通过观看安全事故视频，了解企业安全管理流程、规范等，充分领会国家对财产的保障机制，建立良好的职业道德； 2. 做事的严谨态度与一丝不苟的工匠精神。

【学习任务】了解堆栈指令，掌握主控指令的使用方法；掌握典型小程序的编程方法，根据控制要求完成程序设计；完成三相异步电动机可逆运行控制系统的安装及程序调试；建立团队意识，培养举一反三的学习方法。

【建议学时】2学时

【思维导图】

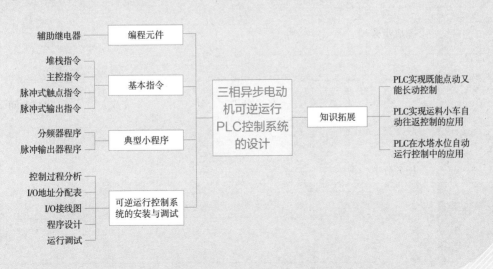

5.3.2 学生任务单

任务名称	三相异步电动机可逆运行PLC控制系统的设计	
学生姓名		班级学号
同组成员		
负责任务		
完成日期		完成效果
		教师评价

学习任务	1. 了解堆栈指令使用方法，并掌握主控指令； 2. 理解几款典型小程序，并掌握编程方法，能根据控制要求编写简单的程序； 3. 能够完成三相异步电动机可逆运行PLC控制系统安装与程序调试。

自学简述	课前预习	学习内容、浏览资源、查阅资料
	拓展学习	任务以外的学习内容

任务研究	完成步骤	用流程图表达		
	任务分工	任务分工	完成人	完成时间

		本人任务	
		角色扮演	
		岗位职责	
		提交成果	

任务实施	完成步骤	第1步	
		第2步	
		第3步	
		第4步	
		第5步	
	问题求助		
	难点解决		
	重点记录		
学习反思	不足之处		
	待解问题		
	课后学习		

过程评价	自我评价 （5分）	课前学习	时间观念	实施方法	知识技能	成果质量	分值
	小组评价 （5分）	任务承担	时间观念	团队合作	知识技能	成果质量	分值

5.3.3 知识与技能

1．知识点——编程元件

辅助继电器是PLC中数量较大的一种编程元件。辅助继电器只能由程序指令来改变状态，不同于输入继电器、输出继电器，不直接接收外界信号，也不能用来直接驱动外部的负载元件。辅助继电器没有向外的任何联系，只供内部编程使用，它的常开、常闭触点在PLC内部编程时可以无限次使用。如图5.39中的M0，只起到自锁作用，PLC主机没有与M0线圈对应的外接端子。

5.3-1
辅助继电器课件

5.3-2
辅助继电器视频

图5.39　辅助继电器的使用

辅助继电器的地址编号采用十进制，分为通用型辅助继电器、断电保持型辅助继电器和特殊用途型辅助继电器三大类。其中通用型辅助继电器和断电保持型在编程中作用类似于继电接触器电路中的中间继电器，用于存放逻辑运算的中间结果，特殊用途辅助继电器是具有一些特殊功能的辅助继电器。

（1）通用辅助继电器，地址编号范围是M000～M499，共有500点。其特点是线圈通电，触点动作，线圈断电，触点复位，没有断电保持功能。如果在PLC运行时突然断电，这些继电器将全部变为OFF状态，若再次通电之后，除了因外部输入信号而变为ON状态以外，其余的仍将保持为OFF状态。

（2）断电保持辅助继电器，地址编号范围是M500～M3071，共2572点。其中M500～M1023共524点，可用参数设置方法改为非断电保持型。PLC在运行过程中若发生停电，输出继电器和通用辅助继电器全部成为断开状态，再次得电后，断电保持辅助继电器的状态依然为断电前的状态，除外部信号直接决定，其他的仍断开，断电保持是靠PLC内装锂电池支持的。另外M1024～M3071，共2048个断电保持专用辅助继电器，它的断电保持特性无法用参数来改变。

例如：如图5.40所示SQ1、SQ2分别为小车左右位置信号，M500为右移信号，M501为左移信号。运行过程如下：X000为ON，则M500为ON，小车右移，若此时断电，小车停止，恢复供电，M500仍然为ON，小

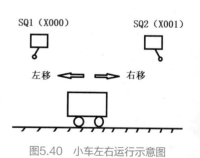

图5.40　小车左右运行示意图

```
      X000    X001
0  ──┤├──────┤/├──────────────────────────(M500)──
      ┌─┤├──┐
      M500

      X001    X000
4  ──┤├──────┤/├──────────────────────────(M501)──
      ┌─┤├──┐
      M501

8  ─────────────────────────────────────────[END]──
```

图5.41 断电保持辅助继电器应用示例梯形图

车继续右移，碰到SQ2，X001为ON，则M501为ON，小车左移。梯形图如图5.41所示，该控制过程实现了在恢复供电时，用断电保持辅助继电器使运动方向保持不变的控制功能。

（3）特殊辅助继电器，地址编号范围是M8000～M8255，共256点。特殊辅助继电器区间是不连续的，空出的辅助继电器不具备特殊功能。特殊辅助继电器的常开和常闭触点在PLC内可无限次地使用。特殊功能辅助继电器，通常分为两大类：触点利用型和线圈驱动型。

1）触点利用型。其线圈由PLC自动驱动，用户无法驱动，在编程时，用户只可以利用其触点，其触点的通或断的状态反映PLC的工作状态。

M8000：RUN运行监控，PLC运行时M8000线圈接通。

M8002：初始脉冲，仅在PLC运行开始瞬间接通一个扫描周期。

M8011：10ms时钟脉冲，以10ms为振荡周期，5ms为ON，5ms为OFF。

M8012：100ms时钟脉冲，以100ms为振荡周期，50ms为ON，50ms为OFF。

M8013：1s时钟脉冲，以1s为振荡周期，500ms为ON，500ms为OFF。

M8014：1min时钟脉冲，以1min为振荡周期，30s为ON，30s为OFF。

2）线圈驱动型。这类特殊辅助继电器的线圈可以由用户或外部驱动，之后PLC做特定动作。

M8030：当锂电池电压不足时，M8030动作，锂电池电压指示灯亮，提醒PLC维修人员，需要赶快调换锂电池。

M8033：PLC停止时输出保持。

M8034：输出全部禁止。

M8039：定时扫描。

2．知识点——基本指令

（1）栈操作指令

MPS进栈指令，MRD读栈指令，MPP出栈指令。栈操作指令也叫作多重输出指令。

5.3-3
栈操作指令课件

在FX$_{2N}$系列PLC中有11个存储单元，它们用来存储运算的中间结果，被称为栈存储器。栈存储器采用先进后出的数据存取方式。

使用MPS指令，就将此时的运算结果送入栈存储器的第一个位置，再次使用MPS指令，又将此时刻的运算结果送入栈存储器的第一个位置，而将原数据移到下一个位置。

使用MPP指令，各数据按顺序向上移动一个位置，将第一位的数据读出，同时该数据不予继续保存。MPS与MPP必须配对使用。

使用MRD指令，是读出第一个位置所存的数据，栈存储器内的数据的存储位置不发生变化。

栈操作指令可以多层嵌套使用，但最多只能11层。如图5.42～图5.47是堆栈梯形图及其指令示例，分别为一层堆栈、二层堆栈、四层堆栈。图5.48是堆栈中出现电路块后，ORB、ANB的使用实例。

图5.42　一层堆栈梯形图

0	LD	X000	10	OUT	Y002
1	AND	X001	11	MRD	
2	MPS		12	AND	X005
3	ANI	X002	13	OUT	Y003
4	OUT	Y000	14	MRD	
5	MPP		15	OUT	Y004
6	OUT	Y001	16	MPP	
7	LD	X003	17	AND	X006
8	MPS		18	OUT	Y005
9	AND	X004			

图5.43　一层堆栈指令表

图5.44　二层堆栈梯形图

0	LD	X000	9	MPP	
1	MPS		10	AND	X004
2	AND	X001	11	MPS	
3	MPS		12	AND	X005
4	AND	X002	13	OUT	Y003
5	OUT	Y001	14	MPP	
6	MPP		15	AND	X006
7	AND	X003	16	OUT	Y004
8	OUT	Y002			

图5.45　二层堆栈指令表

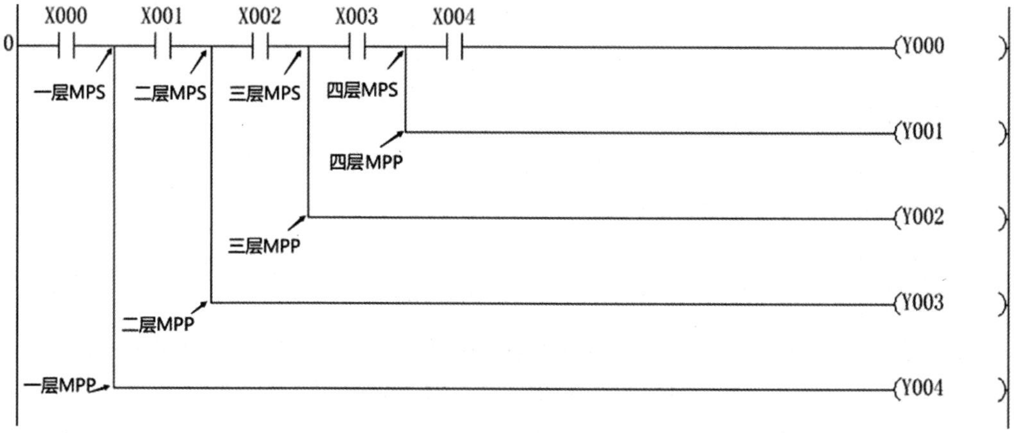

图5.46　四层堆栈梯形图

0	LD	X000		9	OUT	Y000
1	MPS			10	MPP	
2	AND	X001		11	OUT	Y001
3	MPS			12	MPP	
4	AND	X002		13	OUT	Y002
5	MPS			14	MPP	
6	AND	X003		15	OUT	Y003
7	MPS			16	MPP	
8	AND	X004		17	OUT	Y004

图5.47　四层堆栈指令表

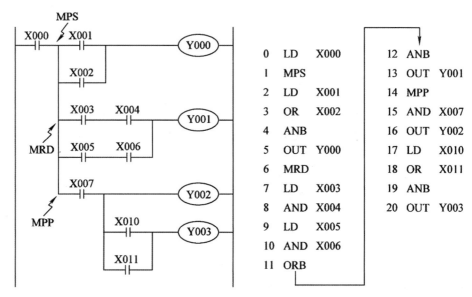

图5.48　堆栈指令与ORB、ANB的并用

（2）主控指令

MC：主控指令，用于公共串联接点的连接。

MCR：主控复位指令，即MC的复位。

5.3-4
主控指令课件

在编程时经常遇到多个线圈同时受一个或一组接点控制。如果在每个线圈的控制电路中都串入同样的接点，将多占用存储单元，应用主控指令可以解决这一问题。MC指令是3程序步，MCR指令是2程序步，操作目标元件是Y、M，但不允许使用特殊继电器M。在没有嵌套结构时常用N0编程，N0的使用次数没有限制。例如图5.49所示嵌套编号为N0，X000接通时，执行MC与MCR之间的指令；当输入条件断开时，不执行MC与MCR之间的指令。使用主控指令的接点称为主控接点，使用MC指令后，母线移到主控接点的后面，与主控接点相连的接点必须用LD或LDI指令。MCR使母线回到原来的位置。

0	LD	X000	
1	MC	N0	M100
4	LD	X001	
5	OUT	Y000	
6	LD	X002	
7	OUT	Y001	
8	MCR	N0	

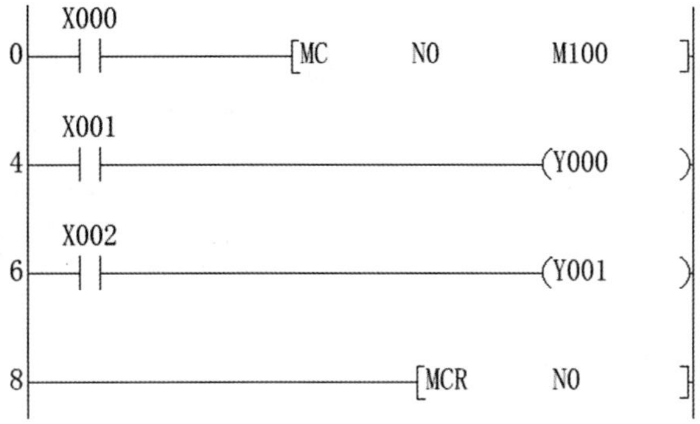

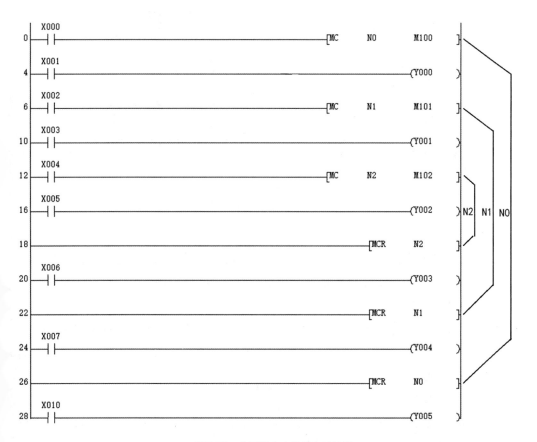

图5.49　MC、MCR指令的使用

在MC指令区内使用MC指令称为嵌套，有嵌套结构时，嵌套级N的编号（0～7）顺次增大，即N0–N1–N2–……–N7。在指令返回时，采用MCR指令，则从大的嵌套级，自内而外开始消除，如图5.50所示，先消除嵌套N2，然后返回左母线，继续消除N1，再次返回左母线，最后消除N0，返回执行之后的程序如果X002不接通，则嵌套N0内的程序不执行，N1、N2也均不会执行。

图5.50　多重嵌套主控指令的使用

（3）脉冲式触点指令

LDP：取脉冲上升沿指令，用作上升沿检测，在输入信号的上升沿接通一个扫描周期。

5.3-5
脉冲式触点、脉冲
输出指令课件

LDF：取脉冲下降沿指令，用作下降沿检测，在输入信号的下降沿接通一个扫描周期。

5.3-6
脉冲式触点、脉冲
输出指令视频

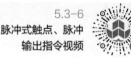

ANDP：与脉冲上升沿指令，用作上升沿检测。

ANDF：与脉冲下降沿指令，用作下降沿检测。

ORP：或脉冲上升沿指令，用作上升沿检测。

ORF：或脉冲下降沿指令，用作下降沿检测。

这组指令与LD、AND、OR指令相对应，不同在于具备脉冲特点。指令中P对应上升沿脉冲，F对应下降沿脉冲。

指令中的触点仅在所操作元件有上升沿、下降沿时在触点中导通一个扫描周期。如图5.51所示，使用LDP指令时，Y000仅在X001的上升沿时接通一个扫描周期，使用LDF指令，Y001仅在X003的下降沿时接通一个扫描周期。

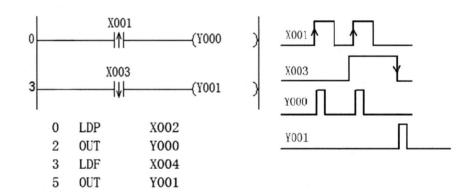

图5.51　LDP、LDF脉冲式触点指令的使用

ANDP、ANDF脉冲式触点指令的使用如图5.52所示。使用ANDP指令，在X001接通后，Y000仅在X002的上升沿时接通一个扫描周期；使用ANDF指令，在X003接通后，Y001仅在X004的下降沿时接通一个扫描周期。

ORP、ORF脉冲式触点指令的使用如图5.53所示。使用ORP指令，Y000仅在X010或X011的上升沿时接通一个扫描周期；使用ORF指令，Y001仅在X012或X013的下降沿时接通一个扫描周期。

（4）脉冲输出指令

PLS上升沿微分输出指令：也叫上升沿脉冲指令。使用PLS指令后，元件Y、M仅在驱动输入由OFF→ON（置1）时动作。

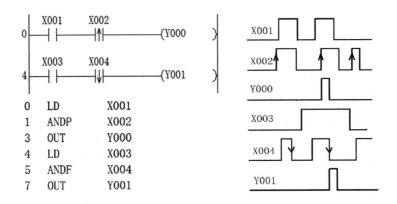

图5.52 ANDP、ANDF脉冲式触点指令的使用

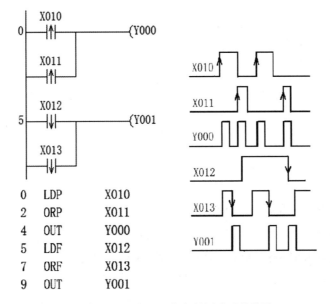

图5.53 ORP、ORF脉冲式触点指令的使用

PLF下降沿微分输出指令：也叫下降沿脉冲指令，使用PLF指令后，元件Y、M仅在驱动输入由ON→OFF（复位清零）时动作。

注意：PLS、PLF指令只能用于Y、M元件，特殊继电器不能作为PLS或PLF的操作元件。PLS、PLF指令的应用如图5.54所示。

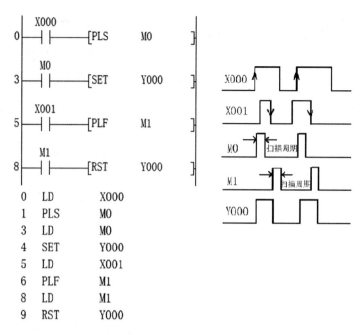

```
0   LD    X000
1   PLS   M0
3   LD    M0
4   SET   Y000
5   LD    X001
6   PLF   M1
8   LD    M1
9   RST   Y000
```

图5.54　PLS、PLF指令的应用

3．技能点——典型小程序

（1）分频器程序

1）分频程序一

波形图是根据元件的线圈、触点的动作过程画出的波形，其中高电平表示线圈得电或者触点闭合；低电平表示线圈失电或者触点断开。分频器程序梯形图

5.3-7
典型小程序课件

如图5.55所示，对其进行波形分析得到时序图如图5.56所示，由时序图可以看出，当输入继电器X000输入如图5.56所示的信号时，输出继电器Y000和Y001可以实现错峰输出信号，而且周期是输入信号X000的两倍，这样程序实现二分频的作用。

图5.55　分频器程序梯形图

X000
Y000
Y001

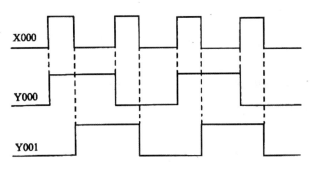

图5.56　分频器程序时序图

2）分频程序二

利用上升沿脉冲PLS也可以实现对输入信号的二分频作用。梯形图和时序图如图5.57、图5.58所示。当X000出现上升沿时，M0产生一个扫描周期宽度的脉冲，由于Y000触点是断开的，所以M1线圈不得电、Y000线圈得电且自锁，时序图中Y000被置位为“1”；当X000再次出现上升沿时，M0出现一个扫描周期宽度的脉冲，此时M1线圈得电、Y000线圈失电，时序图中Y000被复位为“0”。由时序图可以看出，Y000实现了对输入信号X000的二分频输出作用。

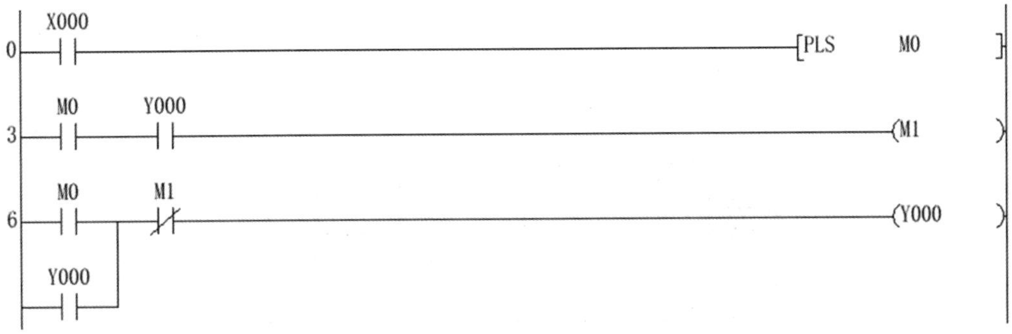

X000
0
[PLS M0]
M0
Y000
3
(M1)
M0
M1
6
(Y000)
Y000

图5.57　上升沿脉冲PLS组成二分频梯形图

X000
M0
Y000

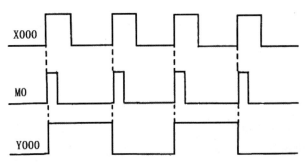

图5.58　上升沿脉冲二分频时序图

（2）脉冲输出器程序

脉冲输出器程序梯形图如图5.59所示，时序图如图5.60所示。从梯形图中分析控制过程如下：

在PLC的第一个扫描周期内，X000为ON，则M0、M1线圈得电。M0触点与Y000触点组成的并联电路中第一条分支M0常开触点闭合，Y000常闭触点闭合，该分支导通，使Y000线圈得电；

在PLC的第二个扫描周期内，X000继续为ON，则M1常闭触点断开，M0线圈失电、M1线圈得电，M0触点与Y000触点组成的并联电路中第二条分支M0常闭触点闭合，Y000常开触点闭合，该分支导通，使Y000线圈继续得电。所以，M1的线圈得电时间与X000闭合时间相同，Y000线圈得电后就不再失电，直到X000下一次再闭合为，Y000才失电为OFF。以此规律，形成脉冲输出。

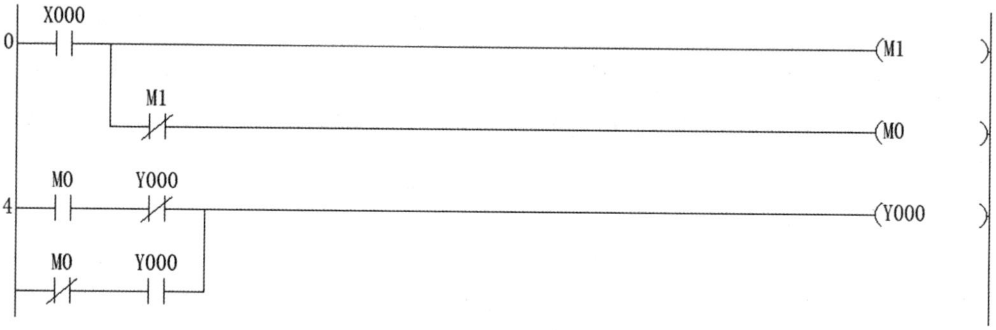

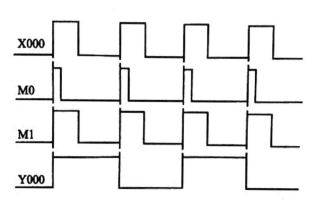

图5.59　脉冲输出器梯形图

图5.60　脉冲输出器时序图

4．技能点——可逆运行控制系统的安装与调试

（1）可逆运行控制工作过程分析

三相异步电动机可逆运行控制主电路由以下组成：电源开关QF、熔断器FU、正转接触器KM1、反转接触

5.3-8
可逆运行控制课件

器KM2、热继电器FR、三相异步电动机M。实现电动机的正反转控制需要通过正反转两个接触器对电动机的电源进行对调，完成正反转可逆控制，控制要求具备过载保护及双重互锁保障运行安全，如图5.61所示。

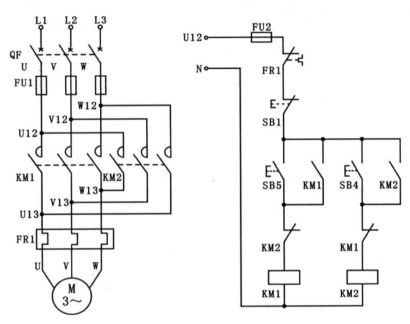

图5.61　三相异步电动机可逆运行继电接触器控制电路图

（2）I/O地址分配表（表5.4）

三相异步电动机可逆运行PLC控制I/O地址分配表　　　　表5.4

输入			输出		
元件	功能	地址	元件	功能	地址
SB1	正转启动按钮	X000	KM1	电机正转线圈	Y000
SB2	反转启动按钮	X001	KM1	电机正转线圈	Y000
SB3	停止按钮	X002	KM2	电机反转线圈	Y001
FR1	过载保护	X003	KM2	电机反转线圈	Y001

（3）I/O接线图

将继电接触器控制电路替换成PLC梯形图时，按钮、行程开关、接近开关、热继电器触点、速度继电器触点、油压继电器触点等都作为输入信号，接在输入端口X。接触器线圈分别做正转、反转驱动线圈，接在输出端口Y。上述这些输入元件的触点，可以接常开触点，也可以接常闭触点，通常认为接成常开触点比接成常闭触点优越，有以下几点原因：

1）梯形图与继电接触器控制电路一致。

2）输入端全部常开触点，可以防止干扰信号侵入。

3）电路中全部采用常开触点，接线统一，不会接错，提高效率，维修方便。

继电接触器控制电路中的中间继电器和时间继电器可直接使用PLC内部的辅助继电器M和定时器T，交叉控制电路、逆向控制电路及线圈后的触点在转换为梯形图时不能直接替换，应根据控制原理进行等效变换。

三相异步电动机可逆运行PLC控制的转换，将SB1、SB2、SB3、FR1的常开触点作为输入，接线图如图5.62所示。

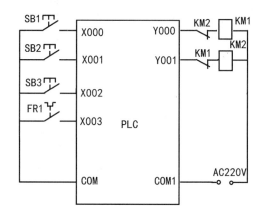

图5.62　三相异步电动机可逆运行PLC接线图

（4）可逆运行控制程序设计

三相异步电动机可逆运行梯形图、指令表如图5.63、图5.64所示。

电动机正反转的状态不能同时存在，具备互斥关系，因而要保证正、反转接触器不能同时接通，一个接触器的主触点断开后，另一个接触器才能接通。这样在梯形图中

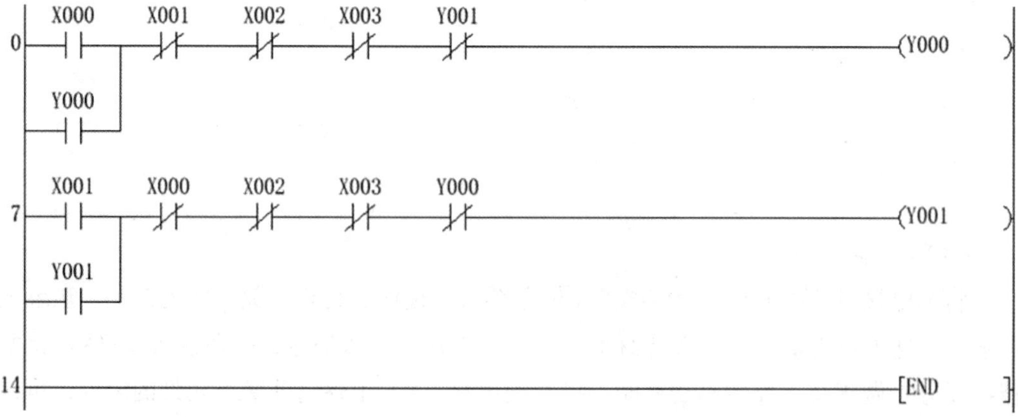

图5.63　三相异步电动机可逆运行梯形图

0	LD	X000	8	OR	Y001
1	OR	Y000	9	ANI	X000
2	ANI	X001	10	ANI	X002
3	ANI	X002	11	ANI	X003
4	ANI	X003	12	ANI	Y000
5	ANI	Y001	13	OUT	Y001
6	OUT	Y000	14	END	
7	LD	X001			

图5.64　三相异步电动机可逆运行指令表

就要加入互锁程序，满足控制要求。即在输出Y000线圈的通路中，串联Y001的常闭触点；在输出Y001线圈的通路中，串联Y000的常闭触点。当Y000的线圈带电时，Y001的线圈因Y000的常闭触点断开而不能得电；同样，当Y001的线圈带电时，Y000的线圈因Y001的常闭触点断开而不能得电。

为了保证电动机能从正转直接切换到反转，梯形图中应加类似按钮机械互锁的程序互锁，即在输出Y000线圈的通路中，串联反转控制信号X001的常闭触点；在输出Y001线圈的通路中，串联正转控制信号X000的常闭触点。当电动机加正转控制信号时，输入继电器X000的常开触点闭合，常闭触点断开。常闭触点断开，反转线圈Y001失电，交流接触器KM2的线圈失电，电动机停止反转。同时Y001的常闭触点恢复闭合，正转输出Y000的线圈得电，交流接触器KM1的线圈得电，电动机正转。当电动机加反转控制信号时，情况类似，电动机先停止正转，然后交流接触器KM2的线圈得电，电动机反转。这样通过程序实现的互锁，可以看作"软互锁"。

在图5.62PLC的输出回路中，KM1线圈和KM2线圈之间必须加电气互锁。在Y000和Y001输出回路中分别将KM2和KM1的常闭触点串联在电路中，这样的互锁是"硬互锁"。

电动机的过载保护一般作为PLC的输入信号，当电动机出现过载时，热继电器的触点动作，输入继电器X002收到过载信号后断开，使输出继电器Y000或Y001失电，交流接触器KM1或KM2的线圈断电，电动机停止运行。不建议将过载保护接在输出端，如果过载保护接在输出端，当电动机出现过载时，热继电器的常闭触点断开，只是把输出端的电源切断，输出设备停止，但PLC的程序还在运行，当热继电器冷却后，其常闭触点恢复闭合，电动机又会重新启动并处于过载状态，影响正常运行。

（5）运行调试

1）按图5.62完成PLC外部接线，检查主回路正反转接法的正确性，进一步检查输出回路是否将电气互锁正确接入，并确认输入、输出元件端口与设备是否正确对应并连接，确认PLC电源接入正确。

2）将指令程序输入PLC主机，运行调试并验证程序的正确性。

3）再次检查控制程序无误，通电试车，如有异常出现，应立即停车。

4）小组讨论故障原因，并将讨论过程和结果与指导老师交流沟通，最终形成正确结论。

5.3.4 问题思考

5.3-9
问题思考答案

1．填空题

（1）辅助继电器分为＿＿＿＿＿＿、＿＿＿＿＿＿和＿＿＿＿＿＿三大类。

（2）通用辅助继电器，地址编号范围是＿＿＿＿＿＿，共有500点；断电保持辅助继电器，地址编号范围是＿＿＿＿＿＿，共2572点；特殊辅助继电器，地址编号范围是＿＿＿＿＿＿，共256点。

（3）＿＿＿＿＿＿进栈指令，＿＿＿＿＿＿读栈指令，＿＿＿＿＿＿出栈指令。

2．问答题

列出五种特殊辅助继电器，并说明其功能。

3．综合题

三相异步电动机可逆运行反接制动控制主电路如图5.65所示，列出I/O分配表并完成梯形图的设计。控制要求：

（1）电动机正、反转可逆。

（2）电动机的电阻既在制动中限流，也在启动时限流。

（3）电动机要求反接制动。

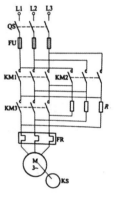

图5.65　习题3图

5.3.5 知识拓展

5.3-10 PLC实现既能点动又能长动控制课件	5.3-11 PLC实现运料小车自动往返控制课件	5.3-12 PLC在水塔水位自动运行控制中的应用课件

任务 5.4
三相异步电动机的星–三角降压启动 PLC控制系统的设计

5.4.1 教学目标与思路

【教学目标】

知识目标	能力目标	素养目标	思政要素
1. 掌握置位、复位指令的使用方法; 2. 熟悉定时器、计数器的地址、类型、使用方法; 3. 掌握星–三角降压启动控制程序设计方法。	1. 能解读置位复位指令的作用,对程序进行分析; 2. 能解读定时器、计数器在程序中的定时、计数功能,并能根据控制要求,利用定时器、计数器编写小程序; 3. 能完成星–三角降压启动控制系统的程序编写、外部接线,并能利用编程软件完成监视调试。	1. 建立抽象概念; 2. 具有团队合作精神; 3. 培养细致、认真的态度。	1. 具有良好的职业道德及精益求精的工匠精神; 2. 树立正确的国家使命感和责任感。

【学习任务】学习置位、复位指令的使用方法,识记定时器、计数器的地址、类型及其方法,读懂定时器、计数器的程序,完成星–三角降压启动控制系统的程序编写、外部接线,并利用编程软件完成监视调试。

【建议学时】2学时

【思维导图】

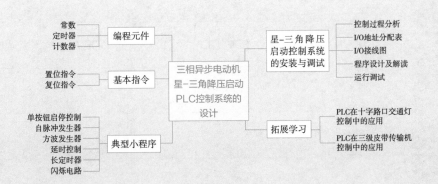

5.4.2 学生任务单

任务名称	三相异步电动机星-三角降压启动PLC控制系统的设计		
学生姓名		班级学号	
同组成员			
负责任务			
完成日期		完成效果	
		教师评价	

学习任务	1. 学习置位、复位指令的使用方法; 2. 识记定时器、计数器的地址、类型及其方法,读懂含定时器、计数器的程序; 3. 完成星-三角降压启动控制系统的程序编写、外部接线,并利用编程软件完成监视调试。		

自学简述	课前预习	学习内容、浏览资源、查阅资料		
	拓展学习	任务以外的学习内容		

任务研究	完成步骤	用流程图表达		
	任务分工	任务分工	完成人	完成时间

	本人任务	
	角色扮演	
	岗位职责	
	提交成果	

任务实施	完成步骤	第1步	
		第2步	
		第3步	
		第4步	
		第5步	
	问题求助		
	难点解决		
	重点记录		
学习反思	不足之处		
	待解问题		
	课后学习		

过程评价	自我评价（5分）	课前学习	时间观念	实施方法	知识技能	成果质量	分值
	小组评价（5分）	任务承担	时间观念	团队合作	知识技能	成果质量	分值

5.4.3 知识与技能

1．知识点——编程元件

（1）常数

常数也作为元件，它在存储器中占有一定的空间，PLC最常用的是两种常数K和H。K表示十进制，如：K30表示十进制的30。H表示十六进制，如：H64表示十六进制的64，即对应十进制的100。常数一般用于定时器、计数器的设定值或数据操作。当对定时器T、计数器C使用OUT指令时，必须设置常数K，K值的设定范围与步数值见表5.5。

常数K的设定范围与步数值 表5.5

定时器、计数器	时间常数K范围	实际设定值范围	步数
1ms定时器		0.001 ~ 32.767s	3
10ms定时器	1 ~ 32767	0.01 ~ 327.67s	3
100ms定时器		0.1 ~ 3276.7s	3
16位定时器	1 ~ 32767	1 ~ 32767	3
32位定时器	−2147483648 ~ +2147483648	−2147483648 ~ +2147483648	3

（2）定时器

定时器在PLC控制中相当于继电接触器电路中的时间继电器，用作延时控制。可编程控制器中的定时器是对PLC机器内1ms、10ms、100ms等不同规格时钟脉冲（也称作定时精度或分辨率）累加计时，用OUT指令输出的。但定时器输出指令OUT后面除了应带有定时器的编号（存储地址）外，还需要标明定时设定

5.4-1
定时器视频

5.4-2
定时器课件

值，并存放在寄存器中，同时计数当前值也存放在寄存器中。常用K设定定时器的值。定时器满足计时条件时开始计时，当前值寄存器则开始计数，当前值与设定值相等时定时器动作，常开触点闭合位置为"1"、常闭触点断开位置为"0"，并通过程序作用于控制对象，达到延时控制目的。

定时器编程地址按十进制编号，分为普通定时器和积算定时器。

100ms普通定时器T0 ~ T199，共200点，计时范围：0.1 ~ 3276.7s。

10ms普通定时器T200 ~ T245，共46点，计时范围：0.01 ~ 327.67s。

1ms积算定时器T246 ~ T249，共4点，定时中断能保持，计时范围：0.001 ~ 32.767s。

100ms积算定时器T250 ~ T255，共6点，定时中断能保持，计时范围：0.1 ~ 3276.7s。

1）普通定时器

普通定时器的使用及动作时序如图5.66所示。X000接通时，T200线圈得电，T200内部当前值计数器开始累积计数，计数单位是10ms时钟脉冲，当前值变化与设定值K123相等时，即计时1.23s，T200触点动作吸合，Y000线圈则被驱动输出。X000断开时，定时器T200线圈失电复位，对应触点复位，当前值被清零，Y000线圈也失电复位。

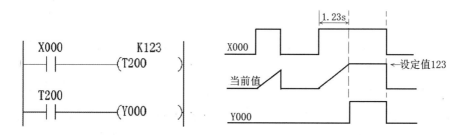

图5.66　普通定时器的使用及动作时序

2）积算定时器

积算定时器的使用及动作时序如图5.67所示。X001接通时，定时器T250的线圈驱动，T250内部当前值计数器开始累积计数，计数单位是100ms时钟脉冲，当前值变化与设定值K345相等时，即计时34.5s，T250触点动作吸合，Y001线圈被驱动输出。X001在计时中途时刻断开，定时器T250保持当前值不变，X001再次接通，定时器继续计数，直到计数当前值达到345个100ms。任何时刻只要X002接通，执行RST指令，实现定时器复位，即T250线圈失电、触点复位、当前值清零。

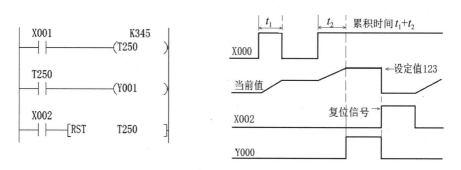

图5.67　积算定时器的使用及动作时序

分析定时器在程序中的动作过程，一般把定时器的定时精度、设定值、工作条件、复位条件、控制对象看作定时器的使用要素。

（3）计数器

计数器在程序中用作计数控制，FX$_{2N}$系列编程器有256个计数器。计数器占据的存储器空间用来存储编号、设定值、当前值。常用K设定计数器的计数值。当计数器计数条件满足时开始计数，当前值等于设定值时，线圈得电，触点动作，常开触点闭合置位为"1"、常闭触点断开复位置为"0"。计数器的触点可以无限次使用。

计数器编程地址按十进制编号，分类如下：

16位增计数器，普通型C0～C99，共100点，断电保持型C100～C199，共100点；

32位增/减双向计数器，普通型C200～C219，共20点，断电保持型C220～C234，共15点。

高速计数器，C235～C255，共21点，包括单相、双向输入计数器。

1）16位增计数器

FX$_{2N}$中的16位增计数器，是16位二进制加法计数器，分通用型和断电保持型，在计数输入信号的上升沿计数，计数设定值K范围为1～32767。当输入信号的上升沿出现次数达到计数值，计数器线圈得电对应触点动作。当PLC的电源断电时，普通型计数器当前值清零，触点全部复位，而断电保持型计数器则保持当前计数器数值，电源再次接通时，计数器在当前值基础上继续累积计数。分析计数器在程序中的动作过程时，一般把计数器的工作条件、设定值、增减状态、复位条件、控制对象看作计数器使用的要素。

如图5.68所示，为16位增计数器的使用和工作过程。图中X010是计数器工作条件，K10表示计数值为10，当X010断开，X011每出现一次上升沿信号，计数值加1，X011出现第10次上升沿信号时，计数值为10且与设定值相等，于是计数器触点C0动作闭合，Y000线圈得电，若X011继续输入上升沿信号，C0不再变化，直到X010复位信号出现，将C0复位，为下次计数作准备。

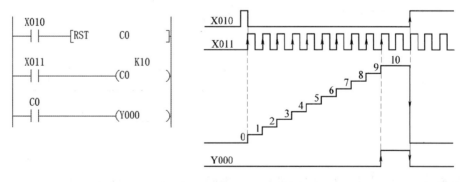

图5.68　16位增计数器的使用和工作过程

2）32位增/减双向计数器

32位增/减双向计数器与16位计数器比较，它既可以增计数也可以减计数，计数设定值K范围为−2147483648～+2147483647，在程序中多了计数方向这个因素，而且工作原理也有不同。计数器在增计数到达设定值时计数器置"1"，在减计数到达设定值时计数器置"0"，在复位条件满足时复位。并且32位计数器为循环计数器，在到达计数设定值时，计数仍可以随工作条件信号变化，且在达到正最大值+2147483647后，再加1变为负最大值–2147483648，接下来继续加1。同理，当计数值到达负最大值–2147483648，再减1则变为正最大。

32位增/减计数器计数方向由特殊辅助继电器M8200-M8234设定，与计数器一一对应。当辅助继电器M8###置"1"，对应的计数器C###减计数，当辅助继电器M8###置"0"，对应的计数器C###增计数。

如图5.69为32位增/减计数器的使用和工作过程。图中输入信号X014为驱动C200的工作条件，驱动C200线圈加计数或减计数，计数器设定值为–5，X012为计数方向信号，X013为计数器复位信号。当计数器的当前值由–6增加为–5时，其触点闭合置位为"1"，当前值由–5减少为–6时，其触点断开复位为"0"。当复位条件X013闭合时，执行RST指令，则计数器复位。使用断电保持计数器，其当前值和输出触点状态皆能断电保持。

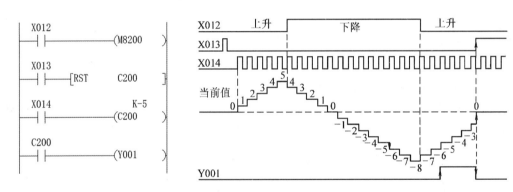

图5.69　32位增/减计数器的使用和工作过程

2. 知识点——基本指令

SET：置位指令，使元件置位为"1"，并保持，直到复位条件满足后复位。

RST：复位指令，使元件复位为"0"，并保持，直到置位条件满足后置位。

SET和RST指令的使用没有顺序和次数限制，但是最后执行一条有效。SET、RST指令的使用如图5.70所示，Y000、M0、D0、S0分别被不同的信号置位和复位。由图中时序图可知，当X000闭合时，Y000得电置位为"1"，即使X000恢复断开，Y000依然保持得电；X001闭合时，Y000失电复位为"0"，即使X001恢复断开，Y000依然保持失电状态。SET指令的操作元件可以是Y、M、S，而RST指令的操作元件为Y、M、S、D、V、Z、T、C。

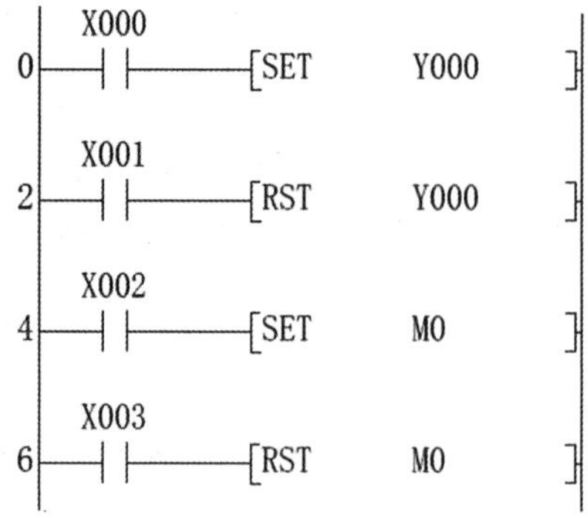

0	LD	X000
1	SET	Y000
2	LD	X001
3	RST	Y000
4	LD	X002
5	SET	M0
6	LD	X003
7	RST	M0

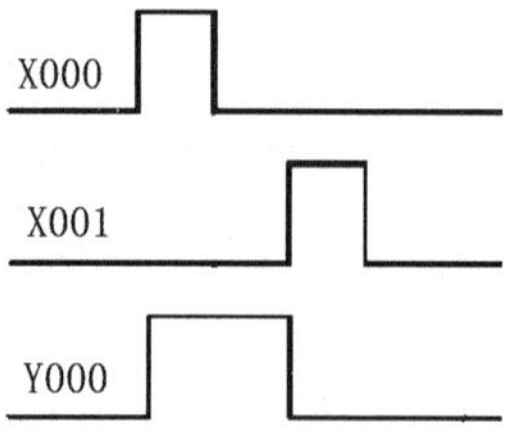

图5.70　SET、RST指令的使用

RST指令对定时器、计数器的复位如图5.71所示。T246是积算定时器，计时精度1ms，设定值K为1200。当X001闭合，T246当前值从0起，以1ms时钟脉冲速度增加，达到设定值1200，即1.2s，T246触点闭合。计时过程中，X001断开，定时器T246停止计时；当X001再次闭合，继续计时，直到T246的当前值达到设定值。任意时刻X000闭合，执行RST指令，可将T246复位，其线圈失电、K值清零、触点恢复。C200是普通型32位增/减计数器，设定计数值为D0中的数据。当输入信号X004每出现上升沿，T246计数一次，当计数达到设定值D0，则其触点动作；当输入信号无变化，则不计数，不会复位。只有当X003闭合，执行RST指令，可将C200复位，其线圈失电、K值清零、触点恢复。由此可见，积算定时器和计数器的复位都必须由RST指令完成，否则无法重复工作。

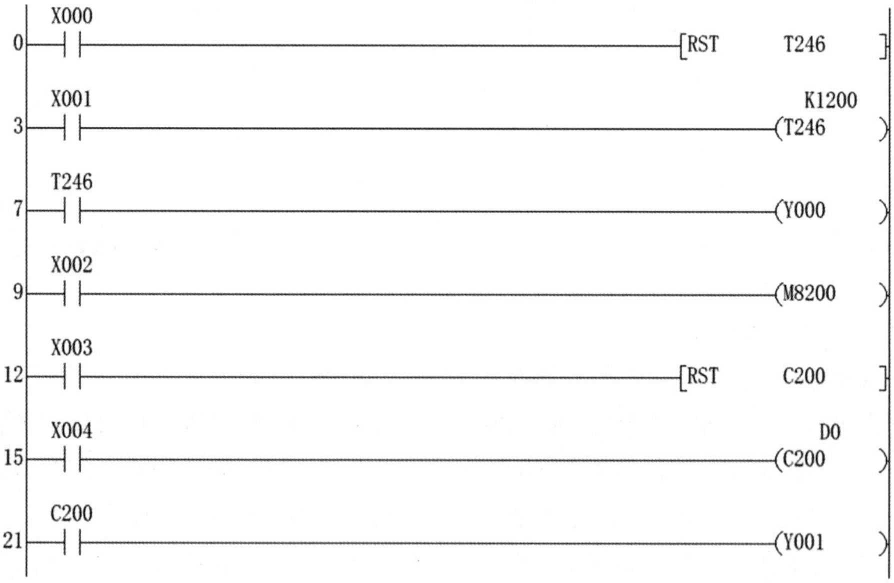

图5.71　RST指令用于T、C

3. 技能点——典型小程序

（1）单按钮启停控制

通常电路的启动停止是由两个按钮分别完成的，
当PLC控制多个启停操作的电路时，需要占用多个按钮
及其输入接口，此时PLC输入点会出现不足的情况。因
此用单按钮实现启停控制的意义变得重要起来。

5.4-6
典型小程序课件

1）方法一

用微分指令和SET/RST指令来实现单按钮启停，如图5.72所示。图中启停按钮
SB1，接输入继电器X000，Y000输出驱动电动机线圈。第一次按下按钮SB1，X000接
通，M0中产生微分脉冲，相应触点动作闭合，执行置位指令，M1置位为"1"，M1常开
触点闭合，Y000线圈得电，Y000常闭触点断开、常开触点闭合，为复位作准备；再次
按下SB1，M0再次产生脉冲，执行复位指令，M1复位为"0"，M1常开触点恢复断开，
Y000失电，其触点复位，为下一次置位作准备。

图5.72　微分指令实现的单按钮启停控制

2）方法二

用计数器实现的单按钮启停控制，如图5.73所示。逻辑关系如下：图中实现启停
的按钮是SB1，接输入继电器X000，Y000输出驱动线圈。当按下按钮SB1，X000闭
合，脉冲微分指令使M0中产生一个扫描周期的脉冲，其常开触点M0使Y000输出并自
锁，同时计数器C0计数一次，当前值为"1"；当再次按下按钮SB1，M0中又产生一个
脉冲，计数器又计数一次，当前值为"2"，达到设定值，计数器C0，常闭触点动作
断开使Y000失电，常闭触点动作闭合，RST指令执行，使C0复位，为下次启停作计数
准备。

（2）自脉冲发生器

自脉冲发生器梯形图、时序图如图5.74所示。

若PLC处于RUN模式时，由于T0常闭触点闭合，定时器T0计时10s后，T0常开触点
闭合，Y000线圈得电。进入到下一个扫描周期后，定时器T0常闭触点断开，T0线圈失

电，其常开触点恢复断开，Y000线圈失电，所以Y000线圈得电一个扫描周期。在进入第三个扫描周期时，定时器T0常闭触点闭合，进入第二轮延时周期，重复上述过程。值得注意的是，因Y000闭合时间太短，只有一个扫描周期，看不到Y000指示灯闪烁。

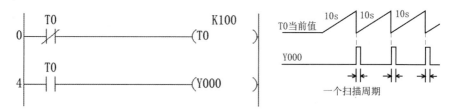

图5.73　用计数器实现的单按钮启停控制

图5.74　自脉冲发生器梯形图、时序图

（3）方波发生器

方波发生器梯形图、时序图如图5.75所示。

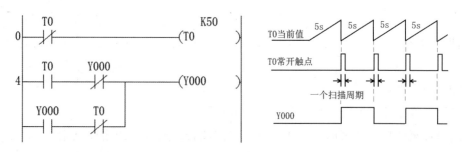

图5.75　方波发生器梯形图、时序图

在自脉冲梯形图基础上，改变梯形图，可以看到Y000为方波脉冲，亮5s灭5s。

（4）延时控制

利用定时器触点可实现延时顺序控制。

1）延时接通电路

如图5.76所示，为延时接通电路，输入条件X000闭合为ON时，M0输出并自锁，定时器T0线圈得电，定时器开始计时，2s后，其常开触点T0闭合，Y000输出，同时T246开始计时，再经过2s后，T246常开触点闭合，Y001线圈得电输出；当X001为ON时，T0失电，Y000线圈失电复位，T246线圈断电保持，Y001保持输出。

图5.76　延时接通电路

2）延时断开电路

如图5.77是延时断开电路的梯形图，输入条件X000闭合为ON时，输出继电器Y000得电并自锁。若此时X000恢复OFF，定时器T0的线圈得电，开始计时，4s后，其常闭触点T0断开，Y000失电。即X000每通断一次，则4s后Y000断开。输入条件X001闭合为ON时，输出继电器Y001得电并自锁，后X001为OFF，T255开始计时，4s后，T255常闭触点断开，Y001线圈失电；若计时过程中X001再次输入为ON，T255线圈断电保持，X001为OFF，T255继续计时，计到4s，T255常闭触点断开，Y001线圈断电。

图5.77　延时断开电路的梯形图

（5）长定时器

1）多个定时器组合

定时器的定时是有范围的，若要实现长延时，可将多个定时器的组合起来使用，如图5.78所示，是用两个定时器实现1300s的延时。当X000为ON，T0得电开始计时，当到达800s时，T0常开触点闭合，T1得电开始计时，500s后，T1常开触点闭合，Y000线圈得电输出，总计延时1300s。

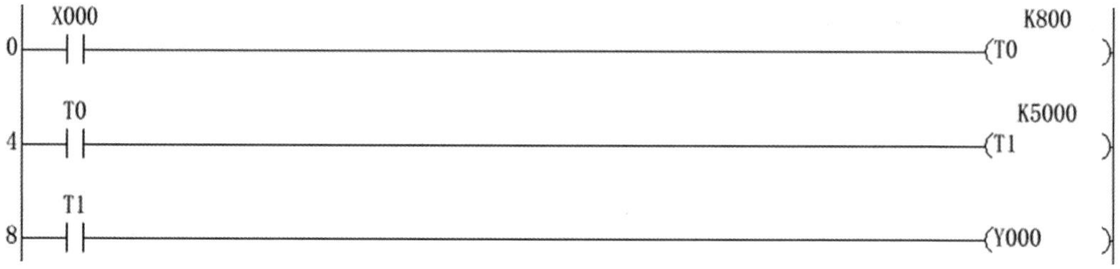

图5.78　多个定时器组合实现长延时

2）定时器与计数器组合

将定时器与计数器组合使用，也可以实现长延时，如图5.79所示。当X000为ON，T0得电开始计时，100s后，T0常闭触点断开，使T0线圈自复位，T0常开触点闭合，C0计数1次。T0再次计时100s，C0则计数2次，当如此反复计300次，达到C0设定值时，C0线圈得电，C0常开触点闭合，Y001得电输出。可以看出，X000为ON时起，计时300个100s后Y000输出，其中X004为计数器C0的复位信号。

图5.79　定时器与计数器组合实现长延时

（6）闪烁电路

图5.80是闪烁电路，可以产生周期为50s的脉冲信号，当X000闭合，T0计时30s后，其常开触点闭合，Y000得电输出为ON，且定时器T1得电开始计时，经过20s后T1常闭触点动作断开，使T0线圈失电，T0常开触点断开使Y000失电输出为OFF，并且T1线圈失电复位，这样完成一个周期。在一个周期里，T0触点断开，即Y000线圈失电为OFF

30s，T0触点闭合，Y000线圈得电为ON，从而实现闪烁的功能。这样的电路也称作振荡电路。通过设置T0、T1两个定时器的设定值，改变闪烁频率。

```
     X000      T1                                              K300
0    ┤├───────┤/├──────────────────────────────────────────( T0 )
     T0                                                       K200
5    ┤├──────────────────────────────────────────────────────( T1 )
     T0
9    ┤├──────────────────────────────────────────────────────( Y000 )
```

图5.80　闪烁电路

4．技能点——星-三角降压启动控制系统的安装与调试

（1）星-三角降压启动控制工作过程分析

三相异步电动机星-三角降压启动控制主电路由电源开关QS、熔断器FU、电源接触器KM1、星形接法接触器KM2、三角形接法接触器KM3、热继电器FR1和三相异步电动机组成，通过两个接触器完成电动机两种接法的转换，实现星形接法降压、延时后转换为三角形接法全压运行的控制过程，该控制要求具备过载保护及互锁来保障运行安全，主电路如图5.81所示。三菱PLC编程控制要求：按下启动按钮SB1时，电源控制接触器KM1和星形控制接触器KM2得电吸合，电动机星形降压启动，延时4s后，星形控制接触器断开，三角形控制接触器KM3得电吸合，电动机转入正常三角形运行。当按下停止按钮SB2或热继电器触点FR1动作时，电动机停止运转。要再次启动电动机直接按下启动按钮即可（当过载保护动作后须等保护触点冷却复位后方可操作）。

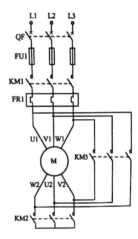

图5.81　星-三角降压启动控制主电路

（2）I/O地址分配表

三相异步电动机星-三角降压启动控制I/O地址分配表见表5.6。

三相异步电动机星-三角降压启动控制I/O地址分配表　　　表5.6

输入			输出		
元件	功能	地址	元件	功能	地址
SB1	启动按钮	X000	KM1线圈	电源控制	Y000
SB2	停止按钮	X001	KM2线圈	星形接法	Y001
FR1	过载保护	X002	KM3线圈	三角形接法	Y002

（3）I/O接线图

三相异步电动机星-三角降压启动控制PLC接线图如图5.82所示。运行中，KM2、KM3不允许同时带电运行，为了保证安全、可靠，梯形图设计时使用互锁，限制Y002、Y003不同时得电，形成"软互锁"。接线图中，KM2、KM3的线圈回路中，增加电气互锁，保证KM2、KM3的线圈不同时得电，避免短路事故发生。

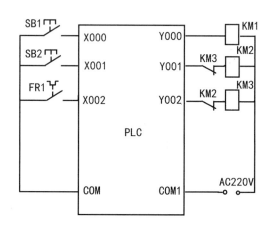

图5.82　星-三角降压启动控制PLC接线图

（4）星-三角降压启动控制程序设计

星-三角降压启动控制程序如图5.83所示。

图5.83　星-三角降压启动控制程序

图5.83的程序分析如下：按下启动按钮SB1时，输入继电器X000的常开触点闭合，输出继电器Y000、Y001接通为ON，接触器KM1、接触器KM2得电吸合，电动机在星形接线方式下低压启动；同时定时器T0开始计时，延时4s后T0动作，使Y001断开，KM2失电，互锁解除，使Y002接通为ON，接触器KM3得电，电动机在三角形接线方式下全压运行。

（5）运行调试

1）按图5.82完成PLC外部接线，检查主回路星、三角接法的正确性，进一步检查输出回路是否将电气互锁正确接入，并确认输入、输出元件端口与设备是否正确对应并连接。

2）将指令程序输入PLC主机，运行调试并验证程序的正确性。

3）再次确认控制程序无误，通电试车，如有异常出现，应立即停车。

4）小组讨论故障原因，并将讨论过程和结果与指导老师交流沟通，最终形成正确结论。

5.4.4 问题思考

5.4-8
问题思考答案

1．思考题

SET指令与OUT指令有什么区别？用何种方法可以使OUT指令与SET指令的输出状态相同？

2．填空题

（1）常数K表示_____进制，如：K30表示_____。H表示_____进制，如：H64表示_____。

（2）定时器用_____指令输出。断电保持定时器，用_____指令复位。

（3）普通定时器T0～T199，定时精度为_____，普通定时器T200～T245，定时精度为_____，积算定时器T246～T249，定时精度为_____。

3．问答题

FX$_{2N}$系列PLC中，T0～T199和T200～T245定时器有什么区别？它们与T246～T255定时器有什么区别？

4．综合题

（1）试利用一个定时器、一个计数器，设计一段程序，实现如下控制过程：当输入X000为ON时，开始计时，2小时后Y000输出，当输入X000为OFF时，计时复位，为下一次计时作准备。

（2）识读图5.84所示梯形图，并根据X000信号画出M0、M1、M2和Y000的时序图。

（3）某生产线的鼓风机和引风机，控制要求为；开机时，先启动引风机，10s后开鼓风机；停机时，先关鼓风机，5s后关引风机。设计PLC程序完成上述要求。

（4）用一个按钮控制一盏灯，要求按钮按下2次时灯亮，再按下3次时灯灭，如此重复。

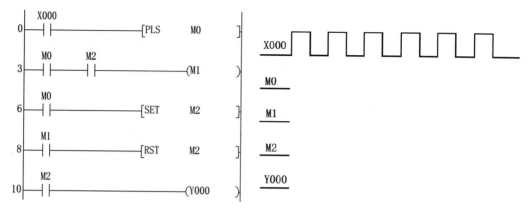

图5.84　习题图

5.4.5 知识拓展

5.4-9 PLC在十字路口交通灯控制中的应用课件

5.4-10 PLC在三级皮带传输机控制中的应用

CHAPTER 6

项目 6

三菱FX$_{2N}$系列可编程控制器步进指令应用

任务 6.1　配料小车自动控制系统的设计

任务 6.2　混料罐的PLC控制系统设计

任务 6.3　十字交通灯控制系统设计

任务 6.4　步进指令应用实例分析

任务 6.1
配料小车自动控制系统的设计

6.1.1 教学目标与思路

【教学目标】

知识目标	能力目标	素养目标	思政要素
1. 理解常用的步进指令及功能； 2. 描述状态转移图的概念及三要素； 3. 理解状态转移图的设计方法； 4. 掌握状态继电器的应用方法； 5. 掌握步进指令编程规则和方法； 6. 掌握单流程状态转移图的编程方法。	1. 能正确分析配料小车的功能要求，完成配料小车的I/O地址分配表； 2. 能按照步进指令编程规则和方法正确绘制状态转移图； 3. 能根据单流程步进转移图正确绘制梯形图和指令表； 4. 能根据功能要求完成配料小车的PLC接线图绘制。	1. 培养学生自主学习的能力，以及获取有效资源的能力； 2. 具备独立思考问题的能力； 3. 具备根据结果进行分析、推理的能力。	1. 培养学生执着追求目标的工匠精神； 2. 培养严谨的工作态度和认真的工作作风。

【学习任务】通过对配料小车自动控制系统的学习，运用单流程步进指令的编程方法，完成配料小车自动控制系统的设计及线路连接。

【建议学时】2学时

【思维导图】

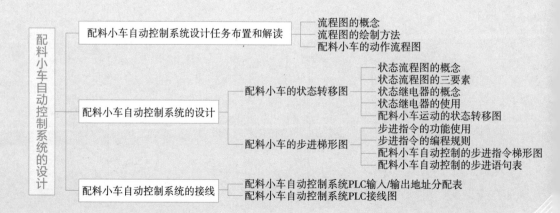

6.1.2 学生任务单

任务名称	配料小车自动控制系统的设计	
学生姓名	班级学号	
同组成员		
负责任务		
完成日期	完成效果	
	教师评价	

学习任务	1.　能正确分析配料小车的功能需求，应用步进指令完成单流程步进设计，运用步进指令编程规则和方法正确绘制状态转移图。 2.　能完成配料小车的I/O地址分配表。 3.　能够根据步进转移图正确绘制梯形图和指令表。 4.　能够根据功能要求完成配料小车的PLC接线图绘制。	

自学简述	课前预习	学习内容、浏览资源、查阅资料
	拓展学习	任务以外的学习内容

任务研究	完成步骤	用流程图表达		
	任务分工	任务分工	完成人	完成时间

		本人任务	
		角色扮演	
		岗位职责	
		提交成果	

任务实施	完成步骤	第1步	
		第2步	
		第3步	
		第4步	
		第5步	
	问题求助		
	难点解决		
	重点记录		
学习反思	不足之处		
	待解问题		
	课后学习		

过程评价	自我评价（5分）	课前学习	时间观念	实施方法	知识技能	成果质量	分值
	小组评价（5分）	任务承担	时间观念	团队合作	知识技能	成果质量	分值

6.1.3　知识与技能

一、步进顺控流程图

1．知识点——流程图的概念

（1）顺序控制：按照生产工艺所要求的动作规律，在各个输入信号的作用下，根据内部的状态和时间顺序，使生产过程的各个执行机构自动地、有序地进行操作。

6.1-1
流程图课件

6.1-2
流程图视频

（2）工步：将一个较复杂的生产过程分解成若干步骤，每一步对应生产过程中一个控制任务，称为工步（也称为步或状态）。

（3）控制过程：当顺序控制执行到某一工步时，该工步对应的控制元件（状态寄存器S）被驱动，控制元件使该工步所有的输出执行机构动作，完成相应控制任务。当向下一个工步转移的条件满足时，下一个工步对应的控制元件被驱动，同时该工步的控制元件自动复位，完成一个工步的控制任务，如图6.1所示。（即新的工步出现时，旧的工步自动复位）。

（4）顺序控制的特点：每个工步都应分配一个控制元件，确保顺序控制正常进行，每个工步都具有驱动动力，能使该工步输出执行机构动作。在转换条件满足时，都会转移到下一个工步，而上一个工步自动复位。

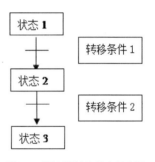

图6.1　顺序控制的状态转移图

2．知识点——流程图的基本要素

（1）状态流程图的概念：

状态流程图：以工作流程的方法来表示某一生产控制过程的动作顺序，主要由步、转移、转移条件、线段和动作组成。如图6.2所示，工作过程一次循环分为前进、后退、延时、前进、后退5个工步，每步用一个矩形方框来表示，方框中用文字表示该步的动作内容或用数字表示该步的序号。

（2）初始步

与控制过程的初始状态相对应的步称为初始步，初始步表示操作的开始。

（3）转移条件和方向

6.1-3
流程图绘制方法课件

6.1-4
流程图绘制方法视频

6.1-5
状态转移图课件

6.1-6
状态转移图视频

每步所驱动的负载（线圈）用线段与方框连接，表示工作转移的方向。习惯的方向是从上至下或从左至右，必要时也可以选用其他方向。线段上的短线表示工作转移条件。

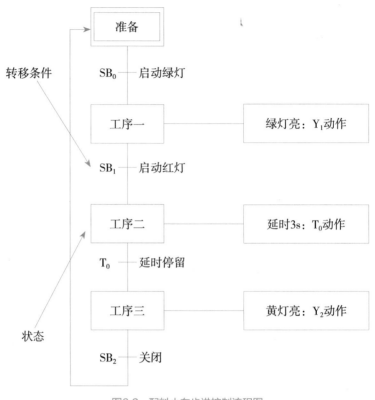

图6.2 配料小车步进控制流程图

二、步进顺控指令的编程方法

1. 知识点——状态继电器

状态继电器：在步进指令程序中表示每一个工步，符号是方框。FX_{2N}系列的PLC状态继电器有1000个点。每个分支点的分支不能超过8个。

2. 知识点——初始状态

初始状态：指一个顺控工艺过程最开始的状态，状态转移图的起始位置。

初始状态继电器：S0~S9，符号是双线方框。利用初始脉冲M8002进入初始状态。每一个初始状态的分支数不超过16个。

3. 知识点——步进指令

FX系列的PLC的步进顺控指令有两条：步进接点指令（STL）和步进返回指令（RET）（表6.1）。

6.1-7
状态继电器的
使用课件

6.1-8
STL、RET指令的
使用课件

6.1-9
STL指令编程使用规则
和要点课件

6.1-10
STL指令编程使用规则
和要点视频

步进接点指令（STL）和步进返回指令（RET）　　　　　　　　　表6.1

指令符号	指令名称	功能	梯形图	操作元件	程序步
STL	步进接点	步进梯形图开始	┤ STL S ├ ⊗	S	1
RET	步进返回	步进梯形图结束	┤ RET ├	无	1

4．知识点——步进指令的编程和使用方法

（1）STL指令是将步进触点接至左母线，负载驱动和状态转移均在子母线上，采用动合形式。

（2）与STL触点直接连接的线圈用OUT或SET指令。

（3）STL指令置位新的状态，前一个状态自动复位。

（4）STL指令可建立子母线，触点右侧相连的指令用LD或LDI。

6.1-11
步进梯形图的设计要求
课件

6.1-12
步进梯形图的设计要求
视频

（5）程序的最后必须使用步进返回指令RET，返回主母线。

（6）在STL和RET指令之间不能用MC、MCR以及入栈（MPS）指令。

（7）STL指令只对状态继电器有效驱动，状态继电器必须连接负载驱动。

5．步进指令的使用规则和要点

（1）状态的动作与输出的重复使用

同一个状态组件只能出现一次。

6.1-13
步进语句表的编写要点

如图6.3所示，STL指令具有主控功能，对应的状态激活，连接的电路得电。STL断开，电路停止执行。步进触点动作规律是先负载驱动再转移处理。

在不同的状态之间，可不同时使用相同的输出元件，即可以不同时激活双线圈。

（2）输出的互锁

在状态的转移过程中，一个扫描周期内的两个相邻状态接通时间会很短。因此，为了避免功能上要求不能同时接通的一对输出，需要在软件上处理加以互锁，同时在硬件接线时候也要加以触点的互锁，如图6.4所示。

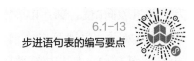

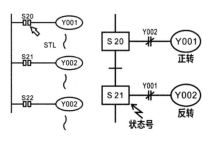

图6.3 STL指令   图6.4 输出的互锁

（3）定时器的重复使用

如图6.5所示，定时器（计数器）线圈与输出线圈一样，也可以在不同状态间对同一个软元件编程。但是，在相邻状态中不能出现同一个线圈。否则会出现工序转移时定时器线圈（计数器）不断开，当前值不能复位的情况。

（4）输出的驱动方法

如图6.6所示，从状态内的母线，一旦写成LD或LDI指令后，对不需要触点的指令就不能再编程了。

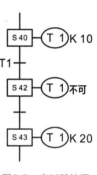

图6.5　定时器的重复使用

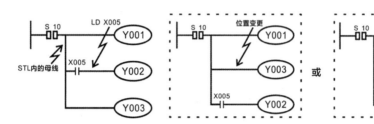

图6.6　输出的驱动方式

三、配料小车PLC控制系统程序设计

1. 知识点——配料小车的自动往返控制

配料小车自动往返顺序控制系统示意图如图6.7所示，配料小车在启动前位于原位A处，分析配料小车的运动过程和技术要点，流程控制要求如下。

控制要求：

（1）按下正向启动按钮SB1，配料小车从原位A出发，前进驶向B位，到达B后立即后退；配料小车后退到原位A处后，立即第二次前进驶向B位，到达B位后再次返回原位A，如此往复循环工作；

（2）按下反向启动按钮SB2，配料小车先反向启动，到达原位A处后，立即正向前进驶向B，到达B位后再次反向原位A，如此往复循环工作；

（3）若按下停止按钮SB3，配料小车停止工作。

温馨提示：C、D两地均为极限位置，配料小车若到达该处，则立即停车，实现极限限位保护。具有短路保护和过载保护等必要的防护措施。

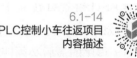

6.1-14
PLC控制小车往返项目
内容描述

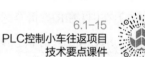

6.1-15
PLC控制小车往返项目
技术要点课件

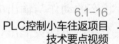

6.1-16
PLC控制小车往返项目
技术要点视频

图6.7　配料小车自动往返顺序控制系统示意图

2．知识点——配料小车的控制系统设计

学习任务：配料小车由电机带动，按照以下控制要求设计配料小车的控制系统，见图6.8配料小车的控制示意图和图6.9配料小车的控制动作过程图。

（1）按下启动按钮SB，电机正转，配料小车前进，碰到限位开关SQ1后，电机反转，配料小车后退。

（2）配料小车后退碰到限位开关SQ2后，电动机停止，配料小车停车，停留5s，再次前进，碰到限位开关SQ3后，电动机反转，配料小车再次后退。

（3）后退过程中，再次碰到限位开关SQ2，电动机停止，配料小车停车。

（4）电路具备短路和过载保护。

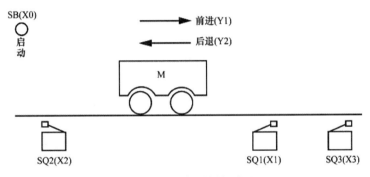

图6.8　配料小车的控制示意图

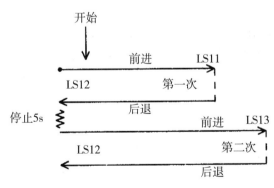

图6.9　配料小车的控制动作过程图

3．知识点——单流程状态转移图

单流程状态转移图：每个状态只有一个转移方向。

4．知识点——配料小车的动作过程

如图6.10所示配料小车的动作过程图，配料小车的一个工作周期可以分成5个阶段，分析每个阶段动作的状态，可以得出配料小车控制的状态转移图。

图6.10 配料小车的动作过程图

5. 知识点——状态转移图的三要素

（1）驱动负载

（2）转移目的地

（3）转移条件

如图6.11所示为配料小车自动往返控制状态转移图的状态三要素。图6.12所示是单一转移条件，图6.13是多条件转移组合。状态转移图编程方法：先驱动，后转移。

6.1-20
状态转移图的三要素课件

6.1-21
状态转移图的三要素视频

6.1-22
状态继电器功能对应表

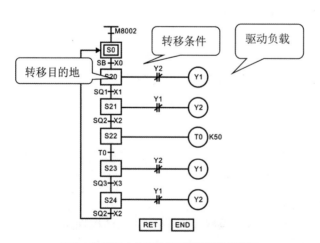

图6.11 配料小车自动往返控制状态转移图

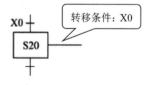

图6.12 单一转移条件

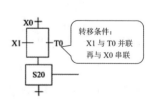

图6.13 多条件转移组合

配料小车的PLC输入/输出端口分配表见表6.2。

配料小车的PLC输入/输出端口分配表　　表6.2

输入端口			输出端口		
名称	元件	地址	名称	元件	地址
启动按钮	SB1	X0	接触器线圈（前进）	KM1	Y1
行程开关（原点）	SQ2	X2			
行程开关（第一次后退）	SQ1	X1	接触器线圈（后退）	KM2	Y2
行程开关（第二次后退）	SQ3	X3			

6.1.4　问题思考

1. 请根据图6.14配料小车的自动往返PLC控制状态转移图补充完整配料小车PLC控制系统梯形图，图6.15。

6.1–23
扫码看答案

2. 请根据梯形图转换对应的指令表，并把指令表填写在下面的框图中。

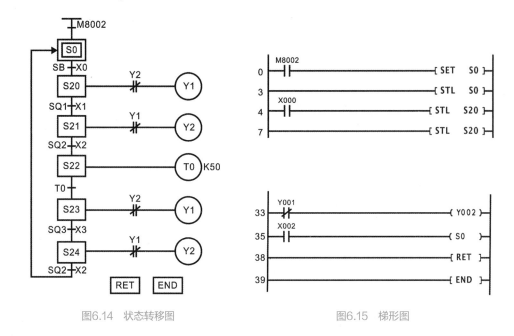

图6.14 状态转移图   图6.15 梯形图

3. 请根据配料小车自动往返PLC控制I/O接线图完成相应的接线（图6.16），并进行上机调试。

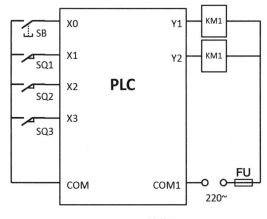

图6.16 I/O接线图

6.1.5 知识拓展

6.1-24 顺序功能图的概念课件　　6.1-25 配料小车的自动往返动画　　6.1-26 顺序功能图的概念视频

任务 6.2
混料罐的PLC控制系统设计

6.2.1 教学目标与思路

【教学目标】

知识目标	能力目标	素养目标	思政要素
1. 掌握区间复位指令的作用和使用方法； 2. 掌握选择性分支流程的特点； 3. 理解选择性分支的状态转移图的绘制方法； 4. 运用选择性分支的编程规则及方法； 5. 掌握混料罐系统PLC控制的接线和调试方法。	1. 能正确分析混料罐的控制要求，按照选择性流程分支、汇合的方法正确绘制PLC控制系统的状态转移图； 2. 能完成混料罐的I/O地址分配表； 3. 能够根据选择性分支流程步进转移图正确绘制梯形图和指令表； 4. 能根据功能要求完成混料罐的PLC控制接线图的绘制和接线。	1. 培养良好的分析能力； 2. 具备独立思考问题的能力； 3. 培养独立工作和团队协作的能力，以及吃苦耐劳的工作作风； 4. 在工作中注意人身安全并遵守现场工作管理规范，自觉保持安全作业，遵守6S工作管理规范。	1. 具有良好的职业道德及一丝不苟的工匠精神； 2. 具有"中国智慧"弘扬求真务实，勇于创新的精神。

【学习任务】通过对混料罐的PLC控制系统的学习，能够掌握选择性分支流程的状态转移图的绘制方法和选择性分支的编程规则和方法。

【建议学时】2学时

【思维导图】

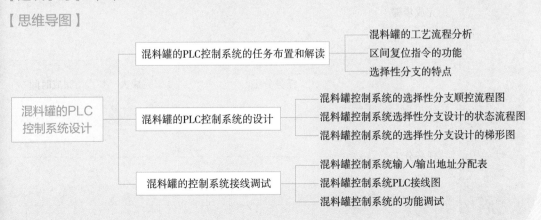

6.2.2 学生任务单

任务名称	混料罐的PLC控制系统设计	
学生姓名	班级学号	
同组成员		
负责任务		
完成日期	完成效果	
	教师评价	

学习任务	1. 掌握区间复位指令的功能； 2. 掌握选择性分支流程的特点； 3. 掌握选择性分支的状态转移图的绘制方法； 4. 掌握选择性分支的编程规则及方法； 5. 掌握混料罐系统PLC控制系统的接线和调试。		
自学简述	课前预习	学习内容、浏览资源、查阅资料	
	拓展学习	任务以外的学习内容	
任务研究	完成步骤	用流程图表达	

任务研究	任务分工	任务分工	完成人	完成时间

	本人任务	
	角色扮演	
	岗位职责	
	提交成果	

任务实施	完成步骤	第1步	
		第2步	
		第3步	
		第4步	
		第5步	
	问题求助		
	难点解决		
	重点记录		

学习反思	不足之处	
	待解问题	
	课后学习	

过程评价	自我评价（5分）	课前学习	时间观念	实施方法	知识技能	成果质量	分值
	小组评价（5分）	任务承担	时间观念	团队合作	知识技能	成果质量	分值

6.2.3 知识与技能

1．多流程顺序控制的概念

（1）知识点——顺序控制的类型

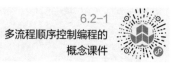

顺序控制有两种类型：①按时间顺序：一般用定时器实现。②按行程（空间）顺序：一般用按钮或行程开关实现。

（2）知识点——多流程顺序控制的概念

多流程顺序控制是指具有两个以上分支的顺序动作的控制过程，其状态流程图也具有两条以上的状态转移支路，常见的多流程顺序控制有选择性分支、并行性分支。

2．选择性流程控制的编程方法

（1）知识点——选择性分支的概念

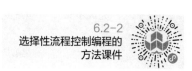

选择性分支流程的特点是各分支状态的转移由各自的条件选择执行，两个（或以上）分支的状态不能同时转移。

（2）技能点——选择性分支的编程方法

1）选择性流程分支状态转移图和梯形图（图6.17、图6.18）

从多个流程顺序中根据条件进行选择执行哪一个流程。

2）选择性流程分支合并状态流程图和梯形图（图6.19、图6.20）

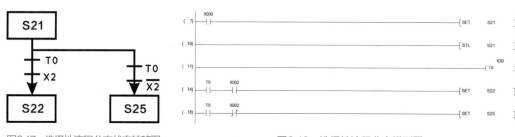

图6.17　选择性流程分支状态转移图　　　　图6.18　选择性流程分支梯形图

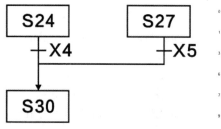

图6.19　选择性流程合并状态流程图　　　　图6.20　选择性流程合并梯形图

3. 任务实施

有一个混料罐装有两个进料泵控制两种液料的进罐，装有一个出料泵控制混合料的出罐，另有一个混料泵用于搅拌液料。罐体上装有三个液位传感器SI1、

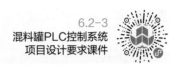

SI2、SI3，分别检测罐内液位的低、中、高的检测信号，罐内与液位传感器对应处有一只装有磁钢的浮球作为液面指示器（浮球到达开关位置开关吸合，离开时开关释放）。混料罐工艺示意图见图6.21。

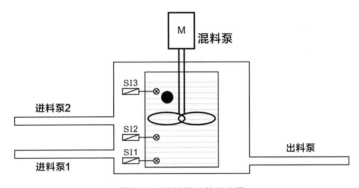

图6.21　混料罐工艺示意图

（1）功能要求：

在操作面板上设有一个混料配方选择开关S7，用于选择配方1或配方2。设有一个启动按钮S1，当按下S1后，混料罐就按给定的工艺流程开始运行。设有一个停止S2作为流程的停止开关；循环选择开关S8作为流程的连续循环与单次循环的选择开关。要求混料罐连续循环与单次循环可按S8自锁按钮进行选择，当S8为"0"时混料罐连续循环，当S8为"1"时混料罐单次循环；根据要求画出状态转移图和用FX_{2N}系列PLC简易编程器绘制梯形图。

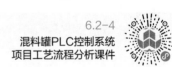

（2）混料罐的工艺流程分析（图6.22）

（3）混料罐PLC控制输入/输出端口配置

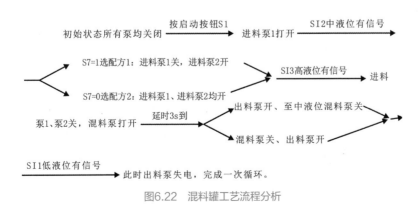

图6.22　混料罐工艺流程分析

请根据任务的工艺流程分析出混料罐PLC控制系统的输入/输出端口配置，并填写表6.3。

混料罐PLC控制系统的输入/输出端口配置表   表6.3

输入端口			输出端口		
名称	元件	端口	名称	元件	端口
高液位检测开关	SI3	X0	进料泵1	F1	Y0
中液位检测开关	SI2	X1			
低液位检测开关	SI1	X2	进料泵2	F2	Y1
启动按钮	S1	X3			
停止按钮	S2	X4	混料泵	F3	Y2
配方选择开关	S7	X5			
循环选择开关	S8	X6	出料泵	F4	Y3

4．知识点——区间复位指令（ZRST）

区间复位指令：功能指令FNC40（ZRST）可以将［D1］、［D2］指定的元件号范围内的同类元件成批复位。目标操作数可以为T、C、D（字元件）或Y、M、S（位元件）。［D1］、［D2］指定的应为同一类元件，［D1］的元件号应小于［D2］的元件号。如果［D1］的元件号大于［D2］的元件号，则只有［D1］指定的元件复位。如图6.24所示，当X0为ON，M10～M12均被复位,其结果和图6.23用RST指令分别复位M10～M12是一致的。

图6.23　用RST指令复位

图6.24　用ZRST指令复位

6.2.4　问题思考

1. 混料罐PLC控制的原点复位

请在下面的方框里使用区间复位指令编写以状态元件S0控制的初始状态，使程序所有的输出继电器和状态元件复位对应的梯形图。

6.2-5
扫码看答案

2. 请根据前面的混料罐的工艺流程，在下面的框图中画出混料罐PLC控制的状态转移图。

3. 请根据混料罐PLC控制系统的输入/输出端口配置，绘制完整的PLC接线图（图6.25）。

4. 请根据混料罐PLC控制系统的工艺流程，在下面的方框内编写梯形图。

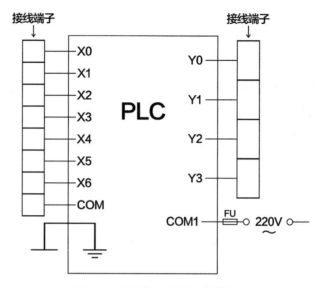

图6.25 混料罐PLC控制系统接线图

6.2.5 知识拓展

6.2-6 选择性流程分支知识总结	6.2-7 选择性分支练习题	6.2-8 混料罐连续运行次数控制程序设计

任务 6.3
十字交通灯控制系统设计

6.3.1 教学目标与思路

【教学目标】

知识目标	能力目标	素养目标	思政要素
1. 叙述十字交通灯的功能及控制原理； 2. 掌握并行性流程分支、汇合程序的设计方法； 3. 掌握计数选择程序的设计方法； 4. 理解十字交通灯的控制原理。	1. 能正确分析十字交通灯的控制要求，完成交通灯时序图的绘制。 2. 能根据控制要求正确编写流程图、梯形图和指令表； 3. 安全规范地完成交通灯控制的接线和调试。	1. 培养良好的分析能力，获取有效资源的能力； 2. 具备独立思考问题的能力； 3. 能根据结果进行分析、推理的能力。	1. 培养良好的职业道德及一丝不苟的工匠精神； 2. 培养具有追求卓越的创造精神。

【学习任务】通过对十字交通灯的PLC控制系统的学习，能够掌握十字交通灯的动作原理及计数的控制功能的编程。

【建议学时】2学时

【思维导图】

十字交通灯的工作原理 ———— 交通灯的时序图分析

交通灯闪烁的设计 ———— 交通灯的并行性分支的流程图设计

并行性分支的特点 —— 十字交通灯 —— 交通灯的PLC控制程序设计
　　　　　　　　　　控制系统设计

并行性流程分支的设计方法 ———— 交通灯PLC控制外部接线

并行性分支的汇合程序的设计方法 ———— 交通灯PLC控制系统的程序调试

6.3.2 学生任务单

任务名称	十字交通灯控制系统设计	
学生姓名	班级学号	
同组成员		
负责任务		
完成日期	完成效果	
	教师评价	

学习任务	1. 掌握十字交通灯的运行控制原理； 2. 掌握并行性流程分支和汇合程序的设计方法； 3. 能够根据控制要求完成十字交通灯系统控制的程序编写	

自学简述	课前预习	学习内容、浏览资源、查阅资料
	拓展学习	任务以外的学习内容

任务研究	完成步骤	用流程图表达

	任务分工	完成人	完成时间
任务研究	任务分工			

本人任务	
角色扮演	
岗位职责	
提交成果	

任务实施	完成步骤	第1步	
		第2步	
		第3步	
		第4步	
		第5步	
	问题求助		
	难点解决		
	重点记录		
学习反思	不足之处		
	待解问题		
	课后学习		

过程评价	自我评价 （5分）	课前学习	时间观念	实施方法	知识技能	成果质量	分值
	小组评价 （5分）	任务承担	时间观念	团队合作	知识技能	成果质量	分值

6.3.3 知识与技能

一、并行性分支流程

6.3-1
并行性分支流程特点及
编程方法

1．知识点——并行性分支状态转移特点

分支特点：同一条件满足，状态同时向各并行分支转移，多个流程全部同时执行。

2．知识点——并行性分支汇合特点

汇合特点：所有分支流程都执行完毕后，才能同时转移到新的状态。

3．知识点——并行性分支状态转移图的编程原则与编程方法

（1）编程原则：先集中处理分支状态，再集中处理汇合状态。

（2）编程方法：分支状态的编程，先进行分支状态的驱动，再按照分支的顺序进行转移处理；汇合状态的编程，先进行汇合前中间状态的驱动和转移，再按照顺序由各分支向汇合状态转移。

4．知识点——并行性分支的状态转移图

图6.26是并行性分支的状态转移图，S21是分支状态，S26是汇合状态。

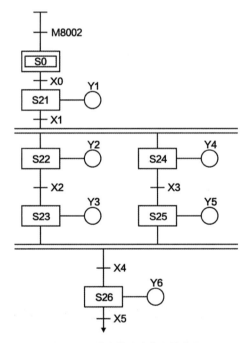

图6.26　并行性分支状态转移图

二、十字交通灯PLC控制系统程序设计

6.3-2
十字交通灯PLC控制
系统项目设计要求

按钮式人行横道十字交通灯路口控制系统如图6.27，设置一个按钮控制开关S01，当它接通时，信号

灯控制系统开始工作，控制要求如下。

控制要求：车道（东西方向）信号绿灯亮，人行横道（南北方向）红灯亮。人过横道时，按下人行横道按钮，延时30s后，车道黄灯亮，再延时10s，车道红灯亮延时5s，启动人行横道绿灯亮15s，人行横道绿灯闪烁周期是1s（亮0.5s，灭0.5s），闪烁5次后，人行横道红灯亮5s，然后开始第二个周期的动作。

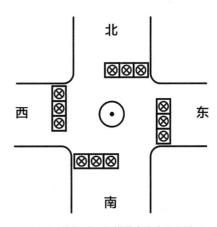

图6.27　按钮式人行横道十字交通灯路口控制系统

1. 知识点——按时间原则的步进顺控

控制特点：状态元件驱动定时器，定时器延时时间到，其常开触点闭合，状态转移。如果在不连续的状态元件中使用相同的延时时间，可用同一编号的定时器，也可以在不连续的状态元件中驱动同一个编号的线圈。

2. 技能点——交通灯控制系统时序图分析（图6.28）

控制系统分析：根据控制要求车道（东西方向）信号灯的控制和人行道（南北方向）信号灯的控制是两个同时并行的，因此可以作为两个并联分支。并联分支的转移条件是人行道按钮。根据前面的交通灯的动作原理分析，绘制交通灯时序图进行信号灯的变化规律的研究。

6.3-3
十字交通灯TPLC控制系统项目分析

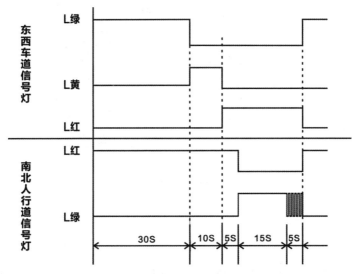

图6.28　十字交通灯控制系统时序图

3. 技能点——十字交通灯PLC控制系统输入输出
端口分配表（表6.4）

6.3-4
十字交通灯PLC控制
系统项目程序设计

十字交通灯PLC控制系统输入输出端口分配表　　　　　　表6.4

输入端口			输出端口		
功能	元件	地址	功能	元件	地址
人行道启动按钮	SB1	X0	车道红灯	LD0	Y1
			车道黄灯	LD1	Y2
急停按钮	SB2	X1	车道绿灯	LD2	Y3
			人行道红灯	LD3	Y5
			人行道绿灯	LD4	Y6

4. 技能点——交通灯控制系统外部接线图（图6.29）

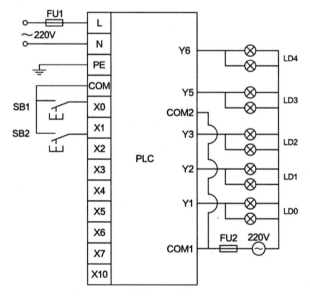

图6.29　交通灯PLC的外部接线图

5. 技能点——交通灯程序设计思路分析

设计分析：系统采用并行分支控制，车道和人行道各一支，当启动后，控制两个流程的状态元件同时置位。分别驱动车道绿灯Y3和人行道红灯Y5同时得电，经过车道和人行道的流程分别进控制。通过定时器的设置进行状态元件的条件转移，同时人行道绿灯的闪烁可同时采用计数器和定时器进行驱动输出继电器。最后在两个流程都完成一个周期后，通过定时器驱动状态元件返回。

6.3.4　问题思考

1. 请根据功能需求，在下面的方框中画出十字交通灯PLC控制系统的状态转移图。

6.3-5
扫码看答案

2. 请在下面的方框中设计出十字交通灯控制系统的梯形图。

6.3.5　知识拓展

6.3-6　并行性分支范例梯形图

6.3-7　十字交通灯双车道控制系统设计

6.3-8　十字交通灯PLC控制系统

任务 6.4
步进指令应用实例分析

6.4.1 教学目标与思路

【教学目标】

知识目标	能力目标	素养目标	思政要素
1. 叙述机械手的结构及控制原理； 2. 叙述方便指令IST的功能及使用的方法； 3. 掌握机械手的控制方式； 4. 掌握特殊继电器的功能。	1. 能正确分析机械手的控制要求，根据机械手的手动控制和自动控制分别正确画出流程图，并绘制梯形图和指令表； 2. 能正确设计机械手回原点的程序； 3. 安全规范地完成简易机械手控制的接线和调试。	1. 培养良好的分析能力，获取有效资源的能力 2. 具备独立思考问题的能力 3. 能根据结果进行分析，推理的能力 4. 培养独立工作和团队合作的能力。	1. 具有执着追求奋斗目标的工匠精神； 2. 培养良好的职业道德及一丝不苟的工匠精神； 3. 具有伟大的中国精神，求真务实，勇于登攀。

【学习任务】通过对简易机械手的PLC控制系统的学习，能够掌握简易机械手的动作原理及六种控制方式的编程方法。

【建议学时】2学时

【思维导图】

6.4.2 学生任务单

任务名称	步进指令应用实例分析	
学生姓名		班级学号	
同组成员			
负责任务			
完成日期		完成效果	
		教师评价	

学习任务	1. 掌握简易机械手的结构及控制原理； 2. 掌握方便指令IST的功能及使用的方法； 3. 能够根据控制要求完成简易机械手PLC控制系统的程序编写。			
自学简述	课前预习	学习内容、浏览资源、查阅资料		
	拓展学习	任务以外的学习内容		
任务研究	完成步骤	用流程图表达		
	任务分工	任务分工	完成人	完成时间

		本人任务	
		角色扮演	
		岗位职责	
		提交成果	

任务实施	完成步骤	第1步	
		第2步	
		第3步	
		第4步	
		第5步	
	问题求助		
	难点解决		
	重点记录		
学习反思	不足之处		
	待解问题		
	课后学习		

过程评价	自我评价（5分）	课前学习	时间观念	实施方法	知识技能	成果质量	分值
	小组评价（5分）	任务承担	时间观念	团队合作	知识技能	成果质量	分值

6.4.3 知识与技能

1. 知识点——机械手的分类

（1）按驱动方式可分为：液压式、气动式、电动
式、机械式机械手；

6.4-1
简易机械手的分类

（2）按适用范围可分为：专用机械手和通用机械手两种；

（3）按运动轨迹控制方式可分为：点位控制和连续轨迹控制机械手等。

2. 知识点——简易机械手PLC控制系统分析

机械手动作示意图如图6.30所示，要求机械手将工件从A位置送到B位置。

机械手的上升、下降、左移、右移都是由双线圈
两位电磁阀驱动气缸来实现的，抓手对物件的松开、
夹紧是由单线圈两位电磁阀驱动气缸完成，只要在电
磁阀通电时手爪夹紧，断电时手爪松开。该机械手工

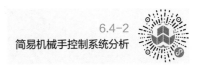

6.4-2
简易机械手控制系统分析

作原点在左上方，按下降、夹紧、上升、右移、下降、松开、上升、左移的顺序依次运
行。要求有手动、回原点、单步、单周期、自动五种工作方式。

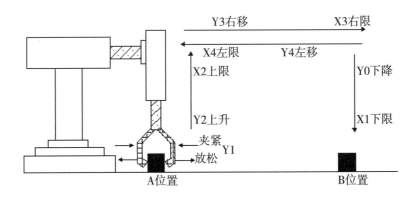

图6.30　简易机械手动作示意图

（1）机械手的控制方式

手动：选择开关打在"手动"挡，其动作通过操作各自的按钮完成相应的动作。

回原点：选择开关在"回原点"挡，按下"原点"按钮，机械手自动回到原点。

单步：选择开关在"单步"挡，每次按下"启动"按钮，机械手按顺序工作一个工步。

单周期：选择开关在"单周期"挡，机械手处于原点位置，按下"启动"按钮，
自动运行一周在原点停止。若在中途按"停止"按钮，则停止运行；再按启动按钮，从
断点处继续运行，回到原点处自动停止。

自动：选择开关在"自动"挡，机械手处于原点位置，按下"启动"按钮，连续
反复运行。若中途按停止按钮，运行到原点后停止。

（2）机械手控制面板分析（图6.31）

面板上的启动和急停按钮和PLC的运行程序无关。这两个按钮是用来接通或断开PLC外部负载的。

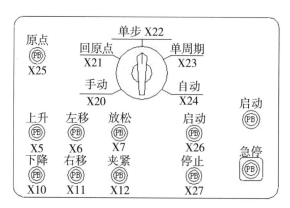

图6.31　机械手控制面板分析

3.知识点——方便功能指令

三菱PLC厂家类似这种控制有专门的指令，当应用步进指令编程，有多种工作方式时，可以考虑使用功能指令FNC60（IST），该指令能自动设定与各运行方式相应的初始状态。指令格式如图6.32所示。

6.4-3
方便功能指令

指令中有三个操作数，第一个操作数X20连续定义了8个元件X20～X27，这8个元件的功能是固定的，其功能定义如下。S20是自动方式编号最小的状态元件，S29是自动方式编号最大的状态元件。

图6.32　指令格式

IST指令在编程时只能使用一次。当X20接通时，系统自动分配一个操作控制面板和一系列特殊中间继电器作为状态转移和监控用途。

当源1指定开始地址为X20时，系统自动分配：

挡位开关：

X20　为手动调试挡：　　　　　X21　为手动回原点挡：

X22　为自动单步操作挡：　　　X23　为半自动挡：

X24　为全自动挡。

操作开关：

X25　为回原点开始键；　　　　X26　为自动启动键；

X27　为自动停止键。

4.技能点——特殊继电器功能

IST指令的执行条件满足时，初始状态继电器S0～S2和下列特殊辅助继电器被自动指定为以下功能，当IST指令的执行条件变为OFF，这些元件的功能仍保持不变。

M8040：禁止转移；　　　　M4041：允许转移；

M8042：启动脉冲；

S0：调试状态；　　　　S1：回原点状态；　　　　S2：自动状态。

下列软元件，用户根据需要可以编写程序启动：

M8043：回原点完成；

M8044：原点条件；

M8045：只允许回原点；

M8047：S状态监控有效（M8046：S状态监控）

5.技能点——初始化程序设计

简易机械手控制系统的初始化程序是设置初始状态和原点位置条件，图6.33是初始化程序梯形图。特殊辅助继电器M8044作为原点位置条件使用，当原点位置条件满足时，M8044接通。其他初始状态是由IST指令自动设定。

6.4-4
简易机械手初始化
程序设计

图6.33　初始化程序梯形图

6.技能点——机械手手动控制调试

把控制面板的挡位开关扳动到调试挡位置，这时X20接通，监控PLC的程序S0的状态应该接通。点动X5或X10，使机械手上下移动。

6.4-5
简易机械手手动控制
程序设计

这时特别注意上限开关和下限开关位置是否合适，如果不合适，小心调整使其位置合适；再点动X6或X11使机械手左右移动，这时特别注意左限开关和右限开关位置是否合适，如果不合适，小心调整使其位置合适；最后点动X7或X12，调整平台的位置，使机械手的手指能够灵活地夹紧货物和松开货物。当在夹紧货物时要注意要求有机械连锁装置，以免在途中突然停电货物下落而发生危险事故。

7. 技能点——机械手回原点控制设计

回原点控制状态转移图如图6.34所示，S1是回原点初始状态。回原点结束后，M8043置1。

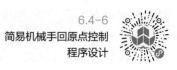

6.4-6
简易机械手回原点控制
程序设计

8. 技能点——机械手回原点控制调试

手动调试结束后，可以把控制面板的挡位开关扳动到回原点挡位置，这时X21应该接通，监控PLC程序S1的状态也应该接通，这时按动控制面板的回原点开始按钮，机械手自动判断当前的位置找到最优回原点的路径。回原点的路径按照机械手当前所在的位置不同有6种状态，如图6.35所示。

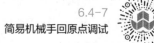

6.4-7
简易机械手回原点调试

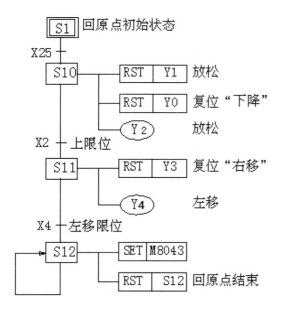

图6.34 回原点控制状态转移图

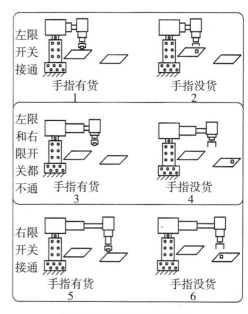

图6.35 回原点控制6种状态

6.4.4 问题思考

1. 请写出简易机械手的PLC输入/输出端口分配表（表6.5）

6.4-8
扫码看答案

简易机械手的PLC输入/输出端口分配表　　　表6.5

输入端口			输出端口		
功能	元件	地址	功能	元件	地址

续表

输入端口			输出端口		
功能	元件	地址	功能	元件	地址

2. 简易机械手的控制流程分解

请根据机械手的动作过程分析出机械手工作一周的工作流程，在下面对应的空格上填写。

按下启动按钮（   ），检测到有物件_____（   ）动作，机械手_____（   ）动作⟹机械手_____（   ）动作⟹机械手⟹（   ）动作⟹机械手_____（   ）动作⟹机械手_____（   ）动作⟹机械手_____（   ）动作⟹机械手_____（   ）复位，机械手回原点。

3. 手动控制程序设计

手动方式梯形图程序中，S0为手动方式的初始状态。手动方式的上升、下降、左移、右移、放松、夹紧是由相应的按钮来控制。请按照控制要求在下面图6.36空白处补充完整手动控制方式的初始状态的梯形图。

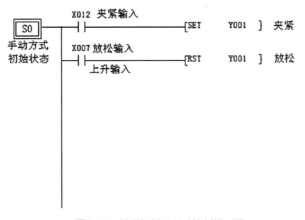

图6.36 简易机械手手动控制梯形图

4．机械手自动控制程序设计

机械手自动控制程序根据前面的分析，其中S2是自动方式的初始状态。状态转移开始辅助继电器M8041，原点位置条件辅助继电器M8044的状态都在初始化程序中设定，在程序运行中不再改变。

由于使用了IST指令，因此单步和单周期控制的程序是包含在自动控制程序中，不需再写程序。请完成简易机械手自动控制程序设计。

6.4.5 知识拓展

6.4-9 简易机械手单步操作控制	6.4-10 简易机械手半自动操作控制	6.4-11 简易机械手自动控制程序设计

CHAPTER 7

项目 7

三菱FX$_{2N}$系列可编程控制器应用指令基本用法

任务 7.1 程序流向控制指令用法

7.1.1 教学目标与思路

【教学目标】

知识目标	能力目标	素养目标	思政要素
1. 熟悉应用指令的含义和表示形式。 2. 掌握应用指令的分类及操作说明。	1. 能够说出各程序流向控制指令的名称和功能。 2. 能够理解一般程序控制系统中使用的程序流向控制指令。	1. 具有良好的技术资料收集、分析能力。 2. 具有自学能力、理解能力与表达能力。	1. 树立学生学习报国的信念。 2. 培养学生克服困难的勇气与决心。

【学习任务】对应用指令的表示形式、含义、分类及操作说明有一个全面的了解，掌握程序流向控制指令，为应用指令的综合使用打下基础。

【建议学时】2学时

【思维导图】

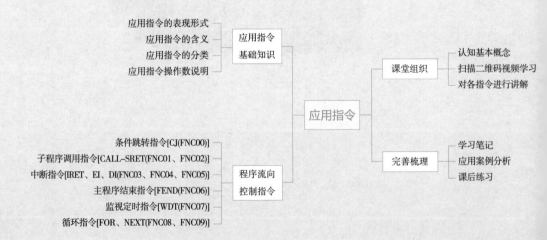

7.1.2 学生任务单

任务名称	程序流向控制指令用法	
学生姓名	班级学号	
同组成员		
负责任务		
完成日期	完成效果	
	教师评价	

学习任务	1. 掌握应用指令的表示形式和含义。 2. 掌握应用指令的分类和操作说明。 3. 说出各程序流向控制指令		
自学简述	课前预习	学习内容、浏览资源、查阅资料	
	拓展学习	任务以外的学习内容	
任务研究	完成步骤	用流程图表达	

任务研究		任务分工	完成人	完成时间
	任务分工			

		本人任务	
		角色扮演	
		岗位职责	
		提交成果	

任务实施	完成步骤	第1步	
		第2步	
		第3步	
		第4步	
		第5步	
	问题求助		
	难点解决		
	重点记录		
学习反思	不足之处		
	待解问题		
	课后学习		

过程评价	自我评价（5分）	课前学习	时间观念	实施方法	知识技能	成果质量	分值
	小组评价（5分）	任务承担	时间观念	团队合作	知识技能	成果质量	分值

7.1.3 知识与技能

1．知识点——应用指令的介绍

可编程控制器除了基本逻辑指令和步进指令，还有很多的应用指令（也称为功能指令）。应用指令适用于工业自动化控制中的数据运算和特殊处理。这些应用指令实际上是许多功能不同的子程序，它们大大地扩展了可编程控制器的应用范围，实现了更复杂过程控制系统的闭环控制。

（1）应用指令的表示形式

应用指令和基本指令不同。应用指令类似一个子程序，直接由助记符（功能代号）表达本条指令要做什么。FX系列PLC在梯形图中使用功能框表示功能指令。图7.1所示是应用指令的梯形图示例。图中X0是执行该条指令的条件，其后的方框为功能框，分别含有功能指令的名称和参数，参数可以是相关数据、地址或其他数据。当X0=ON时，数据寄存器D0的内容加上十进制数123，然后再把结果送到数据寄存器D2中。

7.1-1
应用指令课件

图7.1 应用指令的梯形图示例

（2）应用指令的含义

使用应用指令需要注意功能框中各参数所指的含义。现以加法指令做出说明。图7.2所示为加法指令（ADD）的指令格式和相关参数。

7.1-2
应用指令课件

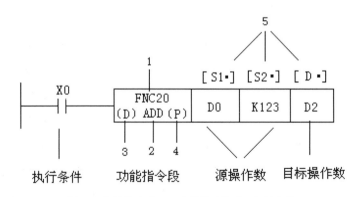

图7.2 加法指令（ADD）的指令格式和相关参数

1—功能号（FNC）：每条功能指令都有一固定的功能代号；2—助记符：功能指令的助记符是该条指令的英文缩写。加法指令的英文写法为Addition instruction，简称为ADD；3—数据长度：有D表示32位，无D表示16位；4—脉冲/连续执行指令标志：功能指令有连续执行和脉冲执行两种类型，有P表示脉冲执行，即该指令仅在X0接通（由OFF到ON）时执行一次；无P表示连续执行，即该在X0接通（ON）的每一个扫描周期指令都要被执行；5—操作数：操作数即为功能指令所涉及的参数（或称数据），分为源操作数，目标操作数及其他操作数。有的功能指令没有操作数，而大多数功能指令有1~4个操作数。

　　功能指令的指令段通常占1个程序步，16位操作数占2步，32位操作数占4步。

7.1-3
FX₂ₙ系列课件

（3）应用指令的分类

FX₂ₙ系列PLC功能指令一览表见表7.1。

FX₂ₙ系列PLC功能指令一览表　　　　　　　　　　　　　　　　表7.1

分类	功能号FNC	指令助记符	功能说明
程序流程	00	CJ	条件跳转
	01	CALL	子程序调用
	02	SRET	子程序返回
	03	IRET	中断返回
	04	EI	开中断
	05	DI	关中断
	06	FEND	主程序结束
	07	WDT	监视定时器刷新
	08	FOR	循环的起点与次数
	09	NEXT	循环的终点
传送与比较	10	CMP	比较
	11	ZCP	区间比较
	12	MOV	传送
	13	SMOV	移位传送
	14	CML	取反传送
	15	BMOV	成批传送
	16	FMOV	多点传送
	17	XCH	交换
	18	BCD	二进制转换成BCD码
	19	BIN	BCD码转换成二进制
算术与逻辑运算	20	ADD	二进制加法运算
	21	SUB	二进制减法运算
	22	MUL	二进制乘法运算
	23	DIV	二进制除法运算

续表

分类	功能号FNC	指令助记符	功能说明
算术与 逻辑运算	24	INC	二进制加1运算
	25	DEC	二进制减1运算
	26	WAND	字逻辑与
	27	WOR	字逻辑或
	28	WXOR	字逻辑异或
	29	NEG	求二进制补码
循环与移位	30	ROR	循环右移
	31	ROL	循环左移
	32	RCR	带进位右移
	33	RCL	带进位左移
	34	SFTR	位右移
	35	SFTL	位左移
	36	WSFR	字右移
	37	WSFL	字左移
	38	SFWR	FIFO（先入先出）写入
	39	SFRD	FIFO（先入先出）读出
数据处理	40	ZRST	区间复位
	41	DECO	解码
	42	ENCO	编码
	43	SUM	统计ON位数
	44	BON	查询位某状态（ON位判断）
	45	MEAN	求平均值
	46	ANS	报警器置位
	47	ANR	报警器复位
	48	SQR	求BIN平方根
	49	FLT	整数与浮点数转换
高速处理	50	REF	输入输出刷新
	51	REFF	输入滤波时间调整
	52	MTR	矩阵输入

续表

分类	功能号FNC	指令助记符	功能说明
高速处理	53	HSCS	比较置位（高速计数用）
	54	HSCR	比较复位（高速计数用）
	55	HSZ	区间比较（高速计数用）
	56	SPD	脉冲密度
	57	PLSY	指定频率脉冲输出
	58	PWM	脉宽调制输出
	59	PLSR	带加减速脉冲输出
方便指令	60	IST	状态初始化
	61	SER	数据查找
	62	ABSD	凸轮控制（绝对值式）
	63	INCD	凸轮控制（增量方式）
	64	TTMR	示教定时器
	65	STMR	非凡定时器
	66	ALT	交替输出
	67	RAMP	斜坡信号
	68	ROTC	旋转工作台控制
	69	SORT	列表数据排序
外部I/O设备	70	TKY	10键输入
	71	HKY	16键输入
	72	DSW	BCD数字开关输入
	73	SEGD	七段码译码
	74	SEGL	七段码分时显示
	75	ARWS	方向开关
	76	ASC	ASCI码转换
	77	PR	ASCI码打印输出
	78	FROM	BFM读出
	79	TO	BFM写入
外围设置	80	RS	串行数据传送
	81	PRUN	八进制位传送（并行传送）

续表

分类	功能号FNC	指令助记符	功能说明
外围设置	82	ASCI	16进制数转换成ASCII码
	83	HEX	ASCII码转换成16进制数
	84	CCD	校验
	85	VRRD	电位器变量输入
	86	VRSC	模拟量开关设定（电位器变量整标）
	88	PID	PID运算
浮点数运算	110	ECMP	二进制浮点数比较
	111	EZCP	二进制浮点数区间比较
	118	EBCD	二进制浮点数→十进制浮点数
	119	EBIN	十进制浮点数→二进制浮点数
	120	EADD	二进制浮点数加法
	121	EUSB	二进制浮点数减法
	122	EMUL	二进制浮点数乘法
	123	EDIV	二进制浮点数除法
	127	ESQR	二进制浮点数开平方
	129	INT	二进制浮点数→二进制整数
	130	SIN	二进制浮点数sin运算
	131	COS	二进制浮点数cos运算
	132	TAN	二进制浮点数tan运算
交换	147	SWAP	高低字节交换
定位	155	ABS	当前值读取
	156	ZRN	原点回归（返回原点）
	157	PLSV	变速脉冲输出
	158	DRVI	相对位置控制（增量式单速位置控制）
	159	DRVA	绝对位置控制（绝对式单速位置控制）
时钟运算	160	TCMP	时钟数据比较
	161	TZCP	时钟数据区间比较
	162	TADD	时钟数据加法
	163	TSUB	时钟数据减法

续表

分类	功能号FNC	指令助记符	功能说明
时钟运算	166	TRD	时钟数据读出
	167	TWR	时钟数据写入
	169	HOUR	计时仪（小时定时器）
格雷码变换	170	GRY	二进制数→格雷码
	171	GBIN	格雷码→二进制数
	176	RD3A	模拟量模块（FX0N-3A）读出
	177	WR3A	模拟量模块（FX0N-3A）写入
触点比较	224	LD=	（S1）=（S2）时起始（运算开始）触点接通
	225	LD>	（S1）>（S2）时起始（运算开始）触点接通
	226	LD<	（S1）<（S2）时起始（运算开始）触点接通
	228	LD<>	（S1）<>（S2）时起始（运算开始）触点接通
	229	LD≤	（S1）≤（S2）时起始（运算开始）触点接通
	230	LD≥	（S1）≥（S2）时起始（运算开始）触点接通
	232	AND=	（S1）=（S2）时串联触点接通
	233	AND>	（S1）>（S2）时串联触点接通
	234	AND<	（S1）<（S2）时串联触点接通
	236	AND<>	（S1）<>（S2）时串联触点接通
	237	AND≤	（S1）≤（S2）时串联触点接通
	238	AND≥	（S1）≥（S2）时串联触点接通
	240	OR=	（S1）=（S2）时并联触点接通
	241	OR>	（S1）>（S2）时并联触点接通
	242	OR<	（S1）<（S2）时并联触点接通
	244	OR<>	（S1）<>（S2）时并联触点接通
	245	OR≤	（S1）≤（S2）时并联触点接通
	246	OR≥	（S1）≥（S2）时并联触点接通

（4）应用指令操作数说明

PLC在进行输入输出处理、模拟量控制、位置控制时，需要许多数据寄存器、位组合元件、变址寄存器、文件寄存器等来存储数据和参数。

7.1-4
应用指令操作课件

1）数据寄存器（D）

数据寄存器用于存储数值数据，其值可通过应用指令、数据存取单元及编程装置进行读出或写入。数据寄存器为16位，最高位为符号位，可处理的数值范围为−32768 ～ +32767，如图7.3所示。

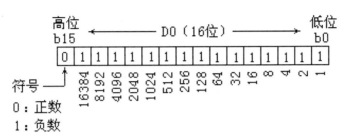

图7.3　16位数据寄存器

两个相邻的数据寄存器可组成32位数据寄存器，最高位仍为符号位，可处理的数值范围为−2147483648 ～ +2147483647，如图7.4所示。在进行32位操作时，只要指定低位的编号即可，例如D0。而高位则为继其之后相邻的元件D1，自动生成。低位地址号可以是奇数或偶数，由于考虑到外围设备的监视功能，建议低位的编号采用偶数编号。例如：用D0表示（D1，D0）、D4表示（D5，D4）32位数据寄存器的编号。

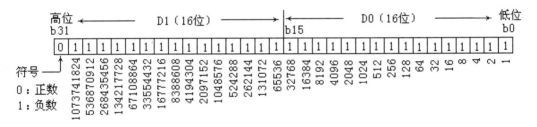

图7.4　32位数据寄存器

数据寄存器可分为以下三类：

①通用数据寄存器（D0 ～ D199）

该寄存器共200点。当M8033为ON时，D0 ～ D199有断电保护功能；当M8033为OFF时则它们无断电保护，这种情况PLC由RUN→STOP或停电时，数据全部清零。

②断电保持数据寄存器（D200 ～ D7999）

该寄存器共7800点，其中D200 ～ D511（共12点）有断电保持功能，可以利用外部设备的参数设定改变通用数据寄存器与有断电保持功能数据寄存器的分配；D490 ～ D509供通信用；D512 ～ D7999的断电保持功能不能用软件改变，但可用指令清除它们的内容。根据参数设定可以将D1000以上作为文件寄存器。

③特殊数据寄存器（D8000～D8255）

该寄存器共256点。特殊数据寄存器的作用是用来监控PLC的运行状态。如扫描时间、电池电压等。未加定义的特殊数据寄存器，用户不能使用。具体可参见用户手册。

2）位组合元件

在FX系列PLC内部，像X、Y、M、S等只处理ON/OFF信息的软元件称为位元件；而像T、C、D等处理数值的软元件则称为字元件，一个字元件由16位二进制数组成。位元件可以通过组合使用，4个位元件为一个单元，表示一位十进制数，通用表示方法是由Kn加起始的软元件号组成，n为单元数。例如：

K1X0就表示由X3～X0 4个输入继电器的组合。

K2Y0就表示由Y7～Y0 8个输出继电器的组合。

K3M0就表示由M11～M0 12个辅助继电器的组合。

K4S0就表示由S15～S0 16个状态元件的组合。

被组合的位元件的首元件编号可以任选，但为避免混乱，一般以0为编号做结尾的元件号，如S10，X0，X20等。

3）变址寄存器（V/Z）

FX$_{2N}$系列PLC有V0～V7和Z0～Z7共16个变址寄存器，它们都是16位的寄存器。变址寄存器V/Z实际上是一种特殊用途的数据寄存器，其作用相当于微机中的变址寄存器变，用于改变元件的编号（变址），例如V0=5，则执行D20V0时，被执行的编号为D25（D20+5）。变址寄存器可以像其他数据寄存器一样进行读写，需要进行32位操作时，可将V、Z串联使用（Z为低位，V为高位）。

7.1-5
变址寄存器课件

7.1-6
变址寄存器举例

2. 知识点——程序流向控制指令

（1）条件跳转指令［CJ（FNC00）］

图7.5为条件跳转指令在梯形图中的具体应用格式。若X0=1，顺序执行程序，这是有条件跳转。若执行条件为M8000，则称为无条件跳转，因为M8000触点在PLC通电运行时就自动接通。一个标号只能使用一次，但两条跳转指令可以使用同一标号。编程时，标号占一行。

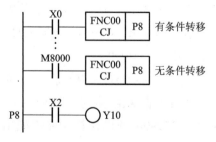

图7.5　条件跳转指令在梯形图中的具体应用格式

（2）子程序调用指令［CALL–SRET（FNC01、FNC02）］

图7.6为子程序调用指令在程序中的基本使用格
式。指针在程序中只能用一次。CALL指令一般安排
在主程序中，主程序的结束有FEND指令。子程序开

7.1–7
调用指令
应用举例

始端有PXX指针号，最后由SRET返回主指令。当X0为ON时，调用P10～SRET子程序
并执行，当X0为OFF时，不调用子程序，主程序按顺序执行。子程序调用可以嵌套，
最多为5级。

（3）中断指令［IRET、EI、DI（FNC03、FNC04、FNC05）］

IRET：中断子程序返回主程序；EI：允许中断；DI：禁止中断。图7.7为中断指令
使用。EI～DI为允许中断区间，当中断条件出现在主程序，此区间内则转向执行有中断
标号的子程序。中断子程序开始有中断标号，由IRET返回。中断子程序一般出现在主
程序后面。中断标号必须对应允许中断的条件。

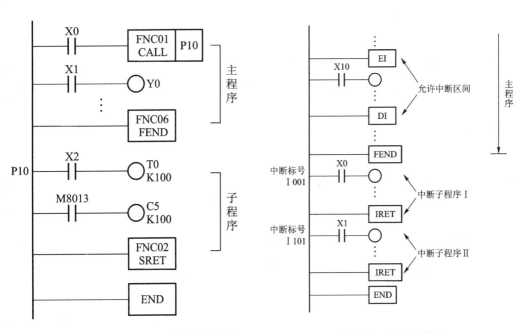

图7.6　子程序调用指令在程序中的基本使用格式　　　图7.7　中断指令使用

在中断条件0～8中，0～5表示与输入条件X0～X5对应，图中中断标号I001表示X0
为1在上升沿执行中断子程序I，I101表示X1为1在上升沿执行中断子程序Ⅱ，6～8为定
时器中断条件（标号），如I610表示指定由定时器6每计时10ms执行一次中断子程序。
同理I889表示由定时器每计时99ms执行一次中断子程序。

中断子程序可嵌套最多二级，多个中断信号同时出现，中断标号低的有优先权。
对中断标号为I00□～I50□的输入中断，对应M8050～M8055为1时中断被禁止。对中断

标号为I6□□~I8□□的定时器中断，对应M8056~M8058为1时中断被禁止。在特殊场合主程序设计中采用中断指令，可以有目的预先应对突发事件。中断指令也适用于一些必须定时监控诊断的主程序中。

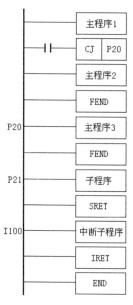

（4）主程序结束指令［FEND（FNC06）］

FEND指令表示主程序结束。图7.8为结束指令的使用。程序执行到FEND时，进行输入、输出处理，监视定时器和计数器刷新，全部完成以后返回到程序的00步。使用该指令时应注意，子程序和中断子程序必须写在主程序结束指令FEND和END指令之间。在有跳转（CJ）指令的程序中，用FEND作为主程序和跳转程序的结束。在调用子程序（CALL）中，子程序、中断子程序应写在FEND之后且用SRET和IRET返回指令。当主程序中有多个FEND指令，CALL或中断子程序必须写在最后一个FEND及END之间。

图7.8　结束指令的使用

（5）监视定时指令［WDT（FNC07）］

在程序的执行过程中，如果扫描的时间（从第00步到END或FEND语句）超过了200ms（FX2PLC监视定时器100ms，FX2N为200ms），则PLC将停止运行。在这种情况下使用WDT指定可以刷新监视定时器，使程序执行到END或FEND。

WDT为连续型执行指令，WDT（P）为脉冲型执行指令。图7.9所示是WDT两种工作状态的梯形图、工作波形图。要改变监视定时器时间，可通过改变D8000的数值进行。图7.10所示是将监视定时值设为300ms。

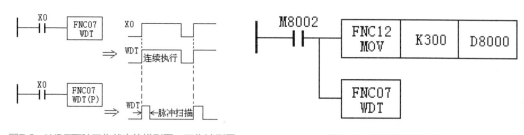

图7.9　WDT两种工作状态的梯形图、工作波形图　　　　图7.10　修改监视定时值

（6）循环指令［FOR、NEXT（FNC08、FNC09）］

FOR、NEXT为循环开始和循环结束指令。图7.11为循环指令的使用，在程序运行时，位于FOR-NEXT间的程序可循环执行几次后，再执行NEXT指令后的程序。循环次数n由FOR后跟操作数指定，循环次数值范围为1~32767。

FOR、NEXT指令可嵌套使用，最多允许5级嵌套。FOR、NEXT必须成对使用，否则出错。NEXT指令不允许写在END、FEND指令的后面。

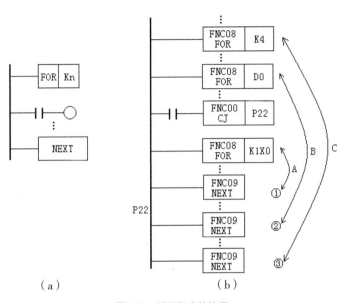

图7.11   循环指令的使用
（a）循环；（b）3级嵌套循环

7.1.4 问题思考

根据你的学习，你觉得可编程控制器的应用指令与基本逻辑指令和步进指令相比，其优势在哪里？

7.1-9
扫码看答案

1. 填空题

说明下列指令的意义，程序流程指令：CJ_____、CALL_____、EI_____、DI_____。

2. 判断题

（1）FX系列PLC中，功能指令分连续执行型和脉冲执行型。   （   ）

（2）FX系列PLC中，功能指令分32位和16位运算方式。   （   ）

（3）有条件结束指令将根据前面的逻辑关系决定是否终止用户程序。   （   ）

（4）PLC的16位数值，最大可取32768。   （   ）

3. 选择题

（1）（单选）功能指令（   ）表示主程序结束。

A. RST   B. END   C. FEND   D. NOP

（2）（多选）PLC除了用逻辑控制功能外，现代的PLC还增加了（   ）。

A. 运算功能   B. 数据传送功能

C. 数据处理功能   D. 通信功能

任务 7.2
传送与比较指令用法

7.2.1 教学目标与思路

【教学目标】

知识目标	能力目标	素养目标	思政要素
掌握常用的传送与比较指令。	1. 能够说出常用的传送与比较指令的名称和功能。 2. 能够用传送指令设计电动机的Y-△启动控制电路的程序并完成安装与调试。 3. 能够理解一般程序控制系统中使用的传送与比较指令。	1. 具有将知识与技术综合运用的能力。 2. 具有独立进行系统分析、设计、调试、接线、安装、运行、维护的能力。	1. 正确认识事物的多面性，培养学生辩证思维能力； 2. 具有追求卓越的创造精神，精益求精、一丝不苟的工匠精神。

【学习任务】对传送与比较指令进行全面认知，同时能够运用传送指令对电动机的Y-△启动控制电路进行程序设计、电路安装、接线、调试与运行。

【建议学时】2学时

【思维导图】

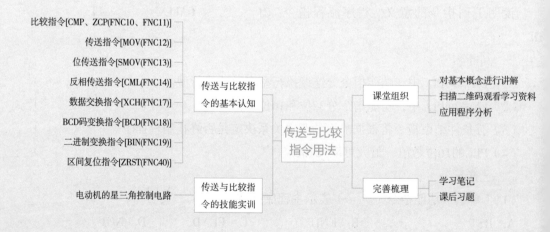

7.2.2 学生任务单

任务名称		传送与比较指令用法	
学生姓名		班级学号	
同组成员			
负责任务			
完成日期		完成效果	
		教师评价	

学习任务	1.　掌握常用传送与比较指令的构成与功能。 2.　能够运用传送指令对电动机的Y–△启动控制电路进行程序设计、电路安装、接线、调试与运行。	
自学简述	课前预习	学习内容、浏览资源、查阅资料
	拓展学习	任务以外的学习内容
任务研究	完成步骤	用流程图表达

任务研究	任务分工	任务分工	完成人	完成时间

		本人任务	
		角色扮演	
		岗位职责	
		提交成果	

任务实施	完成步骤	第1步	
		第2步	
		第3步	
		第4步	
		第5步	
	问题求助		
	难点解决		
	重点记录		
学习反思	不足之处		
	待解问题		
	课后学习		

过程评价	自我评价 （5分）	课前学习	时间观念	实施方法	知识技能	成果质量	分值
	小组评价 （5分）	任务承担	时间观念	团队合作	知识技能	成果质量	分值

7.2.3 知识与技能

1. 知识点——传送与比较指令

传送与比较指令在程序中使用是十分频繁的。这类指令共有10条，下面重点介绍其中8条。

7.2-1
传送与比较指令课件

（1）比较指令［CMP、ZCP（FNC10、FNC11）］

CMP为比较指令，ZCP为区间比较指令。要清除比较结果，用复位指令。

7.2-2
传送与比较指令
应用举例

比较指令CMP的功能编号FNC10，该指令的功能是将源操作数［S1.］和［S2.］的数据进行比较，将比较的结果送到目标操作数［D.］中，并且占用3个连续单元，如图7.12所示。

区间比较指令ZCP的功能编号FNC11，该指令的功能是将一个源操作数［S.］与两个源操作数［S1.］和［S2.］中的数值进行比较，然后将比较结果传送到目标操作数［D.］为首地址的3个连续的软件元件中，如图7.13所示。

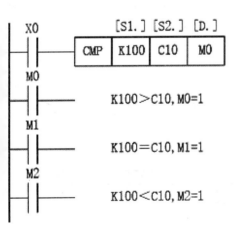

图7.12 比较指令的使用

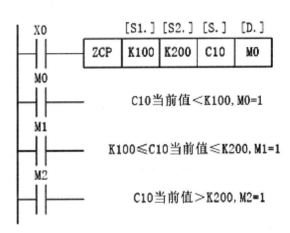

图7.13 区间比较指令的使用

（2）传送指令［MOV（FNC12）］

传送指令MOV的功能编号为FNC12，该指令的功能是将源数据传送到指定的目标。如图7.14所示，当X0为ON时，则将［S.］中的数据K100传送到目标操作元件［D.］即D10中。在指令执行时，常数K100会自动转换成二进制数。当X0为OFF时，则指令不执行，数据保持不变。

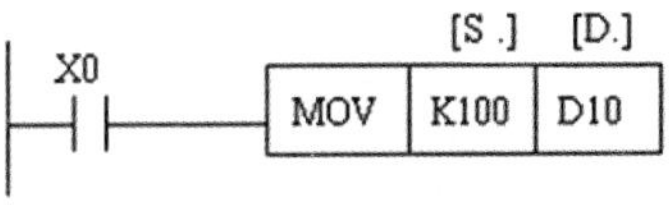

图7.14 传送指令的使用

（3）位传送指令［SMOV（FNC13）］

位传送指令SMOV的功能编号为FNC13，该指令的功能是将源操作数［S］中的二进制数先转换成BCD码，假设（D1）中的二进制数转换成BCD码为4265，再把（D1）中的BCD码传送到（D2）中，最后（D2）中的BCD码转换成二进制数。

如图7.15所示，（D1）中BCD码的第4位（由M1的K4指定）起的2位数即4与2（由M2的K2指定）向目标（D2）中的第3位和第2位传送（由n的K3指定送到第3位起依次送2个），（D2）中的其他位数据保持原数不变。传送完毕后，（D2）中的BCD码转换成二进制数。

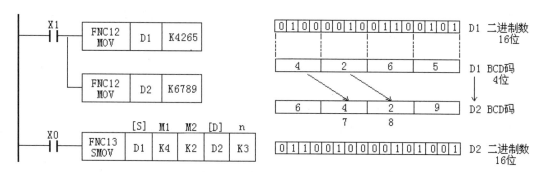

图7.15　位传送指令的使用

（4）反相传送指令［CML（FNC14）］

反相传送指令CML的功能编号为FNC14，该指令的功能是将源操作数D0中二进制数每位取反后送到目标操作数中。D中若为常数，则自动地先转换成二进制数，如图7.16所示。

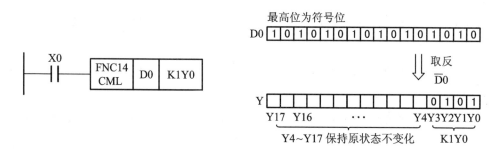

图7.16　反相传送指令的使用

（5）数据交换指令［XCH（FNC17）］

数据交换指令XCH的功能编号为FNC17，该指令的功能是将操作数中［D1］、［D2］中的数据进行交换，如图7.17所示。

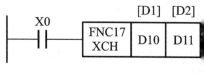

图7.17　数据交换指令的使用

（6）BCD码变换指令［BCD（FNC18）］

BCD变换指令的功能编号为FNC18，该指令的功能是将源元件中的二进制数转换为BCD码并送到目标元件中。如果执行的结果超过0～9999的范围，或者32位操作时超过0～99999999的范围时，PLC会认定为错误。BCD变换指令常用于将PLC中的二进制数变换成BCD码输出以驱动LED显示器，如图7.18所示。

（7）二进制变换指令 [BIN（FNC19）]

BIN变换指令的功能编号为FNC19，该指令的功能是将源元件中的BCD数据转换成二进制数据送到目标元件中。可以用BIN指令将BCD数字拨码开关提供的设定值输入到PLC，如果源元件中数据不是BCD码，将会出错，如图7.19所示。

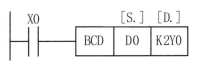

图7.18　BCD码变换指令的使用

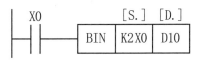

图7.19　二进制变换指令的使用

（8）区间复位指令 [ZRST（FNC40）]

区间复位指令ZRST的功能编号为FNC40，该指令的功能是将 [D1.] [D2.] 之间的指定元件号范围内的同类元件成批复位，如图7.20所示。

2. 技能点——电动机的星三角控制电路

（1）主电路

（2）PLC I/O接线图

（3）PLC控制程序

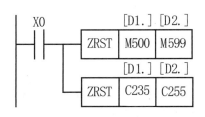

图7.20　区间复位指令的基本形式

7.2.4　问题思考

1. 填空题

说明下列指令的意义，传送与比较指令：CMP_____、ZCP_____、MOV_____、BCD_____。

2. 判断题

（1）ZCP指令是将一个数据与两个源数据值比较。（　　）

（2）字节比较指令比较两个字节大小，若比较式为真，该触点断开。（　　）

（3）字整数比较指令比较两个字整数大小，若比较式为真，该触点断开。（　　）

3. 单选题

（1）FX系列PLC中，比较两个数值的大小，用（　　）指令。

A. TD　　　　　　　B. TM　　　　　　　C. TRD　　　　　　D. CMP

（2）FX系列PLC中，16位的数值传送指令（　　）。

A. DMOV　　　　　B. MOV　　　　　　C. MEAN　　　　　D. RS

（3）FX系列PLC中，32位的数值传送指令（　　）。

A. DMOV　　　　　B. MOV　　　　　　C. MEAN　　　　　D. RS

7.2-3
主电路

7.2-4
PLC接线图

7.2-5
控制程序

7.2-6
扫码看答案

任务 7.3
算数与逻辑运算指令用法

7.3.1 教学目标与思路

【教学目标】

知识目标	能力目标	素养目标	思政要素
掌握常用的算数与逻辑运算指令。	1. 能够说出常用的算数与逻辑运算指令的名称和功能。 2. 能够理解一般程序控制系统中使用的算数与逻辑运算指令。	1. 培养学生善于观察、自主思考、独立分析问题的能力。 2. 培养学生的自学能力、理解能力与表达能力。	1. 培养学生克服畏难情绪，具有学习和探索精神； 2. 具有树立正确的技能观，努力提高自己的技能，求真务实、大力发展，永不言败的敬业精神。

【学习任务】对算数与逻辑运算指令进行全面认知，能够读懂一般程序中用到的算数与逻辑运算指令，并分析其功能。

【建议学时】2学时

【思维导图】

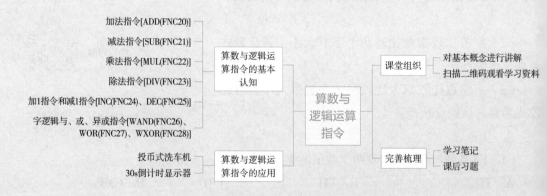

7.3.2 学生任务单

任务名称	算数与逻辑运算指令用法	
学生姓名	班级学号	
同组成员		
负责任务		
完成日期	完成效果	
	教师评价	

学习任务	1. 掌握常用算数与逻辑运算指令的构成与功能。 2. 能够读懂一般程序中用到的算数与逻辑运算指令，并分析其功能。			
自学简述	课前预习	学习内容、浏览资源、查阅资料		
	拓展学习	任务以外的学习内容		
任务研究	完成步骤	用流程图表达		
	任务分工	任务分工	完成人	完成时间

		本人任务	
		角色扮演	
		岗位职责	
		提交成果	

任务实施	完成步骤	第1步	
		第2步	
		第3步	
		第4步	
		第5步	
	问题求助		
	难点解决		
	重点记录		
学习反思	不足之处		
	待解问题		
	课后学习		

过程评价	自我评价（5分）	课前学习	时间观念	实施方法	知识技能	成果质量	分值
	小组评价（5分）	任务承担	时间观念	团队合作	知识技能	成果质量	分值

7.3.3 知识与技能

1. 知识点——算数与逻辑运算指令

（1）加法指令［ADD（FNC20）］

加法指令ADD的功能编号为FNC20，该指令将指定的源元件中的二进制数相加，结果送到指定的目标元件，如图7.21所示。加法指令在执行时影响三个常用的标志位：M8020零标志、M8021借位标志和M8022进标志。当运算结果为0时，M8020置"1"；当运算结果超过32767（16位）或2147483647（32位）时，M8022置"1"；当运算结果小于-32768（16位）或-2147483648时，M8021置"1"。数据为有符号的二进制数，最高位为符号位（0为正，1为负）。

7.3-1
运算指令课件

7.3-2
运算指令举例

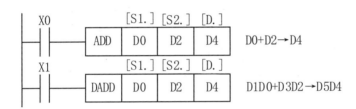

图7.21　加法指令的基本形式

（2）减法指令［SUB（FNC21）］

减法指令SUB的功能编号为FNC21，该指令将指定的源元件中的二进制数相减，结果送到指定的目标元件，如图7.22所示。M8020、M8021和M8022对减法指令的影响和加法指令相同。

7.3-3
减法指令课件

7.3-4
减法指令举例

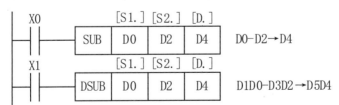

图7.22　减法指令的基本形式

（3）乘法指令［MUL（FNC22）］

乘法指令MUL的功能编号为FNC22，该指令将指定源元件中的二进制数相乘，结果送到指令的目标元件中，如图7.23所示。目标位元件的位数如果小于运算结果的倍数，只能保存结果的低位。

7.3-5
乘法指令课件

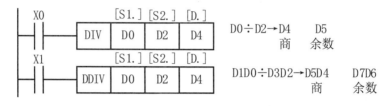

图7.23　乘法指令的基本形式

（4）除法指令［DIV（FNC23）］

除法指令DIV的功能编号为FNC23，该指令将源操  作数［S1.］除以［S2.］，上送到目标元件［D.］中，余数送到［D.］的下一元件。其中［S1.］为被除数，［S2.］为除数，如图7.24所示。除法运算中若将位元件指定［D.］，则无法得到余数，除数为0时则会出错。

7.3-6
除法指令课件（一）

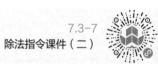

图7.24　除法指令的基本形式

（5）加1指令和减1指令［INC（FNC24）、DEC（FNC25）］

7.3-7
除法指令课件（二）

加1指令INC的功能编号为FNC24，该指令是将指定元件中的数值加1，如图7.25所示。加1指令的结果不影响零标志位、借位标志和进位标志。如果是连续指令，则每个周期均作一次加1运算，16位运算中，+32767再加1就变成−32768，+2147483647再加1，就会变成−2147483648。

减1指令DEC的功能编号为FNC25，该指令是将指定元件中的数值减1，如图7.26所示。

图7.25　加1指令的基本形式　　　　图7.26　减1指令的基本形式

（6）字逻辑与、或、异或指令［WAND（FNC26）、WOR（FNC27）、WXOR（FNC28）］

字逻辑与指令WAND指令的编号为FNC26。该指

7.3-8
除法指令课件（三）

令是将两个源操作数按位进行与操作，结果存入指定元件。

字逻辑或指令WOR指令的编号为FNC27。该指令是将两个源操作数按位进行或操作，结果存入指定元件。

字逻辑异或指令WXOR指令的编号为FNC28。该指令是将两个源操作数按位进行异或操作，结果存入指定元件。

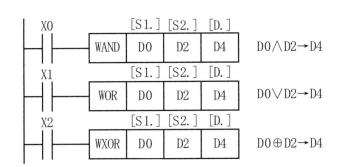

图7.27　逻辑与、或、异或指令的基本形式

这三个指令的基本形式如图7.27所示。逻辑与指令常用于某些位清0，逻辑或指令常用于某些位置1，而逻辑异或指令常用于判断两数是否相等。

7.3.4　问题思考

7.3-9
扫码看答案

1. 填空题

说明下列指令的意义，四则运算指令：ADD_____、SUB_____、WOR

_____。

2. 判断题

（1）DIV指令指二进制除法。　　　　　　　　　　　　　　　　　　　（　　）

（2）XOR指令可实现"异或非"运算。　　　　　　　　　　　　　　　（　　）

（3）整数的加减指令的功能是将两个8位整数相加减，得到一个8位整数结果。

（　　）

3. 单选题

（1）FX系列PLC中，16位加法指令应用（　　　）。

A. DADD　　　　　　　　B. ADD　　　　　　　C. SUB　　　　　　D. MUL

（2）FX系列PLC中，16位减法指令应用（　　　）。

A. DADD　　　　　　　　B. ADD　　　　　　　C. SUB　　　　　　D. MUL

（3）FX系列PLC中，32位加法指令应用（　　　）。

A. DADD　　　　　　　　B. ADD　　　　　　　C. SUB　　　　　　D. MUL

（4）FX系列PLC中，32位减法指令应用（　　　）。

A. DADD　　　　　　　B. ADD　　　　　C. DSUB　　　D. MUL

（5）FX系列PLC中，32位乘法指令应用（　　　）。

A. DADD　　　　　　　B. ADD　　　　　C. DSUB　　　D. DMUL

（6）FX系列PLC中，16位乘法指令应用（　　　）。

A. DADD　　　　　　　B. ADD　　　　　C. MUL　　　　D. DMUL

（7）FX系列PLC中，16位除法指令应用（　　　）。

A. DADD　　　　　　　B. DDIV　　　　　C. DIV　　　　D. DMUL

（8）FX系列PLC中，32位除法指令应用（　　　）。

A. DADD　　　　　　　B. DDIV　　　　　C. DIV　　　　D. DMUL

任务 7.4
循环移位与移位指令用法

7.4.1 教学目标与思路

【教学目标】

知识目标	能力目标	素养目标	思政要素
掌握常用的循环移位与移位指令。	1. 能够说出常用的循环移位与移位指令的名称和功能。 2. 能够读懂用循环移位与移位指令设计的霓虹灯顺序控制程序。	1. 具有获取分析、归纳、交流、计划、决策、评价使用信息与新技术的能力。 2. 具有自学能力、理解能力与表达能力。	1. 指导学生从心理上认识到报国的重要性与紧迫性，要把个人学习与国家的命运与前途放到同一高度； 2. 坚定报国的信念，具有民族危机感，把学习作为自己的首要任务。

【学习任务】对循环移位与移位指令进行全面认知，能够读懂一般程序中用到的常用的循环移位与移位指令，并分析其功能。

【建议学时】2学时

【思维导图】

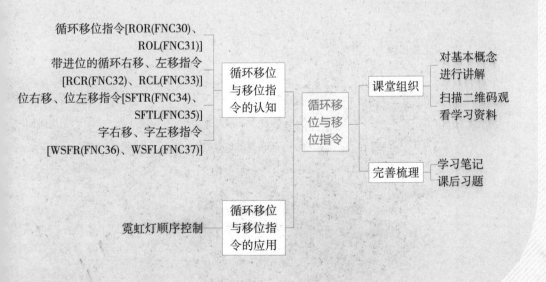

7.4.2 学生任务单

任务名称	循环移位与移位指令用法	
学生姓名	班级学号	
同组成员		
负责任务		
完成日期	完成效果	
	教师评价	

学习任务	1. 掌握循环移位与移位指令的名称与功能。 2. 能够读懂用循环移位与移位指令设计的霓虹灯顺序控制程序。			
自学简述	课前预习	学习内容、浏览资源、查阅资料		
	拓展学习	任务以外的学习内容		
任务研究	完成步骤	用流程图表达		
	任务分工	任务分工	完成人	完成时间

	本人任务	
	角色扮演	
	岗位职责	
	提交成果	

		第1步	
		第2步	
	完成步骤	第3步	
		第4步	
		第5步	
任务实施	问题求助		
	难点解决		
	重点记录		
学习反思	不足之处		
	待解问题		
	课后学习		

	自我评价 （5分）	课前学习	时间观念	实施方法	知识技能	成果质量	分值
过程评价							
	小组评价 （5分）	任务承担	时间观念	团队合作	知识技能	成果质量	分值

7.4.3 知识与技能

1. 知识点——循环移位与移位指令

（1）循环移位指令［ROR（FNC30）、ROL（FNC31）］

7.4-1
循环移位课件

循环右移指令ROR的功能编号为FNC30，当X0为ON时，［D］内的各位数据向右移n位，最后一次从最低位移出的状态存于进位标志M8022中。循环右移指令中的D可以是16位数据寄存器，也可以是32位数据寄存器。ROR（P）为脉冲型指令，ROR为连续型指令，如图7.28所示。

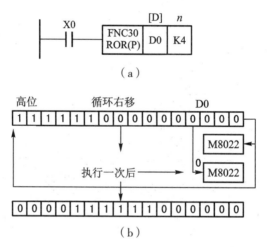

（a）

图7.28 循环右移指令的基本形式
（a）指令格式；（b）指令执行示意图

循环左移指令ROL的功能编号为FNC31，当X0为ON时，［D］内的各位数据向左移n位，最后一次从最高位移出的状态存于进位标志M8022中，若在目标元件中指定"位"数，则只能用K4（16位指令）和K8（32位指令）表示。如图7.29所示。

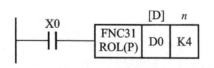

图7.29 循环左移指令的基本形式

（2）带进位的循环右移、左移指令［RCR（FNC32）、RCL（FNC33）］

带进位的循环右移指令RCR的功能编号为FNC32，执行该指令时，将各位数据连同进位标志M8022一起右移。循环右移过程中，移出的位将送入进位标志，原进位标志又被送回目标操作数的另一端，如图7.30所示。

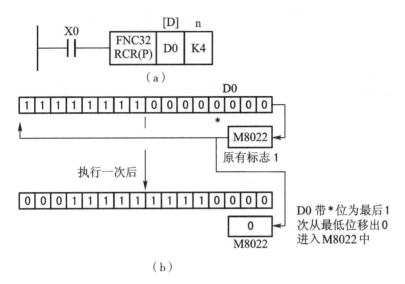

图7.30　带进位的循环右移指令的基本形式

（a）指令格式；（b）RCR指令执行示意图

　　带进位的循环左移指令RCL的功能编号为FNC33，执行该指令时，将各位数据连同进位标志M8022一起左移，如图7.31所示。

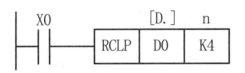

图7.31　带进位的循环左移指令的基本形式

（3）位右移、位左移指令［SFTR（FNC34）、SFTL（FNC35）］

　　位右移指令SFTR的功能编号为FNC34，该指令使位元件中的状态成组地向右移动，由n1指定位元件的长度，n2指定移动的位数，一般n2≤n1≤1024，如图7.32所示。

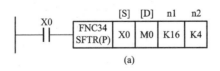

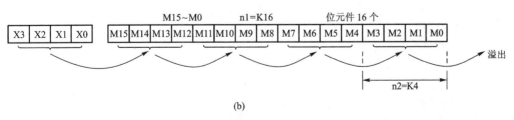

图7.32　位右移指令的基本形式

（a）指令格式；（b）位右移状态

位左移指令SFTL的功能编号为FNC35，该指令使位元件中的状态成组地向左移动，由n1指定位元件的长度，n2指定移动的位数，一般n2≤n1≤1024，如图7.33所示。

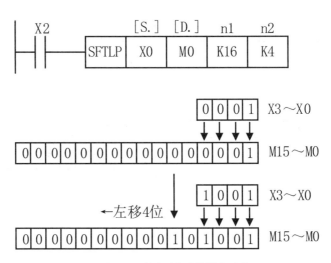

图7.33　位左移指令的基本形式

（4）字右移、字左移指令［WSFR（FNC36）、WSFL（FNC37）］

字右移指令WSFR的功能编号为FNC36，该指令以字为单位，当X0为ON时，（D3～D0）→（D13～D10），（D13～D10）→（D17～D14），（D17～D14）→（D21，D18），（D21～D18）→（D25，D22），（D25～D22）移出。n1=K16是指定D的长度16个，n2=K4是指每次移动的一组数据，［D］中出现的是最低位的数据地址（如D10），如图7.34所示。

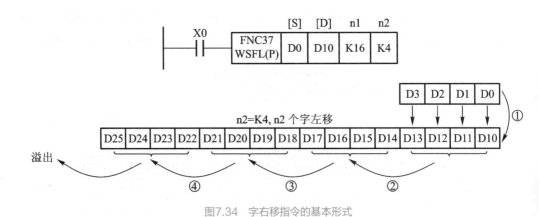

图7.34　字右移指令的基本形式

字左移指令WSFL的功能编号为FNC37，该指令以字为单位，对n1位［D.］所指的字元件进行n2位［S.］字的向左移位，其工作过程与位左移指令类似，如图7.35所示。

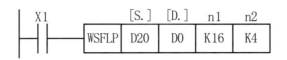

图7.35　字左移指令的基本形式

2．技能点——霓虹灯顺序控制

（1）控制要求

（2）PLC I/O分配表

（3）PLC控制程序

7.4-2
控制要求

7.4-3
I/O分配表

7.4.4 问题思考

1．填空题

说明下列指令的意义，循环移位指令: OR_____、ROL_____、SFTR_____、SFTL_____。

7.4-4
扫码看程序仿真

7.4-5
扫码看答案

2．判断题

（1）字节循环移位指令的最大移位位数为8位。　　　　　　　　（　　　）

（2）字节移位指令的最大移位位数为8位。　　　　　　　　　　（　　　）

3．单选题

（1）FX系列PLC中，位右移指令应用（　　　）。

A．DADD　　　　　　　B．DDIV　　　　C．SFTR　　　D．SFTL

（2）FX系列PLC中，位左移指令应用（　　　）。

A．DADD　　　　　　　B．DDIV　　　　C．SFTR　　　D．SFTL

CHAPTER 8

项目 8

建筑智慧化物联控制

任务 8.1 智慧建筑系统介绍

8.1.1 教学目标与思路

【教学目标】

知识目标	能力目标	素养目标	思政要素
1. 了解智慧建筑管理系统的概念； 2. 熟悉智慧建筑中的常见子系统功能应用。	1. 能认识智慧建筑中的常见子系统； 2. 能说明各子系统的主要功能和作用。	1. 具有良好学习能力，能有效地获得各种资讯； 2. 能正确表达自己思想，培养较好的沟通能力。	1. 培养吃苦耐劳的工匠精神和主人翁意识； 2. 能够借鉴国内成功案例、优秀经验，学习行业企业领军人物的奋斗故事，践行社会主义核心价值观，培养学生诚实守信、坚韧不拔的性格。

【学习任务】对智慧建筑中常见子系统的主要功能有一个全面了解，为智慧建筑子系统的集成打下基础。

【建议学时】2学时

【思维导图】

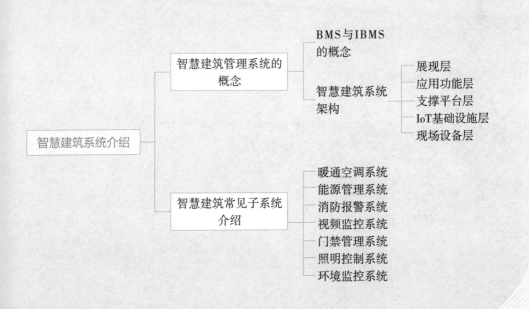

8.1.2 学生任务单

任务名称	智慧建筑中自系统的认知	
学生姓名	班级学号	
同组成员		
负责任务		
完成日期	完成效果	
	教师评价	

学习任务	1. 掌握智慧建筑常见子系统分类。 2. 掌握智慧建筑常见子系统的功能。		

自学简述	课前预习	学习内容、浏览资源、查阅资料		
	拓展学习	任务以外的学习内容		

任务研究	完成步骤	用流程图表达		
	任务分工	任务分工	完成人	完成时间

	本人任务	
	角色扮演	
	岗位职责	
	提交成果	

任务实施	完成步骤	第1步	
		第2步	
		第3步	
		第4步	
		第5步	
	问题求助		
	难点解决		
	重点记录		
学习反思	不足之处		
	待解问题		
	课后学习		

过程评价	自我评价 （5分）	课前学习	时间观念	实施方法	知识技能	成果质量	分值
	小组评价 （5分）	任务承担	时间观念	团队合作	知识技能	成果质量	分值

8.1.3 知识与技能

1. 知识点——智慧建筑管理系统的概念

BMS（Building Management System）是立足于维护建筑正常运行的楼宇自动控制系统，它主要对冷热源、暖通空调、通风、给水排水、照明、安防、消防

8.1-1
智慧建筑系统介绍课件

等系统的集中管理。通过集成它们的各方信息，为建筑的管理、运营提供服务。通过信息网络平台，设备通信、协议转换和控制模块的各层介质将各子系统运行数据通过建筑内部的局域网采集至中央监控服务器端，从而实现对整个建筑的监控和管理。

IBMS（Intelligent Building Management System）建筑智慧化管理系统是基于BMS基础之上更进一步与通信网络、信息网络实现更高一层融合的一种建筑集成管理系统。其总体目标为通过综合集成技术，构造一个通用信息环境，即通过对建筑物内所有信息资源的采集、监视和共享以及对这些信息的整理、优化、判断，给建筑物的各级管理者提供决策依据并帮助实现控制与管理的自动化；给建筑物的使用者提供安全、舒适、快捷的一体化服务；构建一个综合控制与管理的实时智能系统。

作为智慧建筑最为关键的神经系统，建筑智慧化管理系统首先要解决多个复杂系统以及多种控制协议之间的互联性和互操作性问题。同时作为一个集成化的平台，它还需要能够建立相对稳定又比较复杂的应用系统，并且能够与其他系统集成，从而完成监测、控制、管理、一体化工作。理想的智能建筑管理系统，应该具有以下一些特征：环境方面，能够帮助建筑降低能耗，减少使用过程中的碳排放，促进资源的可持续使用；经济方面，可以帮助减少系统运行成本，促进建筑的高效运营维护，提高建筑的生命周期；用户体验方面，可以给用户提供更好的暖通空调和照明体验，更高效的办公环境以及完善的安保措施，整个建筑使用科技感更强；技术方面，巨大的传感器网络和集中或分布式的综合控制系统使建筑更加智能，同时集成统一的管理平台也赋予建筑创新的管理模式。

Tridium的开放式软件框架平台–Niagara Framework提供了一个统一的，具有丰富功能的开放式平台，从数据接入、数据处理、数据应用3个层面，为智慧建筑提供统一的应用与管理平台。它可以简化开发的过程，明显地降低产品或系统的开发成本，缩短系统的开发时间或工程的建设周期。采用Niagara技术作为总体解决方案的关键技术，利用其内置丰富的南北向接口，以及强大的二次开发工具，可以帮助构建统一的建筑综合管理平台，从而有效接入常规系统，实现全局监视与控制，建立统一的服务及管理接口。如图8.1所示。

智慧建筑管理平台主要包括：

（1）展现层：展现层主要是指各种带有Web浏览器的终端（电脑、手机、PAD等）都可以通过浏览器访问服务器网址的方式对管控平台进行访问。不同角色的人员分配不同的权限（按照工作角色划分访问权限），能够访问的页面的内容也各不相同。

图8.1　智慧建筑管理平台系统图

（2）应用功能层：应用层是建筑管理中各种智慧应用的逻辑实现。主要包括公共区域照明、消防与入侵管理、智能楼宇（设备楼控、门禁、消防、照明、供配电等）的管理（实时数据显示、报警数据处理以及历史数据查询、分析与显示等）。应用层采用面向服务的架构，以图形化的系统界面将所获取并经过处理后的有效信息形象化地展示给用户。

（3）支撑平台层：支撑平台层指利用当前先进的物联网技术平台，结合网络视频技术、设备管理平台、融合通信、数据交换与集成平台如Niagara技术以及安全认证服务实现楼控数据、设备信息、人员信息、视频信息、能源信息、管理业务等数据信息的远程网络传输，在实现即时数据传输的功能基础上，保证数据安全。

（4）IoT基础设施层：主要是完成现场控制层异构系统设备的统一整合，打通各个物联网设备厂商之间的通信协议，使之可以互联、互通和互操作。主要设备为基于Niagara技术的网络控制器JACE。

（5）现场设备层：现场设备层是通过各种智能传感器、人脸识别摄像头、楼控数据采集等信息采集设备、水、电、热等计量仪表、消防报警、照明控制、视频监控等系统设备进行数据信息的收集规整和控制输出，获取现场实时状态及报警信息，及时反馈至管理决策中心。

2.知识点——智慧建筑管理系统常见子系统介绍

智慧建筑中的子系统一般包括：暖通空调系统、能源管理系统、消防报警系统、视频监控系统、门禁管理系统、照明控制系统、环境监控系统等。

（1）暖通空调系统

暖通空调系统主要实现建筑内供暖，通风和空调的控制。在建筑中热水供暖，利用热水与二次热交换器循环换热来保持室内的温度。通风的主要目的是保证室内空气品质，适当的通风也可以降低室内空间的温度。空调系统是一种由多个部件组成，来调节建筑内部温度和湿度的系统，其主要包括冷热源及空气处理设备、空气和冷热水输配系统、室内末端装置等。可以看到暖通空调系统是实现建筑室内舒适度控制的重要系统。而利用Niagara框架技术可以快速便捷地实现暖通空调系统的控制。

（2）能源管理系统

能源管理就是把建筑中的能源消耗如电、水、气的使用进行监测，记录，分析。实时监控各种能源的使用情况，为节能降耗提供直观科学的依据，促进建筑的管理水平和降低运营成本。通过重点能耗设备监控、能耗费率分析等多种手段，使管理者能够准确掌握能源成本比重和发展趋势，制订有的放矢的节能策略。系统数据采集通过集成带通信的能耗表完成，如支持标准Modbus协议或DL/T 645规定的电表。常见功能包括能耗报表，分年、月、日、时刻能源消耗汇总，能耗排名，能耗比较，可按不同时段、种类、位置比较，帮助用户找到能源消耗异常值。同时也可与其他关联因素做比较，如从环境控制系统采集的温湿度数据，分析其他关联因素对能源消耗的影响，促进节能。

（3）消防报警系统

消防报警系统是对整个消防联动控制系统的监控管理，主要由火灾监控探测器、传感器和消防控制主机等设备组成，主要功能是通过火灾探测传感器监测险情，当险情出现后，启动消防广播，通过应急照明和疏散指示引导人群疏散，并且联动其他相关系统对火灾进行扑灭、控制和隔离，从而保障人民的生命财产安全。整个系统的心脏是消防主机，它既可以实现整个系统的集中控制，又能向探测器和传感器供电。报警主机对外的通信协议一般支持标准通信协议如Modbus，也有设备厂家自定义私有协议。Niagara开发平台集成消防监控系统，既可支持标准通信协议也可根据需要开发通信驱动来实现私有协议的设备集成。由于消防系统比较独立，所以在智慧建筑管理平台对消防系统的集成一般是通过报警主机获取报警数据的方式来实现，管理平台会采集消防报警数据，然后以更合理、更方便和更人性化的方式通知用户，一般不会对消防系统进行控制。

（4）视频监控系统

视频监控系统，一般由摄像机和云台等前端设备、调制解调设备等传输设备、视频切换器和云台镜头控制器等控制设备，以及监视器和录像机等显示存储设备组成。系统利用视频技术探测来监视设防区域并实时存储和显示现场图像。视频监控系统可以实现对云台和镜头的控制。随着技术的发展，视频监控系统还能融入人员识别技术和人脸识别技术，当非授权人员进入非授权区域时，系统可以在区域内产生声光提示，并且在平台上生成报警，系统管理人查看报警时可以调出与报警相关的视频片段。摄像机通常使用ONVIF、PSIA、RTSP和HAPI3等协议跟监控主机和第三方系统通信。在智慧建筑管理平台上集成视频监控系统一般使用设备厂商提供的SDK。

（5）门禁管理系统

门禁管理在生活工作环境的安全和办公考勤方面有重要作用，系统主要由门禁读卡器、门禁控制器和门禁管理软件三部分构成。在智慧建筑管理平台上通常会与电梯控制系统、人员和访客管理系统、视频监控系统和物业管理系统等做联动控制，从而实现建筑内所有门禁设备、人员进出权限和操作员权限的统一管理。门禁管理系统与建筑管理平台的集成一般使用OPC协议或者设备厂商提供的SDK。

（6）照明控制系统

照明控制不单能对建筑照明系统实现分区和分场景控制，实时监视整个建筑照明回路的开闭实况，还能根据室内照度实现调光控制和串联控制。照明控制系统一般由灯具、调光模块、遮阳/百叶窗、带遥控的多功能面板、感应器、电源模块和耦合器组成，系统内部通常使用的协议有KNX（也称EIB）、DALI和C-Bus等，能实时监视整个建筑照明回路的开闭情况。照明控制系统对外提供OPC、输入/输出模块、USB和RS232等接口，集成商可以通过设备厂家提供的SDK把照明系统集成到智慧建筑管理平台。

（7）环境监控系统

环境监控系统主要是通过传感器对建筑的环境参数如温度、湿度、PM2.5浓度、建筑室内光照度等进行采集，然后集成到智慧建筑管理平台。通过管理平台，用户可以随时随地查看建筑环境情况，启动相应的设备作出响应，如监测到某房间的PM2.5浓度高于安全值时，打开房间的排风扇。传感器集成需根据传感器是否有通信能力，有通信能力的传感器一般使用BACnet或者Modbus协议，通过网关可以连接到管理平台，无通信能力的传感器需要借助I/O设备才能连接到平台。使用Niagara平台，可以连接以上两种传感器，并且具有控制、数据处理和清洗功能。

8.1.4　问题思考

问答题

（1）请简要描述你对智慧建筑管理系统的理解。

（2）智慧建筑子系统都有哪些？其主要功能和作用是什么？

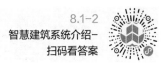

8.1-2
智慧建筑系统介绍-
扫码看答案

3.1.5　知识拓展

8.1-3 智慧建筑管理平台示例（视频）

8.1-4 智慧管廊应用（视频）

8.1-5 智慧建筑介绍（视频）

任务 8.2
智慧建筑子系统智慧化物联价值

8.2.1 教学目标与思路

【教学目标】

知识目标	能力目标	素养目标	思政要素
1. 了解信息孤岛的影响及智慧化物联的价值； 2. 了解中间件框架在智慧建筑中的应用； 3. 了解智慧建筑子系统之间的联动。	1. 能认识中间件框架在智慧建筑的作用； 2. 能说明各子系统间联动的实例。	1. 具有良好学习能力，能有效地获得各种资讯； 2. 能正确表达自己思想，培养较好的沟通能力。	1. 具有树立正确的技能观，努力提高自己的技能，求真务实、大力发展，永不言败的敬业精神； 2. 具有追求卓越的创造精神，精益求精、一丝不苟的工匠精神。

【学习任务】对建筑中智慧化物联的价值有一个全面的了解，理解智慧建筑中子系统之间的联动。

【建议学时】2学时

【思维导图】

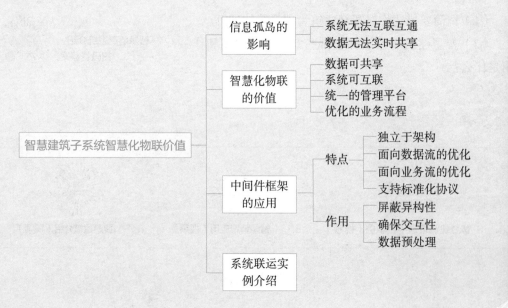

8.2.2 学生任务单

任务名称	智慧建筑子系统智慧化物联价值	
学生姓名	班级学号	
同组成员		
负责任务		
完成日期	完成效果	
	教师评价	

学习任务	1. 了解信息孤岛的影响及智慧化物联的价值。 2. 了解中间件框架在智慧建筑中的应用。 3. 了解智慧建筑子系统之间的联动。	

自学简述	课前预习	学习内容、浏览资源、查阅资料
	拓展学习	任务以外的学习内容

任务研究	完成步骤	用流程图表达	
	任务分工	任务分工	完成人	完成时间

(表格含任务分工、完成人、完成时间三列及多行空白单元格)

		本人任务					
		角色扮演					
		岗位职责					
		提交成果					

任务实施	完成步骤	第1步					
		第2步					
		第3步					
		第4步					
		第5步					
	问题求助						
	难点解决						
	重点记录						
学习反思	不足之处						
	待解问题						
	课后学习						
过程评价	自我评价（5分）	课前学习	时间观念	实施方法	知识技能	成果质量	分值
	小组评价（5分）	任务承担	时间观念	团队合作	知识技能	成果质量	分值

8.2.3　知识与技能

1. 知识点——子系统信息孤岛的影响

信息孤岛，顾名思义就是独立的小岛，各岛之间是独立分散、互不联系的，不同岛上的人也无法彼此交流沟通，信息存在着严重阻塞。在计算机应用领

8.2-1
智慧建筑子系统智慧化
物联价值-课件

域，信息孤岛主要指在功能上不关联互助、信息上不互换共享以及信息与业务流程和应用相互脱节的计算机应用系统。在楼宇控制系统，信息孤岛问题也尤为常见。不同的设备厂商，系统厂商都有自己的通信协议，设备系统间无法做到互联互通，数据无法做到实时共享，造成系统间信息完全孤立脱节。同时不同子系统都是由不同的专业公司设计实施完成的，其所关注点和业务实现各不相同，而且开发平台也不尽相同。因此也会在系统集成信息传递的过程中产生数据沟通阻塞的情况，这些情况都被称为信息孤岛问题。

信息孤岛问题是智慧建筑建设中的一个难点，不同的子系统之间信息不对称，造成了资源和数据获取不平衡，同时数据的分享也存在较大的困难和阻碍。在系统集成过程中会导致信息的多口采集、重复输入以及多头使用和维护，此外信息更新的同步性差，影响了数据的一致性和正确性，使得信息资源拆乱分散和大量冗余，信息使用和管理效率低下。这样就导致了不能对智慧建筑数据实施标准有效的监控，不能及时发现经营管理过程中的问题，带来无效劳动、资源浪费等严重后果。再次是孤立的信息系统无法有效地提供跨部门、跨系统的综合性信息，各类数据不能形成有价值的信息，局部的信息不能提升为管理知识，以致对建筑的智慧化管理流于空谈。

2. 知识点——子系统智慧化物联的价值

当前，以互联网、云计算、大数据等为代表的信息技术快速发展，对建筑行业的发展也产生了深远的影响。智慧建筑、绿色建筑、节能楼宇成为大势所趋。物联网是新一代信息技术的重要组成部分，也是"信息化"时代的重要发展阶段。各行各业的智慧化进程均与物联网息息相关，具体到建筑行业，将物联网技术应用于建筑中的多种子系统，实现信息化、远程管理控制和智能化的网络连接，是使建筑变得更智慧，更高效的解决方案，也是智慧建筑发展的必然趋势。

（1）在智慧建筑场景中，智慧化物联的主要功能包括：

1）海量的网络连接与管理：包括各类传感器、仪器仪表、控制器等海量设备的网络接入与管理；接口包括RS485、以太网接口等，协议包括Modbus、OPC等，确保连接稳定可靠，数据传输正确。

2）实时数据采集与处理：如环境状态采集、人脸识别、安防告警等智慧建筑应用，要求实时数据采集与本地处理，快速响应。

3）中央平台统一管理与本地业务自治：各子系统都接入中央管理平台，实现子系统间协同工作，管理平台统一管理。而在北向网络连接中断的情况下，如楼宇智能自控、智能协同等应用还能够实现本地业务自治，继续正常执行本地业务逻辑，并在网络链接恢复后，完成数据与状态同步。

（2）通过智慧建筑子系统物联可以带来的价值包括：

1）数据层面，通过构建全面而完整的数据标准、模型，可以实现子系统间的数据交换，数据共享，不同应用系统间能够相互调用信息，实现同一平台上的统一管理监控。

2）用户界面方面，可以形成一个标准统一的图形化用户界面，面向用户构建一个新的统一的表示层，提升系统的用户体验。

3）业务层面，可以优化原有的业务流程，通过流程把所有应用、数据管理起来，使之贯穿众多子系统、数据、用户和合作伙伴。

4）系统运维方面，随着建筑智慧化程度的提高，物业管理人员的专业水平和技能也会随之提高，建筑系统维护成本随之减少。系统的联动运营能实现大数据的可视化、引导运营方做出更快的决策，并改善业务成效。

通过智慧化物联，建筑楼宇将更加智能化，建筑物内的各类传感器，包括楼控系统的传感器、摄像头、红外传感器、门禁传感器、智能水电气表、消防探头等全部以网络化结构形式组成建筑智慧管理系统的传感网络，将其不可见状态通过数据可视化形式清晰明了地呈现给用户，让用户对建筑内状态有更加直观的感受。整个系统将完全呈现物联网整体架构，可以充分发挥物联网开放性的基本特点，并且最上层可以以云计算技术实现整体的管理和控制，提供全方位的信息交换。

3. 知识点——智慧建筑物联网中间件框架的应用

中间件是介于操作系统和在其上运行的应用程序之间的软件。中间件实质上充当隐藏转换层，实现了分布式应用程序的通信和数据管理。它有时被称为管道，因为它将两个应用程序连接在一起，使数据和数据库可在"管道"间轻松传递。

中间件作为一种独立的系统软件或服务程序，介于上层应用和下层硬件系统之间，发挥服务支撑和数据传递的作用。中间件向下负责协议适配和数据集成，向上提供数据资源和服务接口。上层应用会借助其在不同的技术之间共享资源。中间件位于客户机/服务器的操作系统之上，管理计算机资源和网络通信，可以提供两个独立应用程序或独立系统间的连接服务功能。由其相连接的系统，即使具有不同的接口也可通过中间件相互之间交换信息，这也是中间件存在的一个重要价值。通过中间件，应用程序可以工作于多平台或操作系统环境，即常规意义的跨平台。

随着物联网技术在生活和行业中的大规模应用，物与物之间的相互通信与协同工作也变得密切起来，能够消除各种异构设备和应用间的数据交互障碍的物联网中间件平台应运而生。

物联网中间件的主要特点：

（1）独立于架构。独立于物联网设备与后端应用程序之间，并能与多个后端应用程序连接，降低维护的复杂性。而前端能兼容多种不同厂商、不同型号甚至不同功能的异构设备；

（2）面向数据流的优化。物联网的目的是将实体对象和环境的状态转换为网络空间中的各种量化数值，故而数据处理是中间件不可或缺的基本功能。物联网中间件通常具有数据采集、过滤、整合与传递等功能，以便将从设备端采集到的信息准确、可靠、及时地送达上层应用系统。

（3）面向业务流的优化。物联网中间件可以支持各种消息转发或者事件触发机制，并以直观方式进行交互业务逻辑的交互设计，支持各种复杂业务或者工作流的创建和生成。

（4）支持标准化协议。物联网中间件需要为大量异构的上层应用和下层设备提供交互连接和数据汇聚，因此支持各种物联网行业的标准化协议与接口方式。

因为面向各种不同的应用，组织各种不同的网络通信技术，连接各种不同底层硬件系统，物联网系统对从数据、设备、协议、到应用异构问题的解决尤为迫切。而物联网中间件的根本任务就是通过标准化汇聚的方式，对上述异构问题进行解决，最大限度保证系统兼容性，屏蔽底层硬件及网络平台差异，以便支持各种物联网系统及应用的快速、稳定、可靠设计、开发、构建和运行。

通常，中间件框架在智慧建筑系统中主要起到如下作用：

1）屏蔽异构性：异构性表现在计算机软硬件系统之间的异构型，包括硬件，操作系统，数据库等。造成异构的原因多来自市场竞争，技术升级以及保护投资等因素。

2）确保交互性：即各种异构设备、异构系统、异构应用间可以通过中间件进行彼此交叉的数据获取，从而形成信息的互通互享，或者进行彼此之间交互控制，即进行各种控制命令和信号的传递。

3）数据预处理：建筑中的各种感知设备将采集海量的信息，如果把这些信息直接输送给应用系统，那应用系统对于处理这些信息将不堪重负。这便要求物联网中间件能帮助系统进行各种数据的预处理和加工，在确保数据准确、可靠、安全的前提下，进行数据压缩、清洗、整合后，再将数据按需进行传输和处理。

随着物联网中间件重要性的日益突出，很多企业也陆续推出了物联网中间件平台，用于实现对设备互联、协议转换等的支持。霍尼韦尔Tridium的Niagara平台就是一个广泛应用于智慧建筑、数据中心、智能制造、智慧城市等物联网领域的物联网框架，如图8.2所示Niagara框架技术支持图中所有标有Niagara层的设备和数据连接。同时作为一个具有通用性的中间件框架，其本身基于Java的专有技术，可以跨任意平台，集成各节点上不同系统平台上的构件。通过通用模型提供算法程序，抽象、标准化异构数据，大大降低了分布式系统的复杂性。

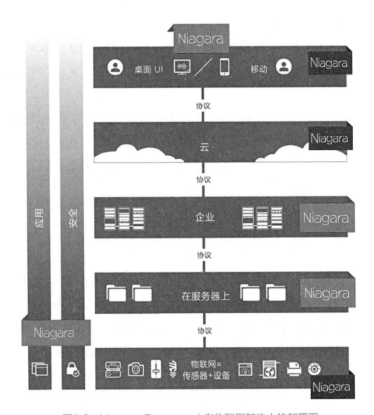

图8.2 Niagara Framework在物联网架构中的部署图

4. 知识点——智慧建筑系统联动介绍

从建筑本身看，智慧建筑应具有可提供宜人健康的生存环境、环保节能、有效预警与防范以及包容未来新技术应用等优点。而对智慧建筑的评价可以从三大领域来对楼宇智慧程度进行评估，分别是"安全与安防""绿色与节能"和"高效与便捷"，每个领域分别包含相关的子系统。具体如下：

（1）安全与安防领域：门禁控制，监视/入侵监控系统，火灾监测，水/气体泄漏预防与检测等；

（2）绿色与节能领域：灵活的制冷制热系统，高效率电器和装置和电量监控系统等；

（3）高效与便捷领域：室内环境监测，照明控制，资产检测以及紧急电源系统等。

围绕这三大领域，各子系统将不再是孤立运行，基于物联网架构各个子系统将集成在一个统一的管理平台上，实现各系统之间实时数据的交流和共享，弥补传统智能建筑数据采集孤立的缺陷，可以很好地解决系统间难以联动的问题，一起构建一个安全与安防，绿色与节能，高效与便捷的智慧建筑。安全与安防方面，消防系统发生报警时，报警信息将发送至中央管理平台，中央管理平台可将该报警信息同步至所有子系统，各子系统可执行相应的联动策略，视频监控系统拍摄现场视频分析火灾报警情况，启动有关部位通风系统排烟，照明系统打开全部应急照明，门禁系统打开所有通道，方便人员撤离。绿色与节能方面，能源监控系统会实时监测各系统能耗使用情况，当发现各系统设备用电异常时可产生能耗报警，对应高耗能系统如制冷系统，可根据其用电历史数据预测未来能耗趋势，并将结果同步至制冷系统，制冷系统可根据情况适时调整制冷控制策略，达到节能的效果。高效与便捷方面，照明控制系统可根据室内环境监测系统检测的光照强度，适时自动调整照明设施打开和关闭时间，当照明系统发生紧急供电故障时，紧急电源系统将提供不间断电源供应。

8.2.4　问题思考

问答题

（1）信息孤岛问题有哪些影响？

（2）智慧化系统互联的价值有哪些？

（3）中间件系统的特点及主要作用有哪些？

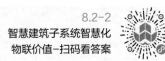

8.2-2
智慧建筑子系统智慧化
物联价值-扫码看答案

8.2.5　知识拓展

8.2-3　设备联动运维管理
（视频）

8.2-4　标签在智慧建筑中的应用
（视频）

8.2-5　Niagara数据展示套件
（视频）

参考文献

[1] 温雯. 建筑电气控制技术与PLC［M］. 北京：中国建筑工业出版社，2020.

[2] 何波. 建筑电气控制技术［M］. 北京：机械工业出版社，2013.

[3] 苏山，魏华. 建筑电气控制技术［M］. 北京：电子工业出版社，2016.

[4] 孙景芝，李庆武. 建筑设备电气控制工程［M］. 北京：电子工业出版社，2010

[5] 李俊秀，赵黎明. 可编程控制器应用技术实训指导［M］. 北京：化学工业出版社，2002.

[6] 廖常初. PLC基础及应用［M］. 北京：机械工业出版社，2004.

[7] 王新宇. PLC应用技术项目教程［M］. 北京：机械工业出版社，2009.

[8] 黄中玉，于宁波. PLC应用技术［M］. 北京：人民邮电出版社，2009.

[9] 尹秀妍，王欣. 三菱可编程控制器应用项目化教程［M］. 2版. 北京：电子工业出版社，2015.

[10] 李德英. 电气控制与PLC［M］. 上海：同济大学出版社，2016.